U0157591

住房和城乡建设部"十四五"规划教材
高等学校土木类专业教学指导委员会智能建造专业指导小组规划教材
同济大学"十四五"规划教材
同济大学本科教材出版基金资助

智能机械与机器人基础

李安虎　孙　波　编著

中国建筑工业出版社

图书在版编目（CIP）数据

智能机械与机器人基础/李安虎，孙波编著. —北京：中国建筑工业出版社，2023.8（2024.11重印）

住房和城乡建设部"十四五"规划教材　高等学校土木类专业教学指导委员会智能建造专业指导小组规划教材　同济大学"十四五"规划教材

ISBN 978-7-112-28715-4

Ⅰ.①智… Ⅱ.①李… ②孙… Ⅲ.①机器人-高等学校-教材 Ⅳ.①TP242

中国国家版本馆 CIP 数据核字（2023）第 081791 号

为了适应我国现代化建造装配和技术的发展形势，学习了解智能机械建造机器人装备的基本原理与技术是必要的。通过学习智能机械与机器人相关的建模理论、设计方法及利用数学工具分析工程应用问题，引导学生从社会、环境等方面认识智能机械与机器人技术对于人类发展的相互关系。

本书为高等学校土木类专业教学指导委员会智能建造专业指导小组规划教材。本书涵盖了智能机械与机器人的相关专业知识，主要内容包括：机器人技术概述、机器人机械基础、机器人运动学及动力学基础、机器人组成结构、机器人行走机构、机器人驱动控制技术、机器人感知系统、机器人视觉技术建造机器人装备工程应用案例等多领域学科知识。此外，各章末附有不同难度的习题。另外，书中配置了二维码，主要呈现相关彩色图片和视频等，方便读者更直观地学习。

本书可作为于新工科智能建造和智能制造等专业的相关专业课程教材，也可以为土木工程、机械电子工程、机械设计、机械制造等专业的学生和工程技术人员提供参考。

为支持教学，本书作者制作了多媒体教学课件，选用此教材的教师可通过以下方式获取：1. 邮箱：jckj@cabp.com.cn；2. 电话：（010）58337285；3. 建工书院：http://edu.cabplink.com。

责任编辑：赵　莉　吉万旺
责任校对：张　颖
校对整理：赵　菲

住房和城乡建设部"十四五"规划教材
高等学校土木类专业教学指导委员会智能建造专业指导小组规划教材
同济大学"十四五"规划教材
同济大学本科教材出版基金资助

智能机械与机器人基础

李安虎　孙　波　编著

*

中国建筑工业出版社出版、发行（北京海淀三里河路 9 号）
各地新华书店、建筑书店经销
霸州市顺浩图文科技发展有限公司制版
天津安泰印刷有限公司印刷

*

开本：787 毫米×1092 毫米　1/16　印张：17¼　字数：335 千字
2023 年 7 月第一版　2024 年 11 月第二次印刷
定价：**52.00** 元（赠教师课件及数字资源）
ISBN 978-7-112-28715-4
（41109）

出 版 说 明

党和国家高度重视教材建设。2016 年，中办国办印发了《关于加强和改进新形势下大中小学教材建设的意见》，提出要健全国家教材制度。2019 年 12 月，教育部牵头制定了《普通高等学校教材管理办法》和《职业院校教材管理办法》，旨在全面加强党的领导，切实提高教材建设的科学化水平，打造精品教材。住房和城乡建设部历来重视土建类学科专业教材建设，从"九五"开始组织部级规划教材立项工作，经过近 30 年的不断建设，规划教材提升了住房和城乡建设行业教材质量和认可度，出版了一系列精品教材，有效促进了行业部门引导专业教育，推动了行业高质量发展。

为进一步加强高等教育、职业教育住房和城乡建设领域学科专业教材建设工作，提高住房和城乡建设行业人才培养质量，2020 年 12 月，住房和城乡建设部办公厅印发《关于申报高等教育职业教育住房和城乡建设领域学科专业"十四五"规划教材的通知》（建办人函〔2020〕656 号），开展了住房和城乡建设部"十四五"规划教材选题的申报工作。经过专家评审和部人事司审核，512 项选题列入住房和城乡建设领域学科专业"十四五"规划教材（简称规划教材）。2021 年 9 月，住房和城乡建设部印发了《高等教育职业教育住房和城乡建设领域学科专业"十四五"规划教材选题的通知》（建人函〔2021〕36 号）。为做好"十四五"规划教材的编写、审核、出版等工作，《通知》要求：（1）规划教材的编著者应依据《住房和城乡建设领域学科专业"十四五"规划教材申请书》（简称《申请书》）中的立项目标、申报依据、工作安排及进度，按时编写出高质量的教材；（2）规划教材编著者所在单位应履行《申请书》中的学校保证计划实施的主要条件，支持编著者按计划完成书稿编写工作；（3）高等学校土建类专业课程教材与教学资源专家委员会、全国住房和城乡建设职业教育教学指导委员会、住房和城乡建设部中等职业教育专业指导委员会应做好规划教材的指导、协调和审稿等工作，保证编写质量；（4）规划教材出版单位应积极配合，做好编辑、出版、发行等工作；（5）规划教材封面和书脊应标注"住房和城乡建设部'十四五'规划教材"字样和统一标识；（6）规划教材应在"十四五"期间完成出版，逾期不能完成的，不再作为"住房和城乡建设领域学科专业'十四五'规划教材"。

住房和城乡建设领域学科专业"十四五"规划教材的特点:一是重点以修订教育部、住房和城乡建设部"十二五""十三五"规划教材为主;二是严格按照专业标准规范要求编写,体现新发展理念;三是系列教材具有明显特点,满足不同层次和类型的学校专业教学要求;四是配备了数字资源,适应现代化教学的要求。规划教材的出版凝聚了作者、主审及编辑的心血,得到了有关院校、出版单位的大力支持,教材建设管理过程有严格保障。希望广大院校及各专业师生在选用、使用过程中,对规划教材的编写、出版质量进行反馈,以促进规划教材建设质量不断提高。

住房和城乡建设部"十四五"规划教材办公室

2021 年 11 月

前　言

当前智能制造、智能建造和智能化施工装备等新兴领域发展迅速。为了适应我国现代化建造装备和技术的发展形势，有必要让学生学习了解智能机械与建造机器人装备相关的基本原理和技术，利用智能机械与机器人相关的建模理论、设计方法及数学工具分析工程应用问题，使学生具备设计、集成和使用智能机械与机器人系统的理论知识和分析计算能力，引导学生从社会、环境等方面认识智能机械与机器人技术对于人类发展的相互关系，为从事智能建造中智能机械与机器人相关的工程技术应用、科学研究奠定基础。

本教材涵盖了机械基础、机器人运动学、机器人动力学、液压传动、传感器技术和视觉识别技术等多领域学科知识，本着重视机械基础结构和机器人基本结构原理、突出工程应用的原则进行编写，与土木工程学科知识架构体系具有较强的互补性，力求夯实土木工程学科的学生在机械领域的知识体系结构。本教材可作为新工科智能建造和智能制造等专业的相关专业课程教材，也可以为土木工程、机械电子工程、机械设计、机械制造等专业的学生和工程技术人员提供参考。

本教材第 1 章介绍了机器人的基本内涵和发展趋势，第 2 章介绍了机器人的机械基础，第 3 章介绍了机器人运动学及动力学相关的基础理论，第 4 章介绍了机器人的组成结构，第 5 章介绍了机器人的移动和行走机构，第 6 章介绍了机器人的驱动控制技术，第 7 章介绍了机器人的感知系统，第 8 章介绍了机器人的视觉识别技术，第 9 章介绍了建造机器人装备的工程应用案例。

本教材由李安虎教授组织策划并主持编写。李安虎参与了第 1、2、3、4、5、7、8 章的编写，孙波参与了第 6、9 章的编写，全书由李安虎统稿。本书在编写过程中，万亚明、孟天晨、龚祯昱、蒋欣怡和刘传健参与了调研和具体编写工作，在此一并表示衷心感谢。

书中部分内容摘编自相关教材、论著、工具书、网络媒体等文献资料，在此一并致谢。部分章节融入了作者团队的相关研究成果。由于时间有限，编者在编撰过程中虽然花了不少精力，但仍然难免有错误与疏漏，不足之处请广大读者批评指正。

编　者

2023 年 2 月

目　　录

第6章　机器人驱动控制技术　**143**

附　　图

第 1 章

机器人技术概述

● 本章学习目标 ●

1. 了解机器人的定义和分类；熟知工业机器人在制造领域内的应用。
2. 了解工业机器人的关键技术。
3. 了解工业机器人的发展现状。

1.1 机器人的定义和分类

1.1.1 机器人定义

机器人是集机械、电子、控制、传感、人工智能等多学科的先进技术于一体的重要装备。图 1-1 所示为一种典型的机器人，能够自如行走于复杂的非结构化地形中。机器人从诞生至今始终在不断地发展和完善，因此科技界对于机器人的定义也是仁者见仁，智者见智，没有形成统一的意见。

图 1-1 BigDog 机器人

例如：牛津词典中对机器人的定义是：具备人类行为或类人功能的自动化装置；国际标准化组织（International Organization for Standardization，ISO）对机器人的定义为：机器人是一种自动的、位置可控的、具有编程能力的多功能机械手，这种机械手具有几个轴，能够借助于可编程序操作处理各种材料、零件、工具和专用装置，以执行种种任务；国际机器人联合会（International Federation of Robotics，IFR）将机器人定义如下：机器人是一种半自主或全自主工作的机器，它能完成有益于人类的工作，应用于生产过程的称为工业机器人，应用于特殊环境的称为特种机器人，应用于家庭或直接服务人的称为服务机器人。

由此可见，针对机器人的不同定义体现出的内涵也存在很大的区别，有的侧重于功能，有的则侧重于结构。这就导致在同一国家关于机器人数量的统计方面，不同资料的数据会有较大差别。

机器人的分类方法有很多，可按用途、负载重量、控制方式、自由度、结构、应用领域等划分。按照用途，机器人可以分为工业机器人、服务机器人、军用机器人和用于社会发展与科学研究的机器人。其中工业机器人又可按负载重量、控制方式、自由度、结构、应用领域等进一步划分。

1.1.2 工业机器人

工业机器人应用于工业生产，主要应用于制造业。按工业机器人的工作任务类型来分，工业机器人可分为搬运机器人、码垛机器人、焊接机器人、涂装机器人、装配机器人等。

如图 1-2（a）所示，安川 MA-1440 弧焊机器用于汽车车身焊接，其末端载荷为 3kg，最大到达距离是 1440mm，重复定位精度为 ±0.02mm。如图 1-2（b）所示，新的爱普生六轴工业机器人 C4 系列中的 Epson ProSix C4 机器人的工作范围为 600mm，有效载荷为 4kg（手腕垂直向下时可达到 5kg），动力保持平稳。它通过新开发的爱普生传感技术实现振动控制。新的 Epson ProSix C4L 的工作范围达到 900mm，但由于机械手设计得非常细长，因而仅需要极小的空间。因此，在空间充分利用方面，其是同类产品所无法比拟的。

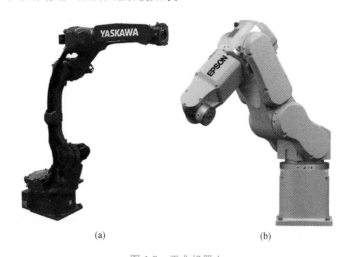

(a)　　　　　　　　　　(b)

图 1-2　工业机器人

（a）安川 MA-1400 弧焊机器人；（b）爱普生 C4 系列机器人

资料来源：（a）图来源于 YASKAWA 官网；（b）图来源于爱普生官网。

1. 搬运机器人

搬运机器人（transfer robot）是指可以进行自动化搬运作业的工业机器人（图 1-3）。最早的搬运机器人出现在 1960 年的美国，Versatran 和 Unimate 两种机器人首次用于搬运作业（用一种设备握持工件，从一个加工位置移到另一个加工位置）。搬运机器人可安装不同的末端执行器以完成各种不同形状和状态的工件搬运工作，大大减轻了人类繁重的体力劳动。搬运机器人被广泛应用于机床上下料、冲压机自动化生产线、自动装配流水线、码垛搬运、集装箱等的自动搬运。部分发达国家已制定出人工搬运的最大限度，超过限度的必须由搬运机器人来完成。

自动导向车辆（automated guided vehicle，AGV）是一种无人操纵的自动化运输设备（图 1-4），它能承载一定的质量在出发地和目的地之间自主驾驶和自动运行。AGV 是自动化物流运输系统、柔性生产组织系统的核心关键设备。AGV 具有以下优点：

（1）自动化控制；

（2）充电自动化；

（3）外形美观；

（4）使用方便；

（5）占地面积小。

图 1-3　搬运机器人

图 1-4　AGV 自动导引运输车

2. 码垛机器人

码垛机器人是指用于堆放物品的一种工业机器人（图 1-5）。它具有以下特点：

（1）结构简单、零部件少。因此零部件的故障率低、性能可靠、保养维修简单、所需库存零部件少。

（2）占地面积少。有利于客户厂房中生产线的布置，并可留出较大的库房面积。码垛机器人可以设置在狭窄的空间，便能有效工作。

（3）适用性强。当客户产品的尺寸、体积、形状及托盘的外形尺寸发生变化时只需在触摸屏上稍作修改即可，不会影响客户的正常生产。

（4）能耗低。通常机械式码垛机的功率在 26kW 左右，而码垛机器人的功率为 5kW 左右，大大降低了客户的运行成本。

（5）操作简单。全部操作在控制柜屏幕上即可，只需定位抓起点和摆放点，示教方法简单易懂。

图 1-5　码垛机器人

3. 焊接机器人

焊接机器人是指从事焊接的工业机器人（图 1-6）。随着造船、石油、化工以及航天等工业的发展，大型焊接结构件在工业中的应用越来越多，这些大型结构件的焊接，要完全依靠工人手工作业，通过目测在焊接过程中不断手动调整机头的位置和对中，其劳动强度是难以想象的。此外焊接质量极大依赖于技术人员的经验与状态，不能保持稳定，且成本投入大、焊接效率不高。而利用焊接机器人进行作业可极大地提高生产效率，保证焊接质量：

（1）稳定和提高焊接质量，能将焊接质量以数值的形式反映出来。

（2）提高劳动生产率。

（3）改善工人劳动强度，可在有害环境下工作。

（4）降低了对工人操作技术的要求。

（5）缩短了产品改型换代的准备周期，减少相应的设备投资。

图 1-6　焊接机器人

资料来源：ABB 官网。

4. 喷涂机器人

喷涂作为现代产品制造工艺中的一个重要环节，不仅起到美观、防护以及其他特殊作用，也日益成为产品价值的重要组成部分，在家具、航空航天、军工等领域中占据着重要地位。随着工业机器人技术的不断发展，现代化喷涂生产线上喷涂机器人正逐步取代人工操作，并逐步从自动化生产向智能化生产迈进。喷涂机器人主要有以下优点：

（1）柔性大，工作范围大。

（2）能提高喷涂质量和材料使用率。

（3）易于操作和维护。可离线编程，大大地缩短现场调试时间。

（4）设备利用率高。喷涂机器人的利用率可达 90％～95％。

如图 1-7 所示为上海飞机制造有限公司、清华大学和江苏长虹智能装备集团有限公司联合研发的混联机器人，其用于喷涂飞机大部件，该机器人结构轻巧、刚度大、精度高，并通过将伺服电机布置在远离喷头的位置来提高喷涂机器人的防爆性能。

图 1-7　喷涂机器人

资料来源：ABB官网。

5. 装配机器人

装配机器人是指用于各种电器制造、小型电机、汽车及其部件、计算机、机电产品及其组件装配的工业机器人。装配机器人是柔性自动化装配系统的核心设备，由机器人操作机、控制器、末端执行器和传感系统组成。其中操作机的结构类型有水平关节型、直角坐标型、多关节型和圆柱坐标型等；控制器一般采用多 CPU 或多级计算机系统，实现运动控制和运动编程；末端执行器为适应不同的装配对象而设计成各种手爪和手腕等；传感系统用来获取装配机器人与环境和装配对象之间相互作用的信息。与一般工业机器人相比，装配机器人具有精度高、柔顺性好、工作范围小、能与其他系统配套使用等特点，主要用于各种电器

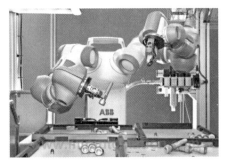

图 1-8　YuMi 双臂机器人

资料来源：ABB官网。

的制造行业。图 1-8 所示为 2014 年 ABB 推出的面向未来的人机协作产品：YuMi 双臂机器人。

6. 建造机器人

在建造施工领域中，机器人具有广泛的发展前景。建造机器人是指应用于土木工程领域的机器人系统，能按照计算机程序或者人类指令自动执行简单重复的施工任务。建造机器人对建造行业的可持续发展具有重大意义：

（1）提高生产效率，缩短施工周期；

（2）改善现场施工环境，保障工人的安全与健康；

（3）降低用人成本，解决劳动力缺乏问题；

（4）减少资源浪费，保护生态环境。

可见，建造机器人的建造模式是建造行业未来发展的主要方向。因此，建造机器人技术的开发与研究虽然比普通工业机器人起步晚，但却越来越受到重视，很多国家都开展了建造机器人的研究与开发工作。

如图1-9所示为一款混凝土喷射机器人，可用于地下矿山井巷、隧道、硐室支护、采场临时护顶和构筑充填料阻挡墙及其他地下工程支护，也可用于喷筑围岩渗水和风化防护层，多数与锚杆配合使用，可提高支护能力。

除上述的建造机器人外，建造机器人还包括壁面爬行机器人、盖楼机器人等。

工业机器人还可按负载重量、控制方式、自由度、结构、应用领域等再划分。按结构形式划分，

图 1-9 混凝土喷射机器人

工业机器人可分为并联机器人和串联机器人。串联机器人又可分为直角坐标机器人、柱面坐标机器人、球面坐标机器人和多关节坐标机器人。

1.1.3 其他机器人

除了上述提到的工业机器人种类外，还有军用机器人和服务机器人等。

1. 军用机器人

随着世界各国国防建设的变革和转型，无人军事装备，即军用机器人的建设正在加速进行。军用机器人按照其控制方式可以分为自动化的、半自主的、自主的以及遥控的。在实际运用中常常是几种方式综合运用。图1-10为俄罗斯军用机器人Platform-M，可用于巡逻和攻击。Platform-M是一种履带式遥控机器人装置，装有

图 1-10 Platform-M 军用机器人

榴弹发射器和 Kalashnikov 步枪。

2. 服务机器人

公共服务机器人是一种自主或半自主工作，为人们提供各类服务的机器人。在医疗健康、家庭服务、餐饮服务、消杀防疫等不同服务领域，公共服务机器人发挥着重要的作用。

医疗服务机器人如口腔修复机器人，是一个由计算机和机器人辅助设计、制作全口义齿人工牙列的应用试验系统。该系统利用图像、图形技术来获取生成无牙颌患者的口腔软硬组织计算机模型，利用自行研制的非接触式三维激光扫描测量系统来获取患者无牙颌骨形态的几何参数，采用专家系统软件完成全口义齿人工牙列的计算机辅助统计。

膝关节术后康复训练机器人（简称康复训练机器人）辅助接受膝关节手术的患者进行康复训练，帮助患者快速恢复膝关节的运动机能，可有效减轻理疗师及患者家属的工作负担，在膝关节术后康复训练中具有广泛应用。

机器人种类繁多，在此不一一赘述。

1.2 工业机器人关键技术

机器人关键技术主要包括机器人部件技术、控制系统设计技术、环境感知技术、智能规划技术、高精度测量定位技术、误差补偿技术。

1. 机器人部件技术

机器人部件技术最重要的三大基础部件是减速器、伺服电机和驱动器、机器人控制器，分别占机器人成本的 $30\%\sim50\%$、$20\%\sim30\%$、$10\%\sim20\%$。受制于基础工业的差距，我国在机器人关键零部件减速器、伺服电机、控制器等自主生产能力较弱，需要进口。其中减速器主要供应商是哈默纳科、纳博特斯克及住友公司等日本公司；我国大陆的伺服电机和驱动器超过 80% 依赖进口，主要来自日本、欧美和中国台湾地区。控制器虽然较多的公司是机器人厂商自产，但国产机器人企业中仍有 $40\%\sim50\%$ 依靠进口。

机器人用伺服电机要求控制器与伺服之间的总线通信速度快；伺服的精度高；另外对基础材料有加工要求。相对于减速器，伺服电机和驱动器市场未形成主要厂商垄断现象，产品价格相对合理。另外，国内的一些公司在伺服电机和驱动器领域也有所建树，产品质量正在追赶国际厂商，占据了一定的市场份额。

机器人控制系统是机器人的重要组成部分，用于对机器人进行控制，以完成特定的工作任务。目前国外主流机器人厂商的控制器均为在通用的多轴运动控制器平台基础上进行自主研发。目前通用的多轴控制器平台主要分为以嵌入式处理器（DSP，POWER PC）为核心的运动控制卡和以工控机加实时系统为核心的软 PLC（可编程逻辑控制器）系统，其代表分别是 Delta Tau 的 PMAC 卡和 Beckhoff（倍福）的 TwinCAT 系统。国内在运动控制卡方面，固高公司已经开发出相应成熟产品，但是在机器人上的应用还相对较少。

2. 控制系统设计技术

控制系统设计技术主要包括：

（1）开放性模块化的控制系统体系结构。采用分布式 CPU 计算机结构，分为机器人控制器（RC），运动控制器（MC），光电隔离 I/O 控制板、传感器处理板和编程示教盒等。机器人控制器（RC）和编程示教盒通过串口/CAN（控制器局域网络）总线进行通信。

（2）模块化层次化的控制器软件系统。整个控制器软件系统分为三个层次：硬件驱动层、核心层和应用层。三个层次分别面对不同的功能需求，对应不同层次的开发，系统中各个层次内部由若干个功能相对对立的模块组成，这些功能模块相互协作共同实现该层次所提供的功能。

（3）机器人的故障诊断与安全维护技术。通过各种信息，对机器人故障进行诊断，并进行相应维护，是保证机器人安全性的关键技术。

（4）网络化机器人控制器技术。控制器上具有串口、现场总线及以太网的联网功能。可用于机器人控制器之间和机器人控制器同上位机的通信，便于对机器人生产线进行监控、诊断和管理。

3. 环境感知技术

环境感知技术就是通过各种传感器来增加机器人对环境的识别、判断能力，扩大机器人的应用领域。采用视觉、力觉、声觉、触觉等多传感器融合技术，提高机器人的环境感知能力。将各种传感器进行多层次、多空间的信息互补和优化组合处理，最终产生对观测环境的一致性解释。在这个过程中要充分利用多源数据进行合理支配与使用，信息融合的最终目标则是基于各传感器获得的分离观测信息，通过对信息多级别、多方面组合导出更多有用信息。这不仅是利用了多个传感器相互协同操作的优势，而且也综合处理了其他信息源的数据来提高环境感知性能。

4. 智能规划技术

智能规划技术是将工业机器人轨迹规划的过程智能化的一种技术。工业机器人轨迹规划的结果直接影响机器人的工作效能和效率，而轨迹规划的效率和自动化程度则直接影响生产准备时间。人工智能、云计算、大数据等技术的引进大大提高了机器人的智能化，增进了机器人的分析、决策和协作能力。因此，智能规划技术有利于增加工业机器人轨迹规划的精度与效率。

5. 高精度测量定位技术

工业机器人具有重复定位精度高而绝对定位精度较低的特点。激光跟踪仪、iGPS（室内 GPS）、单目视觉、双目视觉、手眼视觉、激光测距等方法的引入有利于发展工业机器人高精度测量定位技术。

6. 误差补偿技术

受运动学插补、机器人负载、刚度、机械间隙、刀具磨损、热效应等多种因素的影响，机器人末端的运动误差不可避免，如何减小误差十分重要。除了采用高精度的测量仪器外，建立定位误差模型和补偿算法也是提高定位精度的重要手段。

1.3　工业机器人发展现状

1.3.1　世界工业机器人发展状况

机器人作为一个正在高速崛起的新兴行业，正在经历着飞速的发展。其中，工业机器人作为制造业皇冠上的明珠已成为衡量一个国家经济实力以及军事能力的重要标志。

工业机器人是继计算机之后出现的新一代生产工具。1956 年，美国人 George Devol 和 Joseph Engelberger 创建了世界上第一个机器人公司 Unimation（Univeral Automation）公司，参与设计了第一台工业机器人 Unimate。这是一台用于压铸的五轴液压驱动机器人，手臂的控制由一台计算机完成。它采用了分离式固体数控元件，并装有存储信息的磁鼓，能够记忆完成 180 个工作步骤。20 世纪 60 年代，该机器人在美国通用汽车公司（GM）投入使用。

20 世纪 60 年代后期开始，搬运、喷漆、弧焊机器人相继应用在实际生产中，并出现了由加工中心和工业机器人组成的柔性制造单元（FMC）。

从 20 世纪 70 年代开始，外部传感器和控制方法逐渐成为机器人技术的研究重点。1979 年 Unimation 公司推出了 PUMA 系列工业机器人，它是全电动驱动、关节式结构、多 CPU 二级微机控制、采用 VAL 专用语言，可配置视觉、触觉、力觉感受器的，技术较为先进的机器人。整个 20 世纪 70 年代，出现了更多的机器人商品，并在工业生产中逐步推广应用。随着计算机科学技术、控制技术和人工智能的发展，机器人的研究开发，无论就水平和规模而言都得到迅速发展。据国外统计，到 1980 年全世界有 2 万余台机器人在工业中应用。

21 世纪以来，工业机器人技术正在向智能化、模块化和系统化的方向发展，其发展趋势主要为：结构的模块化和可重构化；控制技术的开放化、PC 化和网络化；伺服驱动技术的数字化和分散化；多传感器融合技术的实用化；工作环境设计的优化和作业的柔性化以及系统的网络化和智能化等方面。

　　我国工业机器人起步较晚，于 1972 年开始研制自己的工业机器人。随着改革开放及科技的进步，政府越来越重视工业机器人的发展。国家资助了大量科研项目，完成了示教再现式工业机器人技术，以及在工业制造领域各个环节的一系列机器人。再到后来的"863 计划"的大力支持，智能机器人技术取得了大量的成果。

　　1985 年 12 月由沈阳自动化所负责研制的"海人一号"样机在大连首航成功。1986 年，改进后的"海人一号"完成了海上试验。"海人一号"总功率 20 马力、最大作业水深 200m，是我国科研人员完全依靠自主技术和立足于国内的配套条件开展的研究工作，是我国水下机器人发展史上的一个重要里程碑。

　　21 世纪以来，我国制定相关有利政策、重点培养与引进机器人领域技术技能人才、投入大规模研发资金，着力推动工业机器人产业的创新与发展。经过精心研究与不懈探索，我国在工业机器人领域的研发应用上，已经取得了显著的进步和发展。我国的嫦娥四号飞船于 2019 年 1 月 3 日首次在月球远端着陆，从冯·卡曼陨石坑返回了大量的科学数据和图像；为了表彰此次任务的探索和科学成就，国际宇宙航行联合会（IAF）选择向嫦娥四号的三位领导人颁发世界空间奖。这无疑体现我国工业机器人水平所取得的巨大进步，甚至部分技术已经达到了世界先进水平。

1.3.2　我国工业机器人产业现状

　　近年来，中国的经济发展已由高速增长阶段逐步转入高质量发展阶段，政府更加关注于优化经济结构、转换增长动力。制造业是供给侧结构性改革的主要领域，工业机器人是中国制造业转型升级、提质增效的关键核心产品之一。尽管我国工业机器人起步较晚，但在国家相关政策大力支持和国内生产研发技术水平提升等因素下，我国工业机器人得到快速发展。从工业机器人销量情况来看，近年来我国工业机器人市场销量总体呈增长趋势，仅 2019 年出现小幅下降。据国家统计局资料显示，2021 年我国工业机器人销量出现大幅上涨，达 36.6 万台，工业机器人产量累计增长达 44.9%。

　　我国将突破机器人关键核心技术作为科技发展的重要战略，国内厂商逐渐攻克了减速机、伺服控制、伺服电机等关键核心零部件领域的部分难题，国产控制器等核心零部件在国产工业机器人中的使用也进一步增加，智能控制和应用系统的自主研发水平不断进步，制造工艺的自主设计能力也不断提升，核心零部件国产化的趋势逐渐显现。

1.3.3 我国工业机器人发展展望

机器人研发、制造和应用是衡量国家科技创新和高端制造业水平的重要标志，是国家科技发展的战略需求。我国制造业的发展正处于工业化发展过程中，具有自动化、智能化、绿色化、网络化、信息化的发展趋势，随着市场的激烈竞争、劳动力成本的逐渐上升，以及用户对个性化、定制化的需求越来越迫切，老龄化社会的加剧形成，一线产业工人减少的趋势不可逆转，我国制造业普遍需要技术和设备升级改造，以增强竞争力，提高经济效益，因此，我国工业机器人产业的发展空间巨大。

1. 增强自主创新能力

尽管我国基本掌握了本体设计制造、控制系统软硬件、运动规划等工业机器人相关技术，但总体技术水平与国外相比，仍存在较大差距。我国缺乏核心及关键技术的原创性成果和创新理念，精密减速器、伺服电机、伺服驱动器、控制器等高可靠性基础功能部件方面的技术差距尤为突出，长期依赖进口。急需增强自主创新能力。

2. 加大机器人高端产品研发

国产工业机器人与世界水平还存在差距，且关键零部件对外依存度较高。在核心零部件方面，国内缺乏领先的自主创新技术及产品，市场主要被国外行业巨头垄断。但随着我国5G、大数据、云计算和AI技术的不断融合，未来工业机器人将实现更多的功能，助推工业机器人朝智能化、网联化方向进一步转型升级。同时，运动控制、高性能伺服驱动、高精密减速器等关键技术和部件加快突破，使得我国工业机器人整机功能和性能显著增强，不断推动我国工业机器人智能化、高端化发展。

3. 减小企业成本压力

核心部件长期依赖进口的局面依然难以改变，关键零部件大量依赖进口，导致国内企业生产成本压力大，多家国产工业机器人企业面临亏损。多数中国机器人企业处于亏损状态，即便是盈利企业，其平均净利润也只维持在3%～4%。

4. 增强自主品牌认可度

我国机器人市场由外企主导，自主品牌亟需发展壮大。用户企业已经习惯使用国外品牌，特别是使用量最大、对设备品质要求最高的汽车和电子工业，导致自主品牌的本体和零部件产品不能尽快投入市场，甚至有成功应用经验的产品也难以实现推广应用。其次，由于我国工业机器人企业数量众多，市场竞争日趋激烈，一些企业凭借低质量、低价格的产品扰乱市场，导致产品良莠不齐，绝大多数用户在对行业缺乏深入了解的情况下，难以辨别优劣，导致市场对国产工业机器人整体信任的缺失。

5. 规范行业标准

我国在机器人方面缺乏行业标准和认证规范，势必造成质低价廉的恶性竞争。

一方面，企业在设计产品时缺乏统一的物理安全、功能安全、信息安全等规范指标，技术尚未成熟便抢先上市，导致国产机器人产品质量参差不齐；另一方面，行业进入门槛低，部分企业未找准产品定位便盲目投入，忽略技术研发，产品以组装为主，造成大量低端产能。

虽然我国工业机器人发展仍然存在较多问题，但是随着我国工业制造水平的不断提升，相信我国的工业机器人市场将会得到快速的发展。主要表现下几个方面：

（1）中国工业机器人市场规模进一步扩大。受国内外经济的综合影响，同时随着我国劳动力成本的快速上涨，人口红利逐渐消失，工业企业对包括工业机器人在内的自动化、智能化装备需求快速上升。我国工业机器人新装机量有望继续保持较快速度增长。

（2）基础工业企业得到发展，国产关键零部件瓶颈得到突破。由于中国制造2025的扶持，我国基础工业将得到质的提升，自主创新能力提高，产品质量和产量得到大幅度提高，国产关键零部件瓶颈得到突破。

（3）关键技术的突破带动高端国产机器人的发展。自主创新能力的提升必将带来工业机器人的关键技术的突破。我国机器人企业在高端机器人市场将占有一定的份额。

（4）行业标准确定，推动国产工业机器人质量提高。工业机器人标准化建设是工业机器人产业发展的基础性工作，对促进工业机器人产业的健康快速发展起到了重要的支撑和引领作用。我国政府一直高度重视工业机器人产业发展。这为我国工业机器人标准化工作提供了助力。

（5）工业机器人应用领域和区域不断扩展。随着关键岗位机器人替代工程、安全生产专项工程和新的应用示范政策的不断落实，工业机器人的应用领域将有望延伸到劳动强度大的纺织、物流行业，危险程度高的国防军工、民爆行业，对产品生产环境洁净度要求高的制药、半导体、食品等行业，和危害人类健康的陶瓷、制砖等行业。随着我国西部开发、东北振兴、中部崛起、东部率先的区域发展总体战略的加快落实，中、西部工业机器人使用量也将不断增长，长三角、珠三角等高端制造业集中区域也将会更多地使用工业机器人。

习题

1-1 简单介绍一种你熟悉的建造机器人结构，并说明其工作特点和应用场合。

1-2 一般的建造机器人主要由哪些部分组成？需要具备哪些技术？

1-3 目前建造机器人技术还有待发展进步，你认为有哪些可提升、完善的空间？

参 考 文 献

[1] 丁良宏. BigDog 四足机器人关键技术分析 [J]. 机械工程学报, 2015 (7): 1-22, 23.

[2] 王玉章. 牛津英汉高阶词典 [M]. 北京: 商务印书馆, 2009.

[3] International Federation of Robotics. Industrial robotics standardization [EB/OL]. [2022-10-11]. http: //www. iff. org/news/ifr-press-release/iso-robotics standardisation-35/.

[4] International Federation of Robotics. Service robots [EB/OL]. [2022-06-09]. http: //www.ifr.org/service-robots/.

[5] 王荣本, 储江伟, 冯炎, 等. 一种视觉导航的实用 AGV 设计 [J]. 机械工程学报, 2002, 38 (11): 135-138.

[6] 张轲, 吴毅雄, 金鑫, 等. 移动焊接机器人坡口自寻迹位姿调整的轨迹规划 [J]. 机械工程学报, 2005, 41 (5): 215-220.

[7] 刘亚军, 訾斌, 王正雨, 等. 智能喷涂机器人关键技术研究现状及进展 [J]. 机械工程学报, 2022, 58 (7): 53-74.

[8] 南通中港涂装设备有限公司. 多元耦合传感器智能涂装机器人: CN201710127103.8 [P]. 2017-07-18.

[9] 朱利中. 飞机大部件喷涂机器人的设计与分析 [D]. 成都: 电子科技大学, 2015.

[10] ZHU L, WANG L, ZHAO J. Mechanism synthesis and workspace analysis of a spraying robot for airfoil [M] //Advances in Reconfigurable Mechanisms and Robots Ⅱ. London: Springer International Publishing, 2016.

[11] 陈翀, 李星, 邱志强, 等. 建筑施工机器人研究进展 [J]. 建筑科学与工程学报, 2022, 39 (4): 58-70.

[12] 顾军, 芮延年, 唐维俊. 建筑机器人的研究与应用 [J]. 昆明理工大学学报 (理工版), 2007, 32 (1): 54-59.

[13] 陆震. 人工智能在军用机器人的应用 [J]. 兵器装备工程学报, 2019, 40 (5): 1-5.

[14] 姚玉峰, 杨云龙, 郭军龙, 等. 膝关节术后康复训练机器人研究综述 [J]. 机械工程学报, 2021, 57 (5): 1-18.

[15] 于涛. 三柔索驱动并联机器人理论研究与模型样机开发 [D]. 辽宁: 东北大学, 2004.

[16] 魏莉. TJ-98A 自动涂胶机动力学问题研究 [D]. 云南: 昆明理工大学, 2000.

[17] 国家统计局. 工业机器人数据查询 [EB/OL]. [2022-9-11]. https: //data.stats.gov.cn/easyquery.htm? cn=A01&zb=A020922&sj=202208.

[18] 高峰, 郭为忠. 中国机器人的发展战略思考 [J]. 机械工程学报, 2016, 52 (7): 1-5.

[19] 王田苗, 陶永. 我国工业机器人技术现状与产业化发展战略 [J]. 机械工程学报, 2014, 50 (9): 1-13.

[20] 刘毅, 刘唐书, 蒋建辉, 等. 我国工业机器人标准体系建设研究 [J]. 机床与液压, 2019, 47 (21): 38-40.

第 2 章

机器人机械基础

● 本章学习目标 ●

1. 熟练掌握机器与机构的概念；了解机器的各个组成部分及其作用；了解在机械工程中常见的材料类型。

2. 熟知主要的机械连接形式，包括螺纹连接、键连接、销连接等。特别是螺纹连接的类型和特点；熟练掌握滑动轴承和滚动轴承的结构和特点；熟知机械传动的主要方式及其特点，包括带传动、链传动、齿轮传动等。

3. 熟知机器人减速器的主要作用和特点，特别是 RV 减速器和谐波齿轮减速器。

4. 了解机械密封的主要方式和方法。

2.1 机械系统概述

"机械是工科之母"，机械是人类进行生产劳动的主要工具，也是社会生产力发展水平的重要标志。早在古代人类就知道利用杠杆、滚棒、绞盘等简单机械从事建筑和运输。18 世纪中叶，随着蒸汽机（图 2-1）的发明而促进了产业革命，出现了由原动机、传动机和工作机组成的近代机器，此后机械得到了迅速的发展。

图 2-1 传统蒸汽机

近几十年来，随着自动化技术的发展，智能机械被广泛应用于工程的各个领域，尤其对工程建设产生了极其重要的影响。智能建造机械的应用，有效提高了工程的效率，促进了土木工程的高质量进行，也减少了人力操作误差，使工程测量更加的智能化，推动了工程建设的安全进行。

2.1.1 机器与机构

1. 机器

人们为了减轻体力劳动，提高劳动生产率，在劳动生产过程中，广泛使用着各种机器。例如内燃机车、电力机车、各类汽车、起重机、挖掘机、各种机床等。机器的种类繁多，其结构、性能和用途也各不相同。但从机器的组成原理、运动的确定性及功能关系来看，凡是机器都有以下三个共同特征：

（1）机器是由若干构件和运动副组合而成的。如图 2-2 所示单缸内燃机由气缸、活塞、连杆、曲轴等构件组合而成。

（2）机构中的构件之间具有确定的相对运动。如图 2-2 所示单缸内燃机中活塞相对气缸的往复运动，曲轴相对两端轴承的连续转动。

（3）机器可以用来代替人的劳动，完成有用的机械功或实现能量转换。例如金属切削机床能够改变工件的尺寸、形状；运输机可以改变物体的空间位置；发电机可以把机械能转换为电能等。

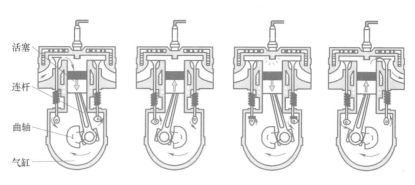

活塞
连杆
曲轴
气缸

图 2-2　内燃机工作的 4 个冲程

机器是构件的组合，它的各部分之间具有确定的相对运动，并能用来代替人的劳动来完成有用的机械功或实现能量转换。机器中的构件是机器的运动单元，如图 2-2 中所示的气缸、活塞、连杆和曲轴等，就是构件，它们相互之间能相对运动。组成构件的相互之间没有相对运动的物体叫零件，它是机器的制造单元。如图 2-2 中的连杆是一个构件，它是由螺栓、连杆盖、连杆体等零件组成的。机械零件可分为通用零件和专用零件。通用零件是指各种机器中经常用到的零件，如螺栓螺母、轴、轴承、齿轮等。专用零件如内燃机的曲轴、电力机车的轮对、车床的床身等。另外，我们还把部件作为机器的装配单元。例如车床就是由主轴箱、进给箱、溜板箱及尾架等部件组成。把机器划分为若干部件，对设计、制造、运输安装及维修都会带来便利。

2. 机构

机构与机器有所不同，机构只具有机器的前两个特征，而没有最后一个特征。当我们只讨论构件之间相对运动，而不考虑它们在做功和转换能量方面的作用时，通常把这些具有确定相对运动的构件组合称为机构。

所以机构与机器的区别是：机构的主要功用在于传递或转变运动的形式，而机器的主要功用是为了利用机械能做功或实现能量转换。例如图 2-2 所示内燃机中的曲柄连杆机构就是把气缸内活塞的往复直线运动转变为曲柄的连续转动。而对于整个内燃机来说则是机器，因为它能够把燃料的化学能转换为机械能。常用的机构有平面连杆机构、凸轮机构、间歇运动机构、齿轮传动机构等。

综上，机器一般是由机构组成，机构一般由构件组成，构件又由零件组成。一般常以机械这个词作为机构和机器的通称。

2.1.2　机器的组成部分

机械的发展经历了一个由简单到复杂的过程。人类为了满足生产生活的需要，设计和制造了类型繁多、功能各异的机器。任何一台机器都是由原动机、传动装置、工作机三部分组成。在现代自动化智能机器中，还存在自动控制部分以及辅助系统等部分。

1. 驱动装置

原动机是机器动力的来源，通常一部机器只用一个原动机，复杂的机器也可能有好几个动力源。一般地说，它们都是把其他形式的能量转换为可以利用的机械能。从历史发展来说，最早被用来作为原动机部分的是人力或畜力。此后水力机及风力机相继出现。工业革命以后，主要是利用蒸汽机（包括汽轮机）及内燃机，图 2-3 所示为涡轮增压内燃发动机。电动机的出现，使可以得到电力供应的地方几乎全部使用了电动机作为原动机。目前常用的原动机有电动机、内燃机、空气压缩机等，以各种电动机最为常用，图 2-4 所示为同步伺服电机。

图 2-3　涡轮增压内燃发动机　　　　　图 2-4　同步伺服电机

2. 传动装置

传动装置是将原动机的运动和动力传递给工作机的装置，并实现运动速度和运动形式的转换。由于机器的功能是各式各样的，所以要求的运动形式也是各式各样的。同时，所要克服的阻力也会随着工作情况而异。但是原动机的运动形式、运动及动力参数却是有限的，而且是确定的。这就提出了必须把原动机的运动形式、运动及动力参数转变为执行部分所需的运动形式、运动及动力参数的问题。

这个任务由传动部分完成，例如把旋转运动变为直线运动，高转速变为低转速，小转矩变为大转矩等。机器的传动部分多数使用机械传动系统，有时也可使用液压或电力传动系统。按工作原理来分，传动可分为机械传动、流体传动、电力传动和磁力传动等，其中机械传动是最为常用的传动方式，机械传动根据传动原理又分为摩擦传动、啮合传动等。图 2-5 所示为圆锥齿轮传动减速器。

3. 工作装置

工作装置完成机器预定的动作，处于整个传动的终端。一部机器可以只有一个执行部分，例如金属切削机床的主轴、压路机的压辊等。也可以把机器的功能分解

图 2-5　圆锥齿轮传动减速器

成好几个执行部分，例如桥式起重机的卷筒，如图 2-6 所示。吊钩部分执行上下吊放重物的功能，小车行走部分执行横向运送重物的功能，大车行走部分执行纵向运送重物的功能。

图 2-6　悬挂式桥式起重机

资料来源：来源于 ABUS 官网。

4. 控制系统

控制系统是机器的重要组成部分，由相应的硬件和软件构成。控制系统的作用相当于人类的大脑，主要用于对机器自身的控制以及对机器周边设备的协调控制两个部分。现代机器控制系统一般为计算机控制系统，由计算机来实现多个独立系统的协调控制并使机器按照人的意志工作，甚至赋予机器一定"智能"的任务。因此，拥有一个功能完善、灵敏可靠的控制系统是机器设备协调动作、共同完成作业任务的关键。

5. 辅助系统

随着自动化技术以及智能机械的发展，机器的功能越来越复杂，对机器的要求也就越来越高，目前广泛使用的机器除了以上四个部分外，还会不同程度地增加相关辅助系统，如照明系统、清洁系统等。

2.1.3　常见机械材料

现代材料种类繁多，按化学元素组成，通常分为金属材料和非金属材料。到目前为止，机械工程中应用最广泛的是金属材料，尤其是钢铁材料使用最广。据统计，在机械制造产品中，钢铁材料占 90％以上。钢铁之所以被大量采用，除了由于它们具有较好的力学性能（如强度、塑性、韧性等）外，还因价格相对便宜和容易获得，而且能满足多种性能和用途的要求。

在工业生产中应用的材料除了钢铁等金属材料之外，还有各种非金属材料。非金属材料是金属材料以外的一切材料的统称。非金属材料目前的产量和用量虽不及钢铁材料多，但由于它们材料来源广泛、易成型，且具有某些独特性能和优点，而使其成为现代工业生产中不可缺少的材料。

1. 金属材料

在各类金属材料中，由于合金钢的性能优良，因而常常用来制造重要的零件。除钢铁材料以外的金属材料均称为有色金属，在有色金属中，铝、铜及其合金的应用最多。金属材料的性能是选择材料的主要依据。金属材料的性能一般分为使用性能和工艺性能。工艺性能是指金属材料从冶炼到成品的生产过程中，在各种加工条件下表现出来的性能，包括铸造性、锻压性、焊接性、切削加工性、热处理性等。使用性能是指金属零件在使用条件下金属材料表现出来的性能，包括物理性能、化学性能和力学性能，金属材料的使用性能决定了它的使用范围。

金属材料的物理性能是金属所固有的属性，它包括密度、熔点、导热性、热膨胀性、导电性和磁性等。金属材料的化学性能是指金属在化学作用下所表现的性能，如耐腐蚀性、抗氧化性和化学稳定性等。金属材料的力学性能是指金属材料在外力作用下所表现出来的抵抗性能，也称机械性能。金属材料在加工和使用过程中所受的作用力称为载荷（或称负载或负荷），根据载荷作用性质不同，可分为静载荷、冲击载荷和交变载荷。在这些载荷作用下，金属材料的力学性能主要指标有强度、塑性硬度、韧性和疲劳强度等。

2. 高分子材料

高分子材料按特性通常可分为塑料、橡胶及纤维等类型。高分子材料有许多优点，如原料丰富，可以从石油、天然气和煤中提取，获取时所需的能耗低；密度小，平均只有钢的 1/6；在适当的温度范围内有很好的弹性；耐蚀性好等。

工程塑料是一类以天然或合成树脂为主要成分，在一定的温度和压力下塑制成型，并在常温下保持其形状不变的材料。塑料的品种繁多，主要分为热塑性塑料和热固性塑料。塑料的优异性能主要表现为：质轻，表面密实光滑，摩擦系数小，防水，气密，耐磨，吸振消声性好，耐腐蚀性好，绝缘性好以及成型工艺简单。因此，塑料的用途十分广泛。现在每年塑料的产量按体积计算已超过钢铁，主要用作绝缘材料、建筑材料、工业结构材料和零件、日用品等。塑料进入机械制造业，首先用于传动系统，如齿轮、轴承等。现在不仅用于传动系统，还可以制造一般结构零件（如支架、手轮、油管等），耐蚀件（化工容器泵等），绝缘件（插头插座、电子电讯元件），密封件以及矿山机械上的大型蜗轮，直径几米的环套等。

橡胶是一种有机高分子材料，具有高的弹性，优良的伸缩性能和积储能量的能力，成为常用的密封、抗震、减振及传动材料。橡胶还有良好的耐磨性、隔声性和阻尼特性。未硫化橡胶还能与某些树脂掺合改性，与其他材料（如金属、纤维、石棉、塑料等）结合而成为兼有两者特点的复合材料。橡胶可分为天然橡胶和合成橡胶两类，天然橡胶属于天然树脂，是从橡胶树或杜仲树等植物的浆汁中制取的，主要成分是聚异戊二烯。天然橡胶的抗拉强度与回弹性比多数合成橡胶好，但耐热老化性和耐大气老化性较差，不耐臭氧，不耐油和有机溶剂，易燃烧。它一般用作轮胎，电线电缆的绝缘护套等。合成橡胶是将石油或乙醇、乙炔、天然气体或其他产物经过加工、提炼而获得，并具有类似橡胶性质的合成产物。

3. 陶瓷材料

陶瓷是无机非金属固体材料，一般分为传统陶瓷和特种陶瓷两大类。

传统陶瓷是黏土、长石和石英等天然原料，经粉碎、成型和烧结制成，主要用于日用品、建筑、卫生以及工业上的低压和高压电瓷、耐酸、过滤制品。特种陶瓷是以各种人工化合物（如氧化物、氮化物等）制成的陶瓷，常见的有氧化铝瓷、氮化硅瓷等。这类陶瓷主要用于化工、冶金、机械、电子工业、能源和某些新技术领域等，如制造高温器件、电绝缘及电真空器件、高速切削刀具、耐磨零件、炉管、热电偶保护管以及发热元件等。

作为工程结构陶瓷材料，陶瓷材料的主要特点是硬度极高、耐磨、耐腐蚀、熔点高、刚度大以及密度比钢铁低等。陶瓷材料常被形容为"像钢一样强，像金刚石一样硬，像铝一样轻"的材料。目前，陶瓷材料已应用于密封件、滚动轴承和切削刀具等零件中。陶瓷材料的主要缺点是比较脆，断裂韧度低，价格昂贵，加工工艺性差等。

4. 复合材料

复合材料是由两种或两种以上具有明显不同的物理和力学性能的材料复合制成的，不同的材料可分别作为材料的基体相和增强相。增强相起着提高基体相的强度和刚度的作用，而基体相起着使增强相定型的作用，从而获得单一材料难以达到的优良性能，是一种新型的工程材料。

复合材料的主要优点是有较高的强度和弹性模量，而质量又特别小，比强度大，同时化学性能好，也可根据需求获得隔热性以及特殊的光、电、磁等性能。复合材料的基体相通常以树脂为主，而按增强相的不同可分为纤维增强复合材料和颗粒增强复合材料。作为增强相的纤维织物的原料主要有玻璃纤维、碳纤维、碳化硅纤维、氧化铝纤维等。作为增强相的颗粒有碳化硼、碳化硅、氧化铝等颗粒。复合材料的制备是按一定的工艺将增强相和基体相组合在一起,利用特定的模具而成型的。

2.2 机械连接

许多机械是由各种零部件按一定方式连接而成的,而且零部件之间的连接类型很多,如键连接、销连接、螺纹连接和弹性连接等。总体来说,机械连接可分为动连接和静连接两大类。动连接的零件之间有相对运动,如各种运动副连接和弹性连接等;静连接的零件之间没有相对运动,如键连接、花键连接、销连接等。另外,按连接零件安装后能否拆卸进行分类,连接又可分为可拆卸连接和不可拆卸连接。可拆卸连接在拆卸时不破坏零件,连接件可重复使用;不可拆卸连接在拆卸时连接件被破坏,连接件不能重复使用,如焊接、铆接和胶接等就属于不可拆卸连接。

2.2.1 螺纹连接

螺纹连接(图 2-7)是利用螺纹连接件将两个或多个零件连接在一起进行固定。螺纹连接属于可拆卸连接,结构简单,工作可靠,广泛应用于生活和生产之中。

1. 螺纹的类型和特点

(1)螺纹的类型

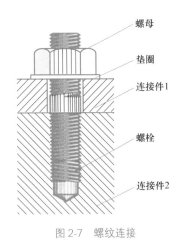

图 2-7 螺纹连接

螺纹根据分布的部位,分为外螺纹和内螺纹。在圆柱体外表面上形成的螺纹称为外螺纹,在圆柱孔内壁上形成的螺纹称为内螺纹,内、外螺纹旋合组成的运动副称为螺纹副或螺旋副。根据螺旋线绕行方向,螺纹可分为右旋螺纹和左旋螺纹,最常用的是右旋螺纹。根据螺纹母体形状可分为圆柱螺纹和圆锥螺纹,圆锥螺纹主要用于管连接,圆柱螺纹用于一般连接和传动。

图中标注:螺母、垫圈、连接件1、螺栓、连接件2

常用螺纹类型主要根据牙型分为普通螺纹、管螺纹、梯形螺纹、矩形螺纹和锯齿形螺纹等。前两种螺纹主要用于连接,后三种螺纹主要用于传动。

1)普通螺纹:普通螺纹的牙型角为60°,以大径为公称直径。同一公称直径可以有多种螺距的螺纹,其中具有最大螺距的螺纹叫作粗牙螺纹,其余都叫细牙螺纹。细牙螺纹螺距小,升角小,自锁性能好,但不耐磨,容易滑扣。细牙螺纹宜用于薄壁零件。一般连接螺纹常用粗牙螺纹,可根据公称直径查阅标准选用。

2）管螺纹：圆柱管螺纹牙顶和牙底有较大的圆角，内外螺纹旋合后无径向间隙，可以保证配合的紧密性，圆锥管螺纹依靠螺纹牙的变形保证连接的紧密性。圆锥管螺纹密封性能比圆柱管螺纹好，并且可迅速旋紧和旋松。

3）矩形螺纹、梯形螺纹和锯齿形螺纹：由于自锁性差，传动效率低，广泛用于螺旋传动中。

（2）螺纹的主要参数

螺纹的各部分参数，如图 2-8 所示。

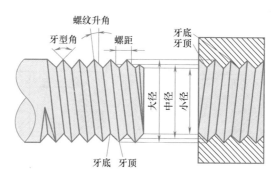

图 2-8　螺纹连接各部分参数

1）大径 d——螺纹的最大直径，即与外螺纹牙顶（或内螺纹牙底）相切的假想圆柱的直径，规定它为公称直径。

2）小径 d_1——螺纹的最小直径，即与外螺纹牙底（或内螺纹牙顶）相切的假想圆柱的直径。

3）中径 d_2——假想的圆柱体直径，该圆柱体到螺纹牙底和到螺纹牙顶的距离相等。

4）螺距 P——相邻两螺纹牙在中径圆柱面上对应两点间的轴向距离。

5）线数 n——螺纹螺旋线数目。可分为单线螺纹和多线螺纹。

6）导程 L——在同一条螺旋线上相邻两螺纹牙在中径圆柱面上对应两点间的轴向距离。对于单线螺纹，$L=P$；对于多线螺纹，$L=nP$。

7）螺纹升角 ϕ——在中径 d_2 的圆柱面上螺纹线的切线与垂直于螺纹轴向平面的夹角，有：

$$\tan\phi=\frac{L}{\pi d_2}=\frac{np}{\pi d_1} \tag{2-1}$$

8）牙型角 α——轴向剖面内螺纹牙型两侧的夹角。

9）牙侧角 β——轴向剖面内螺纹牙型一侧与垂直于螺纹轴线平面的夹角。

10）螺纹旋向——螺纹线的绕行方向。可分为右旋螺纹和左旋螺纹。

2. 螺纹连接的类型和特点

（1）螺栓连接

螺栓的一端通常为六角形头部，另一端有螺纹。使用时，穿过被连接件的孔，旋上螺母，利用螺栓头部和螺母压紧，把被连接件接起来。在螺母与工件之间加装垫圈，以防止发生相对滑动并防止工件表面被螺母压伤。图2-9（a）为普通螺栓连接，被连接件的通孔和螺栓杆之间有间隙。图2-9（b）为铰制孔螺栓连接，其通孔和螺栓杆之间没有间隙。

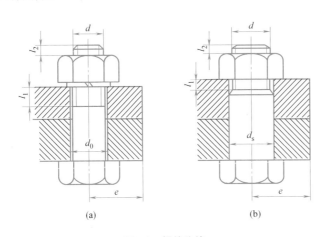

图 2-9　螺栓连接

（a）普通螺栓连接；（b）铰制孔螺栓连接

螺栓连接构造简单，装拆方便，应用广泛，主要用于被连接件不太厚、并能从两边进行装配的场合。

（2）双头螺柱连接

但有些被连接件的厚度较大，不方便做成通孔，就直接在被连接件上做出内螺纹。连接时去掉螺栓的头部，在螺栓的圆柱体上做出外螺纹，即双头螺柱。将双头螺柱的一端拧入被连接件的内螺纹中，螺栓另一端穿过被连接件的铰制孔并与孔形成过渡配合，再与螺母组合使用就形成了双头螺栓连接，如图2-10所示。双头螺栓连接适用于被连接件之一较厚的，不宜制作通孔且需要经常拆卸，连接紧固程度要求较高的场合。

（3）螺钉连接

螺钉的杆部全部制成普通螺纹，螺钉连接时不必使用螺母，直接穿过被连接件，并与另一被连接件的内螺纹相连接就形成了螺钉连接，如图2-11所示。螺钉直径较小，但长度较长，其头部多以内、外六角形居多。螺钉连接适用于被连接件之一较厚的，受力不大，且不经常拆装，连接紧固（或紧密程度）要求不太高的场合。

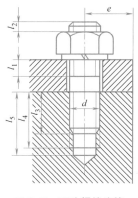

图 2-10　双头螺栓连接

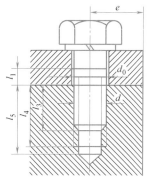

图 2-11　螺钉连接

3. 螺纹连接的预紧防松

（1）螺纹连接的预紧

绝大多数的螺纹连接在装配时需要将螺母拧紧，使螺栓和被连接件受到预紧力的作用，这种螺纹连接称为紧螺纹连接。但也有螺纹连接在装配时不需要拧紧，这种螺纹连接称为松螺纹连接。

螺栓连接中，预紧的目的是增强螺纹连接的刚性，提高紧密性和放松能力，确保连接安全可靠。一般螺母的拧紧主要依靠操作工的实践经验来控制；重要的紧螺纹连接，在装配时其拧紧程度要通过计算并用扭力扳手（或测力矩扳手）来控制。

（2）螺纹连接的防松

在静载荷和常温工作条件下，绝大多数螺纹连接件能自锁，不会自行脱落。但在振动、变载荷、温差变化大的工作环境下，螺纹连接有可能自松而影响工作，甚至发生事故。因此，为了确保螺纹连接锁紧，必须采取合理的防松措施。螺纹连接中常用的防松措施有摩擦力防松、机械防松以及其他防松方法等。

2.2.2　键与销

安装在轴上的齿轮、带轮、链轮等传动零件，其轮毂与轴的连接主要有键连接、花键连接、销连接等。

1. 键连接

键连接是通过键实现轴和轴上零件间的周向固定以传递运动和转矩。键的功能主要是连接两个被连接件，并传递运动和动力。另外，某些键也可起导向作用，使轴上零件沿轴向移动。键连接具有结构简单、工作可靠、装拆方便、标准化及传递扭矩大等优点，因此，键连接的应用比较广泛。

键连接根据键在连接时的松紧状态进行分类，可分为松键连接和紧键连接两大类。其中，松键连接是以键的两侧面为工作面，键宽与键槽需要紧密配合，而键的顶面与轴上零件之间有一定的间隙。松键连接包括平键连接、半圆键连接和花键连接；紧键连接包括楔键连接和切向键连接。

（1）平键连接

平键连接具有结构简单、装拆方便、对中性好等优点。平键主要有普通平键、导向平键和滑键 3 种。

普通平键连接属于静连接，它主要用于轴上零件的周向固定，可以传递运动和转矩，键的两个侧面是工作面。普通平键按其端部形状进行分类，可分为圆头键（A型）、平头键（B型）和单圆头键（C型），如图 2-12 所示，A 型普通平键的两端为圆形，适用于轴的中间位置，定位性较好，应用广泛；B 型普通平键的两端为方形，适用于轴的端部位置；C 型普通平键的一端为方形，另一端为圆形。普通平键是标准零件，其主要尺寸是键宽 b、键高 h 和键长 L。

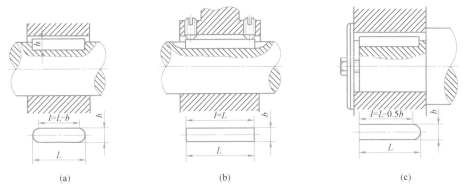

图 2-12　普通平键的类型及相关尺寸参数

（a）圆头；（b）平头；（c）单圆头

导向平键的长度比轴上轮毂的长度长，可用螺钉固定在轴上的键槽中，轮毂可沿着键在轴上自由滑动，但移动量不大。导向平键应用于轴上零件需要做轴向移动，且对中性要求不高的场合。

滑键连接适用于被连接的零件滑移距离较大的场合。滑键固定在轮毂上，并与轮毂同时在轴上的键槽中作轴向滑动。滑键不受滑动距离的限制，只需在轴上加工出相应的键槽，滑键可以做得很短。

（2）半圆键连接

半圆键连接（图 2-13）的结构键槽呈半圆形，轴上的键槽也是相应的半圆形，半圆键能够在键槽内自由摆动以适应轴线偏转引起的位置变化，这样能自动适应轮毂的装配。半圆键安装比较方便，但轴上键槽的深度较大，对轴的强度有所削弱，因此，半圆键连接主要应用于轻载荷轴的轴端与轮毂的连接，尤其适用于锥形轴与轮毂的连接。

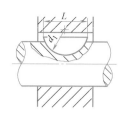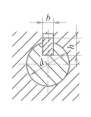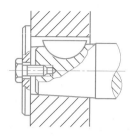

图 2-13 半圆键连接

（3）楔键连接

楔键连接属于紧键连接，可使轴上零件轴向固定，并能使零件承受不大的单向轴向力。如图 2-14 所示，楔键的上、下面为工作面，楔键的上表面制成 1∶100 的斜度。装配时，将楔键打入轴与轴上零件之间的键槽内，使之连接成一体，从而实现传递转矩。楔键与键槽的两侧面不接触，为非工作面。因此，楔键连接的对中性较差，在冲击和变载荷的作用下容易发生松脱。

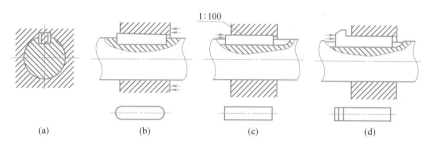

图 2-14 楔键连接

（a）楔键连接；（b）圆头楔键连接；（c）方头楔键连接；（d）钩头楔键连接

楔键分普通楔键和钩头楔键，其中普通楔键包括 A 型楔键（圆头）、B 型楔键（单圆头）和 C 型楔键（方头）3 种。楔键连接多用于承受单向轴向力、对精度要求不高的低速机械上。钩头楔键用于不能从另一端将键打出的场合，钩头用于拆卸。

在进行键的设计时，进行强度校核后，如果强度不够，则采用双键结构。这时应考虑键的合理布置。两个平键最好布置在沿周向相隔 180° 的位置；两个半圆键应布置在轴的同一条母线上；两个楔键则应布置在沿周向相隔 90°～120° 的位置。考虑两键上载荷分配的不均匀性，在强度校核中只按 1～5 个键计算。如果轮毂允许适当加长，也可相应地增加键的长度，以提高单键连接的承载能力。但由于传递转矩时键上载荷沿其长度分布不均，故键的长度不宜过大。

2. 花键连接

花键由沿圆周均匀分布的多个键齿构成，轴上加工出的键齿称为外花键，而孔壁上加工出的键齿则称为内花键，如图 2-15 所示。由内花键和外花键所构成的连接，称为花键连接，如图 2-16 所示。花键连接可用于静连接或动连接，花键的两个侧面是工作面，依靠键的两个侧面的挤压传递转矩。与平键连接相比，花键连接的优点是：键齿多，工作面多，承载能力强；键齿分布均匀，各键齿受力也比较均匀；键齿深度较小，应力集中小，对轴和轮毂的强度削弱较小；轴上零件与轴的对中性好，导向性好。但花键加工工艺过程比较复杂，制造成本较高。因此，花键连接用于定心精度要求较高和载荷较大的场合，或者是轮毂经常作轴向滑移的场合。

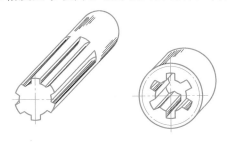

图 2-15　外花键和内花键

图 2-16　花键连接

按花键齿形的不同，花键可分为矩形花键和渐开线花键两种。矩形花键定心精度高，定心的稳定性好，能用磨削的方法消除热处理引起的变形。渐开线花键的齿廓为渐开线，与渐开线齿轮相比，渐开线花键齿较短，齿根较宽，不发生根切的最小齿数较少。且渐开线花键可以通过制造齿轮的方式进行加工，工艺性较好，生产精度较高，花键齿的根部强度高，应力集中小，易于定心，当传递的转矩较大且轴径也大时，宜采用渐开线花键连接。

3. 销连接

销连接是用销将被连接件连接成一体的可拆卸连接，如图 2-17 所示。销连接主要用于固定零件之间的相对位置（定位销），也可用于轴与轮毂的连接或其他零件的连接（连接销），同时销还可传递不大的载荷。在安全装置中，销还可充当过载剪断元件（安全销）。

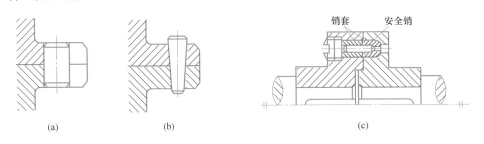

图 2-17　销连接

(a) 定位销；(b) 连接销；(c) 安全销

销按其外形进行分类，可分为圆柱销、圆锥销和异形销等。圆柱销依靠过盈与销孔配合，为了保证定位精度和连接的紧固性，圆柱销不宜经常装拆，圆柱销还可用作连接销和安全销，可传递不大的载荷；圆锥销具有 1∶50 的锥度，小端直径为标准值，具有良好的自锁性，定位精度比圆柱销高，主要用于定位，也可作为连接销；异形销种类很多，其中开口销工作可靠、拆卸方便，常与槽形螺母合用，锁定螺纹连接件。

2.2.3 联轴器和离合器

联轴器是用来连接不同机构中的两根轴（主动轴和从动轴）使之共同旋转以传递扭矩的机械零件。在高速重载的动力传动中，有些联轴器还有缓冲、减振、安全保护和提高轴系动态性能的作用。

离合器是传动系统中直接与发动机相联系的部件，它担负动力系统和传动系统的切断和结合功能。虽然离合器也是用来连接两轴，使轴一起转动并传递转矩，但离合器与联轴器有不同之处，即离合器可根据工作需要，在机器运转过程中随时将两轴接合或分离。

1. 联轴器的种类和特性

联轴器由两部分组成，分别与主动轴和从动轴连接，使其一起转动并传递转矩，一般动力机大都借助联轴器与工作机相连接。采用联轴器连接的两传动轴在机器工作时不能分离，只有当机器停止运转时，才用拆卸方法将它们分开。

联轴器（图 2-18）类型很多，根据联轴器对各种相对位移有无补偿能力进行分类，可将联轴器分为刚性联轴器（无补偿能力）和挠性联轴器（有补偿能力）两大类。刚性联轴器不能补偿两轴间的相对位移，无减振缓冲能力，要求两轴对中性好。挠性联轴器按是否具有弹性元件分类，又可分为无弹性元件挠性联轴器和有弹性元件挠性联轴器。无弹性元件挠性联轴器具有补偿两轴线相对偏移的能力，但不能缓冲减振；有弹性元件挠性联轴器因含有弹性元件，除了具有补充两轴间相对位移的能力外，还具有缓冲和减振作用，但因受到弹性元件强度的限制，相比无弹性元件挠性联轴器其传递的转矩较小。

刚性联轴器结构简单、制造容易、承载能力大、制造成本低，但没有补偿轴线偏移的能力，适用于载荷平稳、转速稳定、两轴对中性良好的场合。常用刚性联轴器主要有凸缘联轴器和套筒联轴器。

无弹性元件的挠性联轴器具有挠性，故可补偿两轴的相对位移。但因无弹性元件，故不能缓冲减振。在高速或转速不稳定或经常正、反转时，有冲击噪声。其适用于低速、重载、转速平稳的场合。常用的无弹性元件挠性联轴器主要有齿式联轴器、滑块联轴器、万向联轴器和链条联轴器等。

有弹性元件的挠性联轴器装有弹性元件，不仅能补偿较大的轴向位移、微量的径向位移和角位移，而且具有缓冲减振的能力。其多应用于正反向变化多，主被动轴相对位置精度不高，启动频繁的高速轴。常用的弹性元件挠性联轴器主要有弹性套柱销联轴器、弹性柱销联轴器以及梅花销联轴器等。

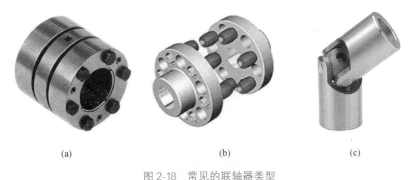

(a)   (b)   (c)

图 2-18　常见的联轴器类型

(a) 凸缘联轴器；(b) 弹性套柱销联轴器；(c) 十字万向联轴器

2. 离合器

离合器在机器运转中可将传动系统随时分离或接合。离合器（图 2-19）的基本要求为：接合平稳，分离迅速且彻底；调节和维修方便；外轮廓尺寸小，质量轻；耐磨性好并散热能力较好。离合器的类型众多，根据工作原理可主要分为牙嵌式和摩擦式两大类。

(a)   (b)

图 2-19　常见的离合器类型

(a) 牙嵌离合器；(b) 圆盘摩擦离合器

牙嵌离合器利用特殊形状的牙、齿、键等相互嵌合来传递转矩。牙嵌离合器由两个端面带牙的半离合器组成。主动半离合器用平键与主动轴连接，从动半离合器用导向键（或花键）与从动轴连接，并借助操作机构作轴向移动，使两个独立的半离合器端面爪牙相互嵌合或分离。牙嵌离合器一般用于转矩不大，低速接合的位置。

摩擦离合器依靠离合器中内、外摩擦片间的摩擦力传递转矩。在主动轴、从动轴上分别安装摩擦盘（片），操作环可以使摩擦盘跟从动轴移动。接合时两盘压紧，主动轴上的转矩由两盘接触面间产生的摩擦力矩传递到从动轴上。摩擦离合器接合平稳，冲击与振动较小，有过载保护作用，但在离合过程中，主动轴、从动轴不能同步回转，外形尺寸较大，适用于在高速下接合，而主动轴、从动轴对同步要求低的场合。

3. 安全联轴器和安全离合器

联轴器和离合器有时也作为一种安全装置用来防止被连接机件承受过大的载荷，起到过载保护的作用。安全联轴器和安全离合器的工作原理为：当工作转矩超过机器允许的极限转矩时，连接件将发生折断、脱开或打滑，从而使联轴器或离合器自动停止传动，以保护机器中的重要零件不致损。常见的有剪切销安全联轴器和滚珠安全离合器。

剪切销安全联轴器结构与凸缘联轴器类似，用钢制销钉代替螺栓连接。销钉装入经过淬火的两段钢制套管中，过载时即被剪断。但此类联轴器由于销钉材料力学性能不稳定以及制造误差等原因，工作精度往往不高；且销钉被剪断后，无法自动恢复工作能力，因此常用于很少过载的机器。

滚珠安全离合器在过载时可自动脱开，保护重要零件，当载荷恢复正常时，可自动接合并传递转矩。在离合器中设置弹簧机构（如钢珠），当扭力超过弹簧力时产生打滑，调整弹簧力的大小就可以限制扭力的大小。这种离合器由于滚珠表面会受到严重的冲击和磨损，因此一般用于传递较小转矩的装置中。

2.3　支承零部件

2.3.1　轴

轴是组成机器中最基本和重要的零件之一，其主要功能是：传递运动和转矩；支承回转零件（如齿轮、带轮）。轴一般都要有足够的强度，合理的结构和良好的工艺性。

1. 轴的分类

按照承受载荷的不同，轴可分为传动轴、心轴和转轴。主要承受转矩作用的轴，如汽车的传动轴，称为传动轴；只承受弯矩作用的轴，如自行车前轮轴，称为心轴；既承受弯矩又承受转矩作用的轴，如卷扬机的小齿轮轮轴，称为转轴。

按照轴线形状的不同，轴可分为曲轴和直轴两大类。曲轴是内燃机、曲柄压力机等机器中用于往复运动和旋转运动相互转换的专用零件，它兼有转轴和曲柄的双重功能。直轴根据外形的不同，可分为光轴和阶梯轴两种。光轴形状简单，加工容易，应力集中源小，但轴上的零件不易装配和定位；阶梯轴（图 2-20）恰好相反。

因此光轴多用于心轴和传动轴，阶梯轴则常用于转轴。

2. 轴的结构

轴的结构主要决定于：轴上载荷的性质、大小、方向及分布情况；轴与轴上零件、轴承和机架等相关零件的结合关系；轴的加工和装配工艺等。为了保证机械的正常工作，轴及轴上零件必须有准确定位和牢靠的固定。轴上零件的固定形式有两种：轴向固定与周向固定。同时轴的结构除了考虑零件固定与支承以外，还需考虑到加工、装配等的工艺性要求。

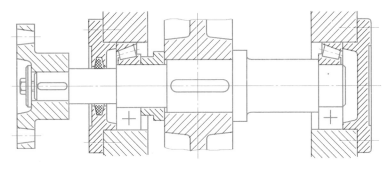

图 2-20　阶梯轴结构及轴上零部件

因此轴的结构应满足：轴的受力合理，有利于提高轴的强度和刚度；轴相对于机架和轴上零件相对于轴的定位准确，固定可靠；轴便于加工制造，轴上零件便于装拆和调整；尽量减小应力集中，并节省材料、减轻重量。

3. 轴的设计

机器工作时，作用于轴上的载荷可能是静载荷，也可能是变载荷。多数情况下，轴受到的是变载荷。轴上应力的性质与载荷性质既有联系又有区别。变载荷引起变应力。静载荷可能引起静应力，也可能引起变应力。

常见轴的失效形式有：因疲劳强度不足而产生疲劳断裂，大多数轴工作时受变应力作用，外形多呈阶梯状并常带有键槽、螺纹、孔等结构而会产生应力集中，当应力数值及循环次数超过极限时，将发生疲劳断裂；轴在运转中若受到振动、冲击，会瞬时过载，因静强度不足而产生塑性变形或脆性断裂；因刚度不足而产生超过许可的弯曲变形和扭转变形；在高转速下发生共振或振幅过大。

2.3.2　滑动轴承

轴承即用于支承轴的零件，根据轴承工作的摩擦性质，可分为滑动轴承和滚动轴承两大类。每一类轴承按其工作时所受的载荷方向不同，又可分为向心轴承、推力轴承和向心推力轴承三大类。

1. 滑动轴承的类型和结构

滑动轴承是工作时轴承和轴颈的支承面间形成直接或间接滑动摩擦的轴承。滑动轴承根据承受载荷方向的不同，可分为向心滑动轴承和推力滑动轴承两大类。其中，向心滑动轴承只能承受径向载荷，它又分为整体式滑动轴承和剖分式滑动轴承两类。

整体式滑动轴承（图 2-21）由轴承座、轴瓦（或称为轴套）及与机架连接的螺栓组成。轴承座孔内压入用减摩材料制成的轴瓦，为了润滑，在轴承座的顶部设置油杯螺纹孔，轴瓦上设有进油孔，并在轴瓦内表面开设轴向油沟以分配润滑油。

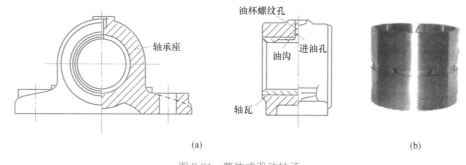

(a)   (b)

图 2-21 整体式滑动轴承

（a）整体式滑动轴承；（b）整体式轴瓦

整体式滑动轴承的特点是：结构较为简单，制造成本低，但拆装时轴或轴承需要作轴向移动。轴承磨损后，轴与滑动轴承之间的径向间隙无法调整。轴颈只能从端部装入轴承中，这对粗重的轴或具有中间轴颈的轴则不便安装，甚至无法安装。整体式滑动轴承适用于轻载、低速、有冲击以及间歇工作的机械传动。

剖分式滑动轴承（图 2-22）由轴承座、轴承盖、剖分式轴瓦（分为上瓦、下瓦）及轴承座与轴承盖连接螺栓等组成。

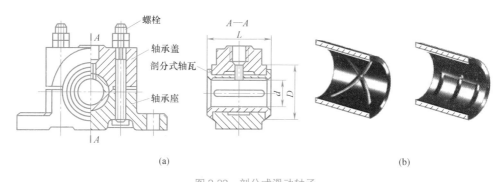

(a)   (b)

图 2-22 剖分式滑动轴承

（a）剖分式滑动轴承；（b）剖分式轴瓦

剖分式滑动轴承的特点是：剖分面应与载荷方向近于垂直，多数轴承剖分面是水平的，也有斜的。轴承盖与轴承座的剖分面常做成阶梯形，以便定位和防止剖分式滑动轴承工作时错动。剖分式滑动轴承装拆方便，轴瓦与轴的间隙可以调整。轴瓦磨损后的轴承间隙可以通过减小剖分面处的金属垫片或将剖面刮掉一层金属的办法来调整，同时再合理刮配轴瓦，以保证传动精确。剖分式滑动轴承应用广泛，主要适用于重载、高速、有冲击的机械传动。

推力滑动轴承用于承受轴向推力并限制轴作轴向移动，可分为以下几种类型：平面多沟推力轴承，两滑动表面相互平行，为改善润滑，在瓦面上开有径向油沟；斜平面推力轴承，由若干具有斜面和平面的瓦块组成，斜面与推力环构成油楔，运转时在整个瓦面上形成动压油膜；阶梯面推力轴承，由若干具有阶梯平面的瓦块组成；可倾瓦块推力轴承，由若干独立的、能随工作状况变化、自动统一支点摆动的瓦块组成，是大型轴承中最通用的形式。

2. 轴瓦的结构

轴瓦是滑动轴承中的重要零件，它的结构设计是否合理对于滑动轴承的使用性能影响很大。轴瓦应具有一定的强度和刚度，在滑动轴承中定位可靠，便于注入润滑剂，容易散热，并且装拆、调整方便。常用的轴瓦分为整体式轴瓦和剖分式轴瓦两种结构。另外，为了节约贵重金属，常在轴瓦内表面浇注一层滑动轴承合金作为减摩材料，以改善轴瓦接触表面的摩擦状况，提高滑动轴承的承载能力，这层滑动轴承合金称为轴承衬。

整体式轴瓦一般在轴套上开设油孔和油沟以便润滑，剖分式轴瓦由上、下两半瓦组成，上轴瓦开有油孔和油沟，轴瓦上的油孔用来供应润滑油，油沟的作用是使润滑油均匀分布，并且油沟（或油孔）开设在非承载区。

3. 滑动轴承的失效形式

滑动轴承的失效形式主要有磨粒磨损、刮伤、胶合（咬粘）、疲劳剥落、腐蚀等。磨粒磨损，由于硬质颗粒进入轴承与轴的间隙中，并产生研磨作用，最终导致轴承表面磨损。刮伤，轴表面硬轮廓峰顶刮伤轴承内表面。胶合（咬粘），滑动轴承在运行过程中，由于温度升高，在压力的作用下，导致油膜破裂，最终导致胶合。疲劳剥落，滑动轴承在运行过程中，由于载荷反复作用，最终导致疲劳裂纹产生、扩展及剥落。腐蚀，滑动轴承在运行过程中，由于润滑剂氧化，产生酸性物质，逐渐腐蚀轴承和轴。

2.3.3 滚动轴承

1. 滚动轴承的结构

滚动轴承是将运转的轴与轴座之间的滑动摩擦变为滚动摩擦，从而减少摩擦损失的一种精密的机械元件。

滚动轴承一般由内圈、外圈、滚动体和保持架四部分组成，内圈的作用是与轴相配合并与轴一起旋转；外圈作用是与轴承座相配合，起支撑作用；滚动体是借助于保持架，均匀地将滚动体分布在内圈和外圈之间，其形状大小和数量直接影响着滚动轴承的使用性能和寿命；保持架能使滚动体均匀分布，引导滚动体旋转，起润滑作用。

常见的滚动体有球、短圆柱滚子、长圆柱滚子、球面滚子、圆锥滚子、螺旋滚子、滚针等，如图 2-23 所示。

图 2-23　常见的滚动轴承

2. 滚动轴承的类型

滚动轴承按滚动轴承所能承受的载荷方向，可分为向心滚动轴承、推力滚动轴承和向心推力滚动轴承三大类。其中，向心滚动轴承主要用于承受径向载荷的机械传动，推力滚动轴承主要用于承受轴向载荷的机械传动，向心推力滚动轴承能同时承受径向载荷和轴向载荷。

按滚动轴承中滚动体的种类进行分类，可分为球轴承和滚子轴承。其中，球轴承的滚动体为球，滚子轴承的滚动体为滚子。滚子轴承按滚子的种类可分为圆柱滚子轴承和圆锥滚子轴承；按滚动轴承工作时能否进行调心进行分类，可分为调心轴承和非调心轴承（或称为刚性轴承）。

3. 滚动轴承的失效形式

滚动轴承的失效形式主要有疲劳点蚀、塑性变形、磨粒磨损、粘着磨损（或胶合磨损）等。

疲劳点蚀是滚动轴承在正常润滑、密封、安装和维护的条件下，由于循环接触应力的作用，经过一定次数的循环后，导致滚动轴承内、外圈表面形成微观裂纹，随着润滑油渗入微观裂纹，在挤压的作用下滚动轴承内、外圈表面就逐渐形成了点蚀。

塑性变形是滚动轴承在过大的静载荷和冲击载荷的作用下，滚动体或内、外圈滚道上出现的不均匀塑性变形凹坑。塑性变形多出现在转速很低或摆动的滚动轴承中。

滚动轴承在密封不好或多尘的环境下运行时，容易发生磨粒磨损。通常在滚动体与内、外圈表面之间，特别是滚动体与保持架之间存在滑动摩擦。如果润滑条件不好，容易导致发热现象，严重时可使滚动轴承产生回火现象，甚至产生粘着磨损（或胶合磨损），而且转速越高，磨损越严重。

2.4 机械传动方式

常用机械及机器人工作状态下，由于工作装置所要求的速度一般与原动机的初始输出速度不匹配，故因此需要进行增速或减速装置（实用中多为减速）。此外，原动机的输出轴通常只作匀速回转运动，但工作机构所要求的运动形式却是多种多样的，如直线运动、间歇运动等。并且很多工作机都需要根据生产要求而进行速度调整，仅仅依靠调整原动机的输出速度来实现是相对低效的。在有些情况下，我们还需要用一台原动机带动若干个工作速度不同的工作装置。因此，一个完整的机械系统往往需在原动机和工作装置之间加入传递动力或改变运动状态的传动装置。实践证明，传动装置在整台机器的质量和成本中都占有很大的比例。机器的工作性能和运转费用也在很大程度上取决于传动装置的优劣。因此，不断提高传动装置的设计和制造水平具有极其重大的意义。

机械传动通常是指作回转运动的啮合传动和摩擦传动。摩擦传动分为：直接接触的传动——摩擦轮传动；有中间挠性件的传动——带传动。啮合传动分为：直接接触的传动：齿轮传动、蜗杆传动；有中间挠性件的传动——同步带传动、链传动。同时机械传动按照是否能改变传动比可分为定传动比传动和变传动比传动，如有级变速、无级变速。传动装置的目的是协调工作部分与原动机的速度关系，实现减速、增速和变速要求，达到力或力矩的改变。除机械传动外，常见的还有电传动、液压传动和气压传动。

2.4.1 带传动

带传动的基本组成零件为带轮（主动带轮和从动带轮）和传送带。当主动带轮转动时，利用带轮和传送带之间的摩擦或啮合作用，将运动和动力通过传送带传递给从动带轮。因此带传动是一种挠性传动。带传动具有结构简单、传动平稳、传动效率高、缓冲吸振等特点，带轮也容易制造，在传动中心距较大的情况下应用较多。

1. 带传动的类型

根据工作原理，带传动可以分为摩擦型带传动和啮合型带传动（同步带），如图 2-24 所示，其中 1 为主动轮，2 为从动轮，3 为传送带。在摩擦型带传动中，根据传送带的横截面形状不同，可分为平带传动、圆带传动、V带传动和多楔带传动等。其中使用较多的为平带和V带。

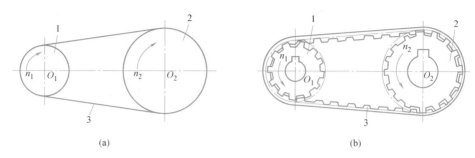

图 2-24　带传动的类型

(a) 摩擦型带传动；(b) 啮合型带传动

（1）平带传动

平带传动（图 2-25a）是依靠带的内侧表面与带轮外圆之间的摩擦力传递动力。平带的截面为扁平矩形，带的内侧表面为工作平面，平带是标准件。对于平带传动来说，平带的结构较为简单，带轮制造容易，它主要适用于两轴平行、转向相同、距离较远的机械传动。

（2）圆带传动

圆带传动（图 2-25c）是由圆带和带轮组成的摩擦传动。圆带结构简单，其材料常为皮革、棉、麻、锦纶、聚氨酯等，圆带的截面为圆形，传递的动力较小，通常用于小功率轻型机械传动，如缝纫机、牙科医疗器械、仪器等机械设备。

（3）V带传动

V带是标准件，V带的横截面呈等腰梯形，带轮上也做出相应的轮槽。对于V带传动来说，传动时，V带的两个侧面和轮槽接触。轮槽摩擦可以提供更大的摩擦力。在相同的初拉力情况下，V带传动（图 2-25b）结构紧凑，能够传递的功率更大。另外，V带传动允许的传动比大。因此，V带传动广泛应用于各种机械传动中。

（4）多楔带传动

多楔带兼有平带柔性好和V带摩擦力大的优点，并解决了多根V带长短不一而使各带受力不均的问题，主要用于传递功率较大同时要求结构紧凑的场合。

（5）同步带传动

同步带传动（图 2-25d）是通过同步带上的齿形与带轮上的齿形相啮合实现运动和动力的传递。同步带传动除了保持摩擦式带传动的优点之外，还具有传递功率大、传动比准确等优点，故多用于要求传动平稳、传动精度较高的机械传动，如数控机床、录像机、放映机等精密机械都采用同步带传动。

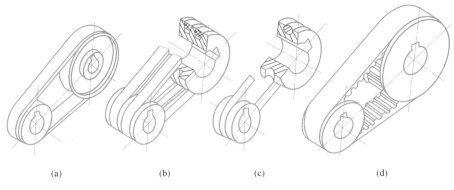

图 2-25　常见的带传动类型

(a) 平带传动；(b) V 带传动；(c) 圆带传动；(d) 同步带传动

2. 带传动的特点

(1) 带传动柔和，具有较好的缓冲、吸振效果，且传动过程较为平稳，产生的噪声较小。

(2) 过载时会产生打滑，可防止损坏零件，起安全保护作用。

(3) 结构简单，制造容易，成本低廉，安装和维护方便，适用于两轴中心距较大的场合。

(4) 带传动始终存在弹性滑动现象，不能保证传动比的准确性。且外廓尺寸较大，传动效率较低，不适用于大功率的机械传动。

3. 带传动形式及工况分析

带传动利用挠性的传送带固定于主从带轮之上。带传动工作前，传动带以一定的初拉力张紧于带轮上。带传动工作时，在传送带和带轮之间产生摩擦力将主动带轮的运动和动力传递给从动带轮。根据主从带轮上传送带的线速度相等，可得到带传动的传动比 i 为：

$$i = \frac{n_1}{n_2} = \frac{d_2}{d_1} \tag{2-2}$$

式中　n_1、n_2——分别为主、从动轮转速（r/min）；

　　　d_1、d_2——分别为主、从动轮直径（mm）。

在带传动过程中，带是有弹性的，受力后就要发生伸长变形。拉力不同，带的伸长量不同，带在紧边的伸长量要比在松边的伸长量大，而且在主动带轮上由紧边到松边，拉力逐渐减小，带的伸长量也会逐渐减小，这样就导致带在主动带轮上产生向后相对滑动现象；在从动带轮上由松边到紧边，拉力逐渐增大，带的伸长量会逐渐增大，这样就导致带在从动带轮上滞后带的线速度。由于带弹性变形的变化所引起的带在带轮的局部区域产生微小滑动的现象，称为带的弹性滑动。

带传动依靠摩擦力来传递动力，在带传动过程中，在传动速度不变的情况下，随着传送带所传递功率的增加，带的滑动量将随着所传递的有效力的增大而增大，当有效圆周力（或载荷）达到并超过带与带轮间的摩擦力即带上总摩擦力达到极限时，带与带轮之间会发生显著的相对滑动，即整体打滑。打滑会加剧传送带的磨损，甚至使传动失效，因此应避免这种情况的发生。

带传动的效率和承载能力较低，故不适用于大功率传动。一般的，平带传动的传递功率小于500kW，V带传动的传递功率小于700kW；工作速度一般在5～25m/s之间。带传动速度较低（1～5m/s或以下）时，传动能力得不到发挥；带传动速度过高（大于30m/s）时，带中离心力增大，带与带轮之间的压紧程度减少，传动能力下降。

2.4.2　链传动

链传动是通过链条将具有特殊齿形的主动链轮的运动和动力传递到具有特殊齿形的从动链轮的一种传动方式。链传动有许多优点：与带传动相比，无弹性滑动和打滑现象，平均传动比准确，工作可靠，效率较高；传递功率大，过载能力强，相同工况下的传动尺寸小；所需张紧力小，作用于轴上的压力小；能在高温、多尘、潮湿、有污染等恶劣环境中工作。

链传动仅能用于两平行轴间的传动，且传动成本高，易磨损，易伸长，传动平稳性差。运转时会产生附加动载荷、振动、冲击和噪声，不宜用在急速反向的传动中。因此，链传动多用在不宜采用带传动与齿轮传动，而两轴平行，且距离较远，功率较大，平均传动比准确的场合。

1. 传动链的结构

机械中传递动力的链传动装置主要有套筒滚子链和齿形链两种。

（1）套筒滚子链

滚子链的结构如图2-26所示，它是由滚子、衬套、销、内板和外板组成。内板与衬套之间、外板与销之间为过盈配合，滚子与衬套之间、衬套与销之间为间隙配合。当内、外板相对挠曲时，衬套可绕销自由转动。滚子是活套在衬套上的，工作时，滚子沿链轮齿廓滚动，这样就可减轻齿廓的磨损。当链与链轮啮合时，滚子与轮齿之间是滚动摩擦。若受力不大而速度较低时，也可不要滚子，这种链叫套筒链。承受较大功率时，也可采用多排链，但为了避免受力不匀，一般多采用两排、三排，最多四排链。

（2）齿形链

齿形链又称无声链，它是由一组带有两个齿的链板左右交错并列设接而成。每

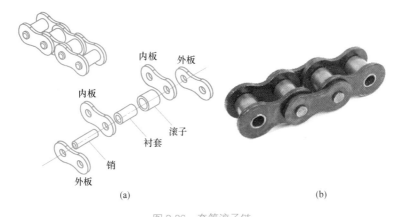

图 2-26 套筒滚子链

（a）滚子链结构组成；（b）滚子链

个链板的两个外侧直边为工作边，其间的夹角称
为齿楔角，齿楔角一般为 $60°$。工作时，链齿外侧
直边与链轮轮齿相啮合实现传动。为了防止齿形
链在工作时发生侧向窜动，齿形链上设有导板。
导板有内导板和外导板两种。对于内导板齿形链，
链轮轮齿上要开出导向槽。内导板齿形链导向性
好，工作可靠，适用于高速及重载传动。

图 2-27 齿形链结构

如图 2-27 所示，与滚子链相比，齿形链传动
平稳、噪声小、承受冲击性能好、效率高、工作可靠，故常用于高速、大传动比和
小中心距等工作条件较为严酷的场合。但齿形链结构复杂，难于制造，价格较高。

2. 链传动的传动比

在链传动过程中，绕在链轮上的链条会折成正多边形。正多边形的边长就是链
条的节长，链轮的边数就是链轮的齿数。多边形的边长上各点的运动速度并不相等，
所以链传动的传动比是指平均链速的传动比，这种现象为多边形效应。

链传动的传动比 i 为主动链轮的转速 n_1 与从动链轮的转速 n_2 之比，也是从动
链轮的齿数 z_2 与主动链轮的齿数 z_1 之比：

$$i = \frac{n_1}{n_2} = \frac{z_2}{z_1} \tag{2-3}$$

式中 n_1、n_2——分别为主、从动链轮转速（r/min）；

   z_1、z_2——分别为主、从动链轮的齿数。

3. 链传动的应用及失效形式

链传动对各种恶劣工作条件适应性较强，并且结构简单，工作可靠，成本较低，
因此在机械制造业中应用很广。传动链经常使用的范围是：传动功率 $P \leqslant 100\text{kW}$，

传动比 $i \leqslant 8$，链速 $v \leqslant 15\mathrm{m/s}$。链传动按用途进行分类，可分为传动链、起重链和牵引链三大类。传动链主要用于一般机械中传递运动和动力，如自行车、摩托车等机械，也可用于输送物料机械中。起重链主要用于各种起重机械中，如港口用的集装箱起重机械和叉车提升装置等，用于传递动力，起牵引、悬挂物体的作用。牵引链主要用于运输机械中的牵引输送带，如矿山的各种牵引输送机、自动扶梯的牵引链、自动生产线的运输带机械化装卸设备等。

在链传动过程中，由于链条的结构比链轮复杂，链条的强度也不如链轮高，所以链传动的失效形式主要是链条失效。常见的链条失效形式主要有：链条的疲劳断裂、滚子和套筒的疲劳点蚀、销轴和套筒的胶合、链条的脱落和链条的过载拉断等。其中销轴和套筒的胶合是指当转速很高、载荷很大时，套筒与销轴间由于摩擦产生高温而发生的粘附现象。

2.4.3 齿轮传动

齿轮传动是机械传动中最重要的传动之一，齿轮传动是指用主、从动轮轮齿直接啮合，传递运动和动力的装置。在所有机械传动中，齿轮传动应用最广，可用来传递任意位置的两轴之间的运动和动力。齿轮传动平稳，传动比精确，工作可靠、效率高、寿命长，适用的功率、速度和尺寸范围大。

1. 齿轮传动的类型和特点

齿轮传动是由主动齿轮、从动齿轮和机架组成，依靠两齿轮的轮齿依次相互啮合传递运动和动力的一套装置。齿轮传动的种类很多，按齿轮轴线间的相互位置、齿向和啮合情况可分为平面齿轮和空间齿轮。平面齿轮按轮齿形态分为直齿圆柱齿轮传动、斜齿圆柱齿轮传动和人字齿圆柱齿轮传动；按啮合方式分为外啮合齿轮传动、内啮合齿轮传动和齿轮齿条啮合传动。空间齿轮分为圆锥齿轮传动和螺旋齿轮传动两种。

齿轮传动的主要特点：效率高，在常用的机械传动中，以齿轮传动的效率为最高，如一级圆柱齿轮传动的效率可达 99%。这对大功率传动十分重要，因为即使效率只提高 1%，也有很大的经济意义。结构紧凑，在同样的使用条件下，齿轮传动所需的空间尺寸一般较小。工作可靠、寿命长，设计制造正确合理，使用维护良好的齿轮传动，工作十分可靠，寿命可长达一二十年，这也是其他机械传动所不能比拟的。传动的传动比稳定，这往往是对传动性能的基本要求。这些特点是齿轮传动获得广泛应用的主要原因。

2. 渐开线齿轮的特点

（1）渐开线齿形

能够保证恒定传动比的齿轮齿廓曲线有渐开线、摆线和圆弧曲线，其中应用最广的是渐开线齿廓。当一直线在圆周上作纯滚动时，该直线上任一点的轨迹称为该圆的渐开线，这个圆称为基圆，如图 2-28 所示；该直线为渐开线发生线。两条反向的渐开线可形成渐开线齿轮的齿廓。

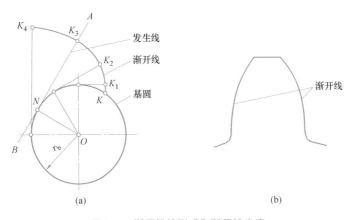

图 2-28 渐开线的形成和渐开线齿廓

（a）渐开线原理；（b）渐开线轮廓

（2）渐开线齿轮各参数

标准渐开线齿轮各部分名称及其参数符号如图 2-29 所示。

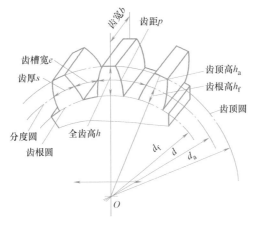

图 2-29 标准渐开线齿轮各参数

1）分度圆直径 d——齿轮上作为齿轮尺寸基准的圆称为分度圆。分度圆是计算、制造、测量齿轮尺寸的基准。对于标准渐开线圆柱齿轮，分度圆上的齿厚和齿槽宽相等。

2）齿顶圆直径 d_a——在圆柱齿轮上，其齿顶所在的圆称为齿顶圆。

3）齿根圆直径 d_f——在圆柱齿轮上，其齿槽底所在的圆称为齿根圆。

4）齿宽 b——齿轮有齿部位沿分度圆柱面的直线方向量度的宽度。

5）齿厚 s——在圆柱齿轮上，一个齿的两侧端面齿廓之间的分度圆弧长。

6）齿槽宽 e——在圆柱齿轮上，齿轮上两相邻轮齿之间的空间称为齿槽，一个齿槽的两侧齿廓之间的分度圆弧长称为齿槽宽。

7）齿距 p——在分度圆周上相邻两齿同侧齿廓之间的弧长称为该圆上的齿距。

8）齿顶高 h_a——分度圆与齿顶圆之间的径向距离称为齿顶高。

9）齿根高 h_f——分度圆与齿根圆之间的径向距离称为齿根高。

10）全齿高 h——齿顶高与齿根圆之间的径向距离称为全齿高，$h = h_a + h_f$。

11）齿顶间隙 c——一个齿轮的齿顶与另一个齿轮的齿根在连心线上的径向距离称为齿顶间隙。齿顶间隙不仅可以避免齿顶与齿槽底部相抵触，还能储存润滑油，改善润滑条件。

12）中心距 a——一对啮合齿轮两轴线之间的最短距离。当一对标准直齿圆柱齿轮的分度圆相切时，称为标准安装。标准安装的中心距称为标准中心距。

3. 直齿圆柱齿轮传动

一个齿轮的齿数、压力角和模数是几何尺寸计算的主要参数和依据。

（1）齿数 z

一个齿轮的牙齿数目即齿数，是齿轮的最基本参数之一。当模数一定时，齿数越多，齿轮的几何尺寸越大，轮齿渐开线的曲率半径也越大，齿廓曲线趋平直。

（2）压力角 α

压力角是物体运动方向与受力方向所夹的锐角。齿轮在工作时，齿廓任一点的受力方向在不计摩擦力时应是该点与基圆相切的齿廓法线方向，而运动方向则是基圆中心与该点连线的垂直方向。在齿廓渐开线的不同位置上，压力角不同，距基圆越远，压力角越大。通常所说的压力角是指分度圆上的压力角。压力角不同，轮齿的形状也不同。压力角小，齿轮工作比较省力，但齿根强度低；压力角大，齿根强度高，但齿轮工作比较费力。压力角已标准化，我国规定标准压力角是 $20°$。

（3）模数 m

设分度圆直径为 d，半径为 r，相邻两轮齿同侧渐开线在分度圆上的弧长为齿距 p，则分度圆周长 $\pi d = zp$，则 $p/\pi = d/z$。这里规定 $p/\pi = m$，则有：

$$d = mz \text{ 或 } m = \frac{d}{z} \tag{2-4}$$

模数 m 直接影响齿轮的大小、轮齿齿形和强度的大小。对于相同齿数的齿轮，模数越大，齿轮的几何尺寸越大，轮齿也大，因此承载能力也越大。

（4）齿顶高系数 h_a^*

用模数的倍数表示齿顶高的大小，这个倍数就是齿顶高系数，用 h_a^* 表示。标准规定，正常齿制 $h_a^*=1$，短齿制 $h_a^*=0.8$。

（5）顶隙系数 c^*

一个齿轮的齿根圆柱面与配对齿轮的齿顶圆柱面之间在连心线上的距离称为顶隙，用模数的倍数表示齿顶间隙的大小，这个倍数就是顶隙系数，用 c^* 表示。标准规定，正常齿制 $c^*=0.25$，短齿制 $c^*=0.3$。

图 2-30　多个直齿圆柱齿轮传动

如图 2-30 所示为多个直齿圆柱齿轮啮合传动，一对直齿圆柱齿轮能够连续顺利地传动，需要各对轮齿依次正确啮合互不干涉。虽然渐开线齿廓可以实现恒定传动比，但不意味着任意参数的一对齿轮都能实现啮合传动。一对渐开线直齿圆柱齿轮的正确啮合条件是：两齿轮的模数必须相等，即 $m_1=m_2=m$；两齿轮分度圆上的压力角必须相等，且等于标准值，即 $\alpha_1=\alpha_2=\alpha$。如果是一对斜齿圆柱齿轮，则还需要两齿轮的螺旋角大小相等，但螺旋方向相反。

4. 斜齿圆柱齿轮传动

（1）斜齿圆柱齿轮主要参数

如图 2-31 所示，斜齿圆柱齿轮的轮齿是倾斜的，但加工时与直齿圆柱齿轮使用的是同一套标准刀具，所以它的参数就产生了垂直于齿轮端面与垂直于轮齿法面的两套参数，而以法面参数为标准值。分别以 P_n、m_n、α_n 作为法向径节、法向模数、法向压力角的符号；以 P_t、m_t、α_t 作为端面径节、端面模数、端面压力角的符号；用 β 作为分度圆柱面展开图中轮齿与轴线的夹角，即螺旋角。则：

图 2-31　斜齿圆柱齿轮

$$p_n=p_t\cos\beta \quad , \quad m_n=m_t\cos\beta \quad （2\text{-}5）$$

斜齿圆柱齿轮螺旋角 β 一般为 $7°\sim20°$，人字齿为 $27°\sim45°$。互相啮合的斜齿圆柱齿轮除要求模数、压力角相等外，螺旋角也必须相等且方向相反。

（2）斜齿圆柱齿轮传动特点

斜齿圆柱齿轮传动和直齿圆柱齿轮传动一样，仅限于传递两平行轴之间的运动。直齿圆柱齿轮传动过程中，齿面总是沿平行于齿轮轴线的直线接触，这样齿轮的啮合就是沿整个齿宽同时接触，同时分离，要求齿轮精度很高。斜齿圆柱齿轮齿面接触线是由齿轮端齿顶开始，逐渐由短而长，再由长而短，至另一端齿根为止，同样，载荷的分配也是由小而大，由大而小，同时啮合的齿数多。

与直齿轮传动比较，斜齿圆柱齿轮传动具有以下特点：传动平稳、冲击、噪声和振动小，适用于高速传动；承载能力强，能够适用于重载情况；传动时会产生轴向力；具有较长的使用寿命。

5. 齿轮齿条传动和锥齿轮传动

（1）齿轮齿条传动特点

如图 2-32 所示，齿条是齿轮的一种特殊形式。齿条与齿轮啮合主要用于把齿轮的旋转运动，变为齿条的直线往复运动，或把齿条的直线往复运动变为齿轮旋转运动。各种机床走刀机构及钻床的升降机构就是利用齿轮与齿条啮合传动的。

图 2-32　齿轮齿条传动

齿条与齿轮相比有下列两个主要特点：

① 由于齿条的齿廓是直线，所以齿廓上各点的法线是平行的，在传动时齿条作直线运动。齿条上各点速度的大小和方向都一致。

② 由于齿条上各齿同侧的齿廓是平行的，所以不论在基准线上、齿顶线上，还是与基准线平行的其他直线上，齿距都相等，即 $p = \pi m$。

（2）锥齿轮传动特点

锥齿轮有直齿、斜齿和曲线齿等几种类型，如图 2-33 所示。直齿锥齿轮的加工、测量和安装比较简便，生产成本低廉，故应用最为广泛。直齿锥齿轮传动应用于两轴线相交的场合，通常采用两轴交角 $E = 90°$。它的轮齿是沿着圆锥表面的素线切出的。工作时相当于用两齿轮的节圆锥做成的摩擦轮进行滚动。两节圆锥锥顶必须重合，才能保证两节圆锥传动比一致。这样就增加了制造、安装的困难，并降低了圆锥齿轮传动的精度和承载能力。

斜齿锥齿轮传动的两轴线相交，只限于单件或小批量生产，通常适用于代替曲齿锥齿轮加工机床切削范围以外的曲齿锥齿轮传动。同样的曲齿锥齿轮传动两轴线相交，工作平稳，承载能力高，适用于轴向力较大且与齿轮转向有关，速度较高及载荷较大的机械传动。

图 2-33　锥齿轮传动

(a) 直齿锥齿轮传动；(b) 曲齿锥齿轮传动；(c) 斜齿锥齿轮传动

6. 齿轮传动的失效形式

① 轮齿折断

轮齿受载后，齿根处的弯曲应力较大，齿根过渡部分的形状突变及加工刀痕，还会在该处引起应力集中。在正常工况下，当齿根的循环弯曲应力超过其疲劳极限时，将在齿根处产生疲劳裂纹，裂纹逐步扩展，致使轮齿疲劳折断。

② 齿面磨损

齿面摩擦或啮合齿面间落入磨料性物质（如砂粒、铁屑等），都会使齿面逐渐磨损而致报废。这是开式齿轮传动的主要失效形式之一。磨损引起齿廓变形和齿厚减薄，产生振动和噪声，甚至因轮齿过薄而断裂。采用闭式齿轮传动、提高齿面硬度、降低齿面粗糙度值、注意保持润滑油清洁等，均有利于减轻齿面磨损。

③ 疲劳点蚀

齿轮工作时，在循环接触应力、齿面摩擦力及润滑剂的反复作用下，在齿面或其表层内会产生微小的裂纹。这些微裂纹继续扩展，相互连接，形成小片并脱落，在齿面上出现细碎的凹坑或麻点，从而造成齿面损伤，称为疲劳点蚀。

④ 齿面胶合

齿面胶合是由于齿面间未能有效地形成润滑油膜，导致齿面金属直接接触，并在随后的相对滑动中，相互粘连的金属沿着相对滑动方向相互撕扯而出现一条条划痕。齿面胶合会引起振动和噪声，导致齿轮传动性能下降，甚至失效。

⑤ 塑性变形

当轮齿材料过软时，若轮齿上的载荷所产生的应力超过材料的屈服极限时，轮齿就会发生塑性变形。

2.4.4 蜗轮蜗杆传动

1. 蜗杆传动的组成和特点

蜗杆传动（图 2-34）由蜗杆、蜗轮和机架组成，用于传递空间交错的两轴之间的运动和转矩，通常两轴间的交错角等于 90°。蜗杆传动为减速传动，蜗杆转动一周，蜗轮仅转过一个齿。

与齿轮传动相比，蜗杆传动的主要优点是：

（1）传动比大，结构紧凑。传递转矩时，传动比一般为 5～80；手动或分度用的蜗杆传动的传动比可达 300，甚至高达 1000；在功率相同、传动比不大的情况下，蜗杆传动与其他形式的传动相比，外廓尺寸和重量最小。

图 2-34　蜗杆传动

（2）由于蜗杆齿连续不断地与蜗轮齿啮合，所以传动平稳无噪声。

（3）在一定条件下，蜗杆传动可以自锁，有安全保护作用。

蜗杆传动的主要缺点是：

（1）摩擦发热大，效率低。一般传动效率 $\eta = 0.7 \sim 0.92$；能自锁时，$\eta < 0.5$。

（2）蜗轮需要用有色金属材料制造，成本较高。蜗杆传动广泛用于各类机床、矿山机械、起重运输机械的传动系统中，但因其效率低，所以通常用于功率不大或不连续工作的场合。

2. 蜗杆传动的类型和应用

蜗杆传动按蜗杆形状的不同可分为圆柱蜗杆传动、圆弧面蜗杆传动、锥蜗杆传动三类。圆柱蜗杆传动又有普通圆柱蜗杆传动和圆弧圆柱蜗杆传动之分，而普通圆柱蜗杆传动按蜗杆齿形进行分类，又分为阿基米德蜗杆（ZA 蜗杆）传动、渐开线蜗杆（ZI 蜗杆）传动、法向直廓蜗杆（ZN 蜗杆）传动、圆弧圆柱蜗杆（ZC 蜗杆）传动和锥面包络蜗杆（ZK 蜗杆）传动等，其中应用最广的是阿基米德蜗杆传动。按螺旋线的方向，蜗杆有左旋与右旋之分，可根据右手法则判断。

蜗杆传动广泛应用于各种机械及仪器仪表设备中，适用于传动比大、传递功率不大（一般不超过 50kW）的机械传动，如蜗杆减速器、卷扬机传动系统、滚齿机传动系统中都采用蜗杆传动。其中圆柱蜗杆传动结构简单，应用最广；圆弧面蜗杆传动同时啮合的齿数多，承载能力大，但加工复杂，一般在大功率机械传动中使用。

3. 蜗杆传动的基本参数

（1）模数 m 和压力角 α：通常我们把沿着蜗杆轴线、垂直于蜗轮轴线剖切的平面称为中间平面，在该平面内蜗轮-蜗杆之间的啮合相当于齿轮和齿条的啮合。对于单线蜗杆，旋转一圈，相当于齿条沿轴线方向移动一个齿距 p_1，与它相啮合的齿轮同时转动一个齿距 p_2，而 $p_1 = p_2$。齿条的齿距 $p_1 = \pi m_{a1}$，齿轮的齿距 $p_2 = \pi d_1 / z_2 = \pi m_{\tau2}$，即 $m_{a1} = m_{\tau2}$。所以蜗杆的轴向模数等于蜗轮的端面模数。

蜗杆齿廓为直线，夹角 $2\alpha = 40°$，蜗杆的压力角 α_{a1} 应等于蜗轮的端面压力角

$\alpha_{\tau 2}$，即 $\alpha_{a1} = \alpha_{\tau 2} = 20°$。

（2）传动比 i、蜗杆头数 z_1 和蜗轮齿数 z_2：蜗杆旋转一圈，蜗轮转过 z_2 个齿，即传动比：

$$i = \frac{n_1}{n_2} = \frac{z_2}{z_1} \tag{2-6}$$

蜗杆头数 $z_1 = 1 \sim 4$，蜗轮齿数 z_2 可根据选定的 z 和传动比 i 的大小，利用 $z_2 = iz_1$ 确定。选定 z_1 时，要考虑传动比的大小和效率的高低。为获得大的传动比，z_1 可取较小值，此时传动效率低；需要大传动功率时，则 z_1 可选大些。

（3）蜗杆中圆直径 d_1 和蜗杆直径系数 q：蜗杆中圆直径相当于蜗杆的中径，亦称蜗杆的分度圆直径。为了加工蜗轮轮齿，要求实现刀具的标准化、系列化。现将蜗杆中圆直径 d_1 定为标准值，蜗杆中圆直径与模数的比值称为蜗杆直径系数，即：

$$q = \frac{d_1}{m} \tag{2-7}$$

（4）蜗杆导程角 γ：若把蜗杆中圆直径上的螺旋线展开，如图 2-35 所示，图中 γ 角即为蜗杆导程角（也叫螺旋升角）。螺旋升角 γ 的大小直接影响蜗杆的传动效率。γ 大则传动效率高，但自锁性差；γ 小则传动效率低，但自锁性较好。

$$\tan \gamma = \frac{z_1}{q} \tag{2-8}$$

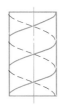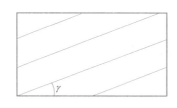

图 2-35　蜗杆螺旋线展开图

在蜗杆传动中，蜗杆与蜗轮正确啮合时必须同时满足蜗杆的轴向模数与蜗轮的端面模数相等、蜗杆的轴向压力角与蜗轮的端面压力角相等，且均为标准值。即：

$$m_{a1} = m_{\tau 2} = m \tag{2-9}$$

$$\alpha_{a1} = \alpha_{\tau 2} \tag{2-10}$$

4. 蜗杆传动的失效形式

蜗杆传动的失效形式与齿轮传动基本相同。蜗杆传动的失效形式主要有齿面疲劳点蚀、胶合、磨损及轮齿折断。在蜗杆传动过程中，由于蜗杆传动齿面间存在较大的滑动速度，因此，摩擦损耗大，发热量大。对于一般开式蜗杆传动，最易发生的失效形式是由于润滑不良、润滑油不洁造成的磨损；对于闭式蜗杆传动，由于润滑条件较好，其失效形式主要是胶合和疲劳点蚀；无论是开式蜗杆传动，还是闭式蜗杆传动，当蜗杆传动过载时，均会发生轮齿折断现象。另外，由于蜗轮制造材料的强度通常低于蜗杆制造材料的强度，因此，蜗杆传动的失效现象大多数发生在蜗轮轮齿上。

2.5 其他传动

2.5.1 液压传动

1. 液压传动工作原理

液压传动是以液体为工作介质来传递力和控制信号的装置，它通过能量转换装置（液压泵）将原动机（电动机）的机械能转化为压力能，再经能量转换装置（液压缸、液压马达）将液压能转换成以驱动负载作直线往复运动或旋转运动的机械能。可以说液压传动机构是一种能完成能量转换的装置，即完成：机械能—压力能—机械能的转换。

2. 液压传动系统组成

液压传动装置主要由以下四部分组成。

（1）动力元件

把原动机输出的机械能转化为油液的液压能的装置，常见的动力元件为液压泵。

（2）执行元件

把油液输入的液压能转换成带动工作机构的机械能的装置，常见的执行元件为液压缸、液压马达。

（3）控制元件

控制调节系统中油液压力、流量或流向的装置，常见的控制元件有各种阀类元件，如换向阀、压力阀、流量阀等。

（4）辅助元件

将前面三部分连接在一起，组成一个系统，起储油、过滤、测量和密封等作用，保证系统正常工作。辅助元件主要有油箱、管路和接头、过滤器、蓄能器、密封件和控制仪表等。

3. 液压传动系统的特点

液压传动在应用上与机械传动相比具有以下优点：

（1）液压传动能在大范围内实现无级调速。

（2）质量小，扭矩大，结构紧凑。

（3）传动平稳，能实现柔性传动。

（4）易于控制和调节，并能实现过载保护。

（5）液压元件系列化、标准化，使得液压系统的设计、制造都比较方便。

液压传动的缺点表现在：

（1）效率低，易于泄漏，造成能源损失。

（2）温度影响较大。液压传动系统对油温变化比较敏感，不易在温度很高或很低的条件下工作。

（3）液压元件结构精密，制造精度较高，成本较高，而且对油污染敏感。

（4）由于液压油在工作状态下会发生一定的泄漏，因此液压系统不能保证精确的传动比。

（5）出现故障，难以查找故障位置。

2.5.2 气压传动

1. 气压传动工作原理

气压传动的工作原理是利用空气压缩机使空气介质产生压力能，并在控制元件的控制下，把气体压力能传输给执行元件，而使执行元件（气缸或气马达）完成直线运动和旋转运动。

2. 气压传动系统组成

气压传动是以压缩空气为工作介质来传递动力和控制信号的系统，主要由四部分元件组成。

（1）能源元件

能源元件是使空气压缩并产生压力能的装置，是气压传动的动力源，主要有空气压缩机等装置，将电动机输出的机械能转换成气体的压力能。

（2）执行元件

执行元件是把气体压力能转换为工作装置机械能的一种元件，例如气缸、气马达等。

（3）控制元件

控制元件是用来控制压缩空气的压力、流量和流动方向的元件，例如压力阀、流量阀、方向阀逻辑元件和行程阀等。

（4）辅助元件

辅助元件是使压缩空气净化、润滑、消声等并用于元件之间连接的元件，如过滤器、油雾器、消声器及管件等。

3. 气压传动系统的特点

气压传动的优点：

（1）气压传动的工作介质是空气，排放方便，不污染环境，经济性好。

（2）空气的黏度小，便于远距离输送，能源损失小。

（3）气压传动反应快，维护简单，不存在介质维护及补充问题，安装自由度大。

（4）蓄能方便，可用储气筒储气获得气压能。

（5）工作环境适应性好，允许工作温度范围宽。

（6）有过载保护作用。

气压传动的缺点：

（1）由于空气具有可压缩性，因此工作速度稳定性较差。

（2）工作压力低，气动传动装置总输出力较小。

（3）工作介质无润滑性能，需设润滑辅助元件。

（4）噪声大。

2.5.3　电力传动

1. 电力传动的特点和类型

电力传动是利用电动机将电能转换为机械能的一种传动方式。电动机通过通电线圈（定子绕组）产生旋转磁场并作用于转子形成磁电动力旋转扭矩，以驱动机器工作的传动。电力传动主要由电动机、传输机械能的传动机构和控制电动机运转的电气控制装置三大部分组成。

电力传动根据电源类型可以分为交流电动机传动和直流电动机传动。电力系统中的电动机大部分是交流电机，可以是同步电机或者是异步电机（电机定子磁场转速与转子旋转转速不保持同步速）。电动机主要由定子与转子组成，通电导线在磁场中受力运动的方向跟电流方向和磁感线（磁场方向）方向有关。电力传动所需的电能易于传输和集中生产，本身又便于远距离自动控制。电动机的功率范围比较宽，从数瓦到一万千瓦以上，已成为现代工业的主要动力机。

2. 电力传动的调速性能

衡量电力传动的调速性能的指标有静差率、调速范围、平滑性和效率。

（1）静差率：载荷由空载增加到额定载荷时转速变化的相对值。它表示速度的稳定性。

（2）调速范围：在静差率不大于给定值，并且载荷为额定值的条件下，传动的最高速度与最低速度的比值。

（3）平滑性：相邻两级速度的比值。这个比值越接近1，平滑性越好。

（4）效率：调速时的功率损耗。

2.6　机器人减速器

作为工业机器人核心零部件的精密减速器，与通用减速器相比，机器人用减速器要求具有传动链短、体积小、功率大、质量轻和易于控制等特点。精密减速器使机器人伺服电机在一个合适的速度下运转，并精确地将转速降到工业机器人各部位需要的速度，提高机械体刚性的同时输出更大的力矩。

大量应用在关节型机器人上的减速器主要有两类：RV减速器和谐波减速器。一般将RV减速器放置在机座、大臂、肩部等重负载的位置，即主要用于20kg以上的机器人关节，而将谐波减速器放置在小臂、腕部或手部，即20kg以下机器人关节。另外，行星减速器一般用在直角坐标机器人上。

2.6.1　RV减速器

1. 基本结构

RV减速器（图2-36）由一个行星齿轮减速机的前级和一个摆线针轮减速机的后级组成，RV减速器结构紧凑，传动比大，在一定条件下具有自锁功能，具有振动小，噪声低，能耗低的特点，是最常用的减速机之一。

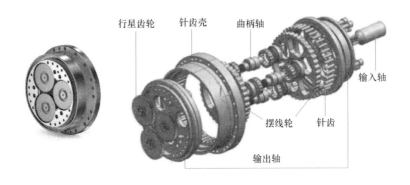

图 2-36　RV 减速器结构

一般的RV减速器为二级减速机构：

一级减速机构为行星齿轮减速机构，通过输入轴的旋转将动力从输入齿轮传递到行星齿轮，按齿数比进行减速，为第一级减速。

二级减速机构为摆线级减速机构，由行星轮带动旋转的偏心轴驱动两个摆线盘进行偏心运动，摆线盘呈180°对称安装，使其受力均衡。偏心运动促使摆线盘与放置在针齿壳上的针齿销进行啮合。偏心轴旋转一周，摆线盘在相反方向上移动一个针齿位。

2. 工作特性

如图 2-37 所示，伺服电机的旋转是从输入齿轮向直齿轮传动，输入齿轮和直齿轮的齿数比为减速比。曲柄轴直接连接在直齿轮上，与直齿轮的旋转数一样。

如图 2-38 所示，曲柄轴的偏心轴中，通过滚针轴承安装了 2 个 RV 齿轮。随着曲柄轴的旋转，偏心轴中安装的 2 个 RV 齿轮也跟着作偏心运动（曲柄运动）。

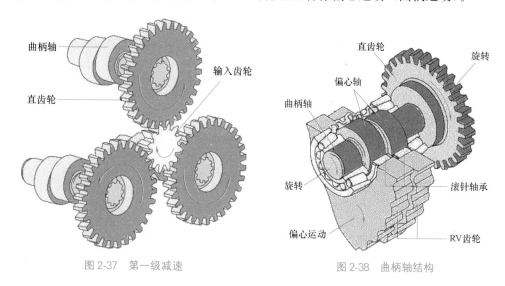

图 2-37　第一级减速　　　　　　　　　　图 2-38　曲柄轴结构

如图 2-39 所示，一方面，在壳体内侧的针齿槽里，比 RV 齿轮的齿数多一个的针齿槽等距排列。曲柄轴旋转一次，RV 齿轮与针齿槽接触的同时作一次偏心运动（曲柄运动）。在此结果上，RV 齿轮沿着与曲柄轴的旋转方向相反的方向旋转一个齿

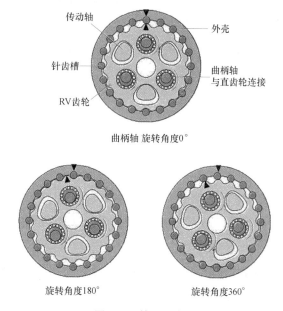

图 2-39　第二级减速

轮距离。借助曲柄轴在输出轴上取得旋转，曲柄轴转速根据针齿槽的数量来区分。

因此，RV 减速器的总减速比是第一级减速的减速比和第二级减速的减速比的乘积。

在 RV 减速器的实际应用中，不同的输入和输出方式可以得到不同的减速比，其主要有三种输入输出固定方式：

（1）固定：针齿壳

输入：输入轴；输出：输出盘；减速比：$i=1/R$。

（2）固定：输出盘

输入：输入轴；输出：针齿壳；减速比：$i=-1/(R-1)$。

（3）固定：输入轴

输入：针齿壳；输出：输出盘；减速比：$i=(R-1)/R$。

其中速比值 R 可以按以下公式进行计算：

$$R=1+\frac{Z_2}{Z_1}\times Z_4 \tag{2-11}$$

式中　Z_2——行星轮齿数；

　　　Z_1——输入齿轮齿数；

　　　Z_4——针齿销数。

2.6.2　谐波齿轮减速器

谐波齿轮减速器由柔轮、波发生器、刚轮这三个基本部件构成。柔轮的外径略小于刚轮的内径，通常柔轮比刚轮少 2 个齿。波发生器的椭圆形状决定了柔轮和刚轮的齿接触点分布在介于椭圆中心的两个对立面。波发生器转动的过程中，柔轮和刚轮齿接触部分开始啮合。波发生器每顺时针旋转 180°，柔轮就相当于刚轮逆时针旋转 1 个齿数差。在 180°对称的两处，全部齿数的 30% 以上同时啮合，这也造就了其高转矩传动。

1. 基本结构

谐波齿轮减速器主要的三个基本构件如图 2-40 所示，作为减速器使用，通常采用波发生器主动、刚轮固定、柔轮输出形式。波发生器使柔轮产生一定的弹性变形，带动钢轮产生转动。与传动减速机相比，其传动比大、体积小、易于控制，传动精确。

（1）带有内齿圈的刚性齿轮（刚轮），它相当于行星系中的中心轮；

（2）带有外齿圈的柔性齿轮（柔轮），它相当于行星齿轮；

（3）波发生器，它相当于行星架。

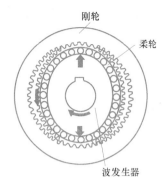

图 2-40　谐波齿轮减速器的三个基本构件

2. 工作原理

波发生器是一个杆状部件，其两端装有滚动轴承构成滚轮，与柔轮的内壁相互压紧。柔轮为可产生较大弹性变形的薄壁齿轮，其内孔直径略小于波发生器的总长。波发生器是使柔轮产生可控弹性变形的构件。

当波发生器装入柔轮后，迫使柔轮的剖面由原先的圆形变成椭圆形，其长轴两端附近的齿与刚轮的齿完全啮合，而短轴两端附近的齿则与刚轮完全脱开。周长上其他区段的齿处于啮合和脱离的过渡状态。当波发生器沿图示方向连续转动时，柔轮的变形不断改变，使柔轮与刚轮的啮合状态也不断改变，由啮入、啮合、啮出、脱开、再啮入周而复始地进行，从而实现柔轮相对刚轮沿波发生器相反方向缓慢旋转。工作时，固定刚轮，由电机带动波发生器转动，柔轮作为从动轮，输出转动，带动负载运动。在传动过程中，波发生器转一周，柔轮上某点变形的循环次数称为波数，以 n 表示。

机器人常用的谐波齿轮减速器是双波和三波两种减速器形式，双波传动的柔轮应力较小，结构比较简单，易于获得大的传动比，故为目前应用最广的一种。

谐波齿轮减速器中传动的柔轮和刚轮的齿距相同，但齿数不等，通常刚轮与柔轮的齿数差等于波数，即：

$$z_2 - z_1 = n \tag{2-12}$$

式中　z_2、z_1——分别为刚轮与柔轮的齿数。

当刚轮固定、波发生器主动、柔轮从动时，谐波齿轮减速器传动的传动比为：

$$i = -z_2/(z_2 - z_1) \tag{2-13}$$

双波传动中，$z_2 - z_1 = 2$，柔轮齿数很多。上式负号表示柔轮的转向与波发生器的转向相反。由此可看出，谐波齿轮减速器可获得很大的传动比。

3. 谐波齿轮减速器的特点

（1）减速比高。单级同轴可获得 $72 \sim 320$ 的高减速比。结构、构造简单，在某些装置中可达到 1000，多级传动减速比可达 30000 以上。

（2）承载能力高。谐波齿轮减速器传动中同时啮合的齿数多，双波传动同时啮合的齿数可达总齿数的 30% 以上，而且柔轮采用了高强度材料，齿与齿之间是面接触。

（3）传动精度高。谐波齿轮减速器传动中同时啮合的齿数多，齿轮齿距误差和累积齿距误差对旋转精度的影响较为平均，使位置精度和旋转精度达到极高的水准。在齿轮精度等级相同的情况下，传动误差只有普通圆柱齿轮传动的 1/4 左右。

（4）传动效率高、运动平稳。由于柔轮轮齿在传动过程中作均匀的径向移动，因此，即使输入速度很高，轮齿的相对滑移速度仍是极低（为普通渐开线齿轮传动的 1%），所以，轮齿磨损小，效率高（可达 69%～96%）。又由于啮入和啮出时，齿轮的两侧都参加工作，因而无冲击现象，运动平稳。

（5）零部件少、安装简便。三个基本零部件实现高减速比，且输入与输出轴同轴线，所以结构简单，安装便捷。

（6）体积小、重量轻。与一般的齿轮减速器装置相比，体积为其大小的 1/3，重量为其 1/2，并能获得相同的转矩容量和减速比，实现小型轻量化。

（7）转矩容量高。柔轮材料使用疲劳强度大的特殊钢。与普通的传动装置不同，同时啮合的齿数占总齿数约 30%，而且是面接触，因此使得每个齿轮所承受的压力变小，可获得很高的转矩容量。

（8）噪声小。轮齿啮合周速低，传递运动力量平衡，因此运转安静，且振动极小。

2.7　润滑和密封

机械装置在运行过程中，各个相对运动零部件的接触表面会产生摩擦及磨损。摩擦是机械运转过程中不可避免的物理现象，在机械零部件的多种失效形式中，摩擦及磨损是最常见的。为了减少运动零部件的摩擦及磨损，延长其使用寿命，需要对其正确地进行润滑。同时为了阻止润滑剂和工作介质泄漏，防止灰尘、水分等杂物侵入机器，需要进行相应的密封处理。机械密封是指由至少一对垂直于旋转轴线的端面在流体压力和补偿机构弹力（或磁力）的作用下以及辅助密封的配合下，保持贴合并相对滑动而构成的防止流体泄漏的装置。机械密封件属于精密、结构较为复杂的机械基础元件之一，是各种泵类、反应合成釜、压缩机、潜水电动机等设备的关键部件。

2.7.1　润滑剂和润滑方法

1. 润滑剂的种类和性质

润滑剂可分为气体、液体、半固体和固体四种基本类型。在液体润滑剂中应用最广泛的是润滑油，包括矿物油、动植物油、合成油和各种乳剂。半固体润滑剂主要是指各种润滑脂，它是润滑油和稠化剂的稳定混合物。固体润滑剂是任何可以形成固体膜以减少摩擦阻力的物质，如石墨、二硫化钼、聚四氟乙烯等。任何气体都可作为气体润滑剂，其中用得最多的是空气，它主要用在气体轴承中。根据上述润滑剂的适用性，下面仅对润滑油及润滑脂做具体介绍。

（1）润滑油

用作润滑剂的油类主要可概括为三类：一是有机油，通常是动植物油；二是矿物油，主要是石油产品；三是化学合成油。其中因矿物油来源充足，成本低廉，适用范围广，而且稳定性好，故应用最多。动植物油中因含有较多的硬脂酸，在边界润滑时有很好的润滑性能，但因其稳定性差而且来源有限，所以使用不多。化学合成油是通过化学合成方法制成的新型润滑油，它能满足矿物油所不能满足的某些特性要求，如高温、低温、高速、重载和其他条件。由于它大多数针对某种特定需要而制，适用面较窄，成本又很高，故一般机器应用较少。近年来，由于环境保护的需要，一种具有生物可降解特性的润滑油——绿色润滑油也在一些特殊行业和场合中得到使用。

润滑油的主要性能指标是黏度、黏度指数、油性、极压性、闪点和凝点等。

1）黏度。指润滑油抵抗剪切变形的能力。黏度是润滑油最重要的性能指标之一。国家标准将温度在40℃时的润滑油运动黏度数值的整数值作为其牌号。

2）黏度指数。润滑油的温度升高，其黏度会明显地降低。黏度指数就是衡量润滑油黏度随着温度变化程度的指标。润滑油的黏度指数越大，润滑油的黏度受温度变化的影响越小，润滑油的性能也越好。

3）油性。油性也就是润滑性，是指润滑油湿润或吸附于干摩擦表面的性能。润滑油的吸附能力越强，其油性越好。对于那些低速、重载或润滑不充分的场合，润滑性具有非常重要的意义。

4）极压性。指润滑油中加入含硫、氯、磷的有机极性化合物后，油中极性分子与金属摩擦表面形成耐磨、耐高压化学反应膜的能力。重载机械设备，如大功率齿轮传动、蜗杆传动等，要使用极压性能好的润滑油。

5）闪点。它是润滑油在规定条件下加热，由蒸气和空气的混合气与火焰接触发生瞬时闪火时的最低温度。闪点是表示油品蒸发性、易燃性的一项指标。对于高温工作下的机器，是一个十分重要的指标。通常应使工作温度比油的闪点低30~40℃。

6）凝点。凝点是指润滑油在规定的冷却条件下，润滑油停止流动的最高温度。润滑油的凝点反映其最低使用温度，也是表示润滑油低温流动性的一项重要质量指标，对于生产、运输和使用都有重要意义。

（2）润滑脂

润滑脂是除润滑油外应用最多的一类润滑剂。它是润滑油与稠化剂（如钙、锂、钠的金属皂）的膏状混合物。根据调制润滑脂所用皂基的不同，润滑脂主要分为钙基润滑脂、钠基润滑脂、锂基润滑脂和铝基润滑脂等几类。

润滑脂的主要质量指标有：

1）锥入度（或稠度）。锥入度是润滑脂的一项主要指标，一个重 1～5N 的标准锥体，于 25℃恒温下，由润滑脂表面经 5s 后刺入的深度（以 0～1mm 计），称为锥入度。它标志着润滑脂内阻力的大小和流动性的强弱。锥入度越小，则表明润滑脂越稠。

2）滴点。在规定的加热条件下，润滑脂从标准测量杯的孔口滴下第一滴液体时的温度称为润滑脂的滴点。润滑脂的滴点决定了它的工作温度。润滑脂的工作温度至少应低于滴点 20℃。

（3）添加剂

普通润滑油、润滑脂在一些十分恶劣的工作条件（如高温、低温、重载、真空等）下会很快劣化变质，失去润滑能力。为了提高油的品质和使用性能，常加入某些分量虽少（从百万分之几到百分之几）但对润滑剂性能改善起巨大作用的物质，这些物质称为添加剂。添加剂的作用有：

1）提高润滑剂的油性、极压性等，使其在极端工作条件下具有更有效的工作能力；

2）推迟润滑剂的老化变质，延长其正常使用寿命；

3）改善润滑剂的物理性能，如降低凝点、消除泡沫、提高黏度、改进其黏-温特性等。

添加剂的种类很多，有油性添加剂、极压添加剂、分散净化剂、消泡添加剂、抗氧化添加剂、降凝剂、增黏剂等。为了有效地提高边界膜的强度，简单而行之有效的方法是在润滑油中添加一定量的油性添加剂或极压添加剂。

2. 润滑方法和润滑装置

在合理选择润滑剂后，还必须采用合理的方法将润滑剂输送到机械的各个摩擦部位，并对各个摩擦部位进行监控、调节和维护，才能确保机械设备始终处于良好的润滑状态。

（1）油润滑

油润滑通过向摩擦表面施加润滑油，可分为间歇式和连续式两种。油润滑的方法主要有手工加油润滑（间歇式）、滴油润滑、油环润滑、飞溅润滑、压力循环润滑、油雾润滑等。

1）手工加油润滑。此润滑方法供油不均匀、不连续，主要用于低速、轻载、间歇工作的开式齿轮、链条及其他摩擦副的滑动面润滑。

2）滴油润滑。它采用油杯供油，利用油的自重将润滑油送至机械设备的摩擦部位。油杯多用铝（或铜）制造，杯壁和检查孔用透明塑料制造，以便观察杯中油位情况。常用滴油杯有针阀式油杯、均匀滴油杯和油绳式油杯等。

3）油环润滑。将油环挂在水平轴上，油环下部浸入油中，依靠油环与轴的摩擦力带动油环旋转，并将润滑油带至轴颈上，该润滑方法适用于低速旋转的轴以及润滑轴承。

4）飞溅润滑。利用旋转件（例如齿轮）或曲轴等将润滑油溅成油星散落到其他零件上，主要应用于润滑闭式齿轮、蜗杆传动等。

5）压力循环润滑。用油泵进行压力供油润滑，可保证供油充分，能带走摩擦热以冷却轴承。此类方法多用于高速、重载轴承或齿轮传动上。

6）油雾润滑。油雾润滑是利用压缩空气将液态的润滑油雾化成 $1\sim3\mu m$ 的小颗粒，悬浮在压缩空气中形成一种混合体油雾，润滑油在自身的压力能下，经过传输管线，输送到各个需要的部位，提供润滑的一种新的润滑方式。

（2）脂润滑

脂润滑的加脂方式有人工加脂、脂杯加脂和集中润滑系统供脂等方法。对于单机设备上的轴承、链条等摩擦部位，如果润滑点不多时，大多采用人工加脂和脂杯加脂；对于润滑点较多的大型机械设备、成套设备等，如矿山机械、船舶机械和生产线，可采用集中润滑系统。集中供脂装置一般由储脂罐、给脂泵、给脂管和分配器等部分组成。

2.7.2 机械密封和密封方法

1. 机械密封的分类

机械密封分为静密封和动密封两大类。其中，静密封是指两零件结合面间没有相对运动的密封，如减速器上、下箱体凸缘处的密封，轴承盖与轴承座端面的密封等。实现静密封的方法主要有：靠结合面加工平整并有一定宽度，加金属或非金属垫圈、密封胶等。动密封可分为往复动密封、旋转动密封和螺旋动密封等。旋转动密封又可分为接触式密封和非接触式密封两类。

下面主要介绍接触式密封和非接触式密封的特点和应用。

2. 接触式密封

接触式密封主要有毡圈密封、唇形密封圈密封和端面密封等。

1）毡圈密封。毡圈是标准化密封元件，毡圈的内径略小于轴的直径。密封时，将毡圈装入轴承盖的梯形凹槽中，一起套在轴上，利用毡圈自身的弹性变形对轴表面形成压力，密封住轴与轴承盖之间的间隙，如图 2-41 所示。装配前，毡圈应放入黏度稍高的油中浸渍。毡圈密封结构简单，易于更换，使用成本低，适用于轴的线速度小于 10m/s、工作温度低于 125℃ 的轴上密封。常用于脂润滑轴承的密封，且轴颈表面粗糙度值 Ra 小于等于 $0.8\mu m$。

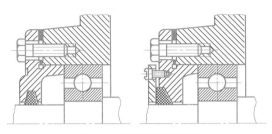

图 2-41　轴承盖毡圈密封

2）唇形密封圈密封。如图 2-42 所示唇形密封圈一般由橡胶 1、金属骨架 2 和弹簧 3 组成。密封时，依靠唇形密封圈的唇部 4 自身的弹性和弹簧的压力压紧在轴上实现密封。唇口对着轴承安装方向，主要用于防止漏油，反向安装两个唇形密封圈既可防止漏油又可防尘。唇形密封圈密封效果好，易装拆，主要用于轴线速度小于 20m/s、工作温度低于 100℃ 的油润滑的密封。

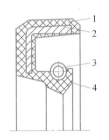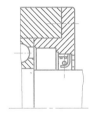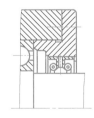

图 2-42　唇形密封圈密封

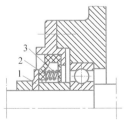

图 2-43　端面密封

3）端面密封。如图 2-43 所示，动环 1 固定在轴上随轴转动，静环 2 固定在轴承盖内。在液体压力和弹簧压力的作用下，动环与静环的端面紧密贴合，就形成了良好的密封。端面密封具有密封性好、摩擦损耗小、工作寿命长和使用范围广等优点，用于高速、高压、高温、低温或强腐蚀条件下工作的转轴密封。

3. 非接触式密封

非接触式密封主要有缝隙沟槽密封和曲路密封等。

1）缝隙沟槽密封。图 2-44 为缝隙沟槽密封结构，间隙 δ 为 $0.1\sim0.3mm$。为了提高密封效果，常在轴承盖孔内设置几个环形槽，安装时填充润滑脂进行密封。缝隙沟槽密封适用于干燥、清洁环境中脂润滑轴承的外密封。

2）曲路密封。如图 2-45 所示，在轴承盖与轴套间形成曲折的缝隙，并在缝隙中填充润滑脂，可形成曲路密封，又称为迷宫式密封。曲路密封无论是对油润滑还是对脂润滑都十分可靠，且转速越高，密封效果越好，密封处的轴线速度可达 30m/s。

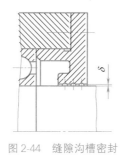 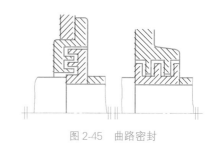

图 2-44　缝隙沟槽密封　　　　　　　　　　图 2-45　曲路密封

2.8　案例

2.8.1　同步带传动设计

如图 2-46 所示为通过同步带传动的双光楔高精度跟踪装置。整机主要包括视轴调整组件、同步带、驱动组件、机座组件，视轴调整组件设置在机座组件上端，驱动组件设置在机座组件下端，通过同步带将视轴调整组件与驱动组件连接，驱动组件通过同步带带动视轴调整组件的光楔旋转。

图 2-46 彩图

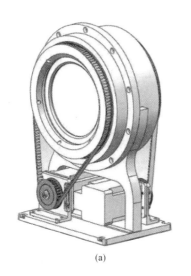 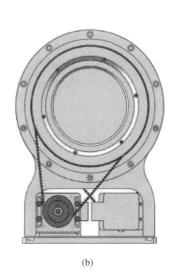

(a)　　　　　　　　　　　　　　　　(b)

图 2-46　双光楔高精度跟踪装置

（a）三维图；（b）正视图

下面根据装置参数要求对同步带进行设计选型：

1. 设计功率

已知参数要求：在300ms内光楔需转动180°。则设 P_d 为设计功率，K_A 为系数，P 为功率，有：

$$P_d = K_A \cdot P \tag{2-14}$$

角速度需达到10.47rad/s，光楔半径为62.5mm，即线速度为0.65m/s。外力即为光楔旋转时，轴承产生的摩擦力：

$$F = \mu G \tag{2-15}$$

其中 μ 为摩擦系数，G 为正压力即光楔重力，外力为0.006N。根据功率计算公式：

$$P = \frac{Fv}{\eta} \tag{2-16}$$

其中 v 为运动速度，η 为效率，同步带传递效率为0.9，功率为4.3W，根据表2-1工况选择 K_A 为1.6，设计功率为6.88W，考虑到加工误差、装配误差导致的运动阻力，选择电机功率为400W。

K_A 工况系数　　　　　　　　　　　　表 2-1

工况		K_A					
		软起动			负载起动		
变化情况	瞬时峰值载荷 额定工作载荷	每天工作小时数（h）					
		<10	10~16	>16	<10	10~16	>16
载荷平稳		1	1.2	1.4	1.2	1.4	1.6
载荷变动小	<150%	1.4	1.6	1.8	1.6	1.8	2
载荷变化稍大	≥150%~250%	1.5	1.7	1.9	1.7	1.9	2.1
载荷变化较大	≥250%~400%	1.6	1.8	2	1.8	2	2.2
载荷变动大而频繁	≥250%	1.7	1.9	2.1	1.9	2.1	2.3

2. 传动比确定

根据跟瞄精度要求，精度优于0.1mrad，以及根据17位电机编码器辨识精度可知，传动比小于1∶4。

3. 小带轮转速设计

通过吊转参数要求可知，在300ms内光楔需转动180°，即从动同步带轮转速为100rpm，主动同步带轮（小同步带轮）转速为400rpm。

4. 同步带及带轮选型

由于电机功率为400W，小同步带轮转速为400rpm，根据图2-47，选择同步带及带轮型号为5M。HTD5M齿形技术参数如图2-48所示。

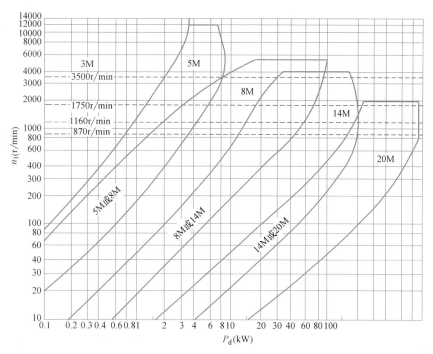

图 2-47 同步带型号选择

HTD5M齿形:

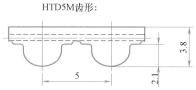

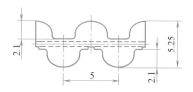

技术数据:

带宽	允许拉伸载荷 M 型	允许拉伸载荷 V 型	断裂载荷 M 型	弹性刚度比	质量
b (mm)	F_{Tzul} (N)	F_{Tzul} (N)	F_{Br} (N)	C_{spez} (N)	(kg/m)
10	920	460	3360	230000	0.050
15	1500	750	5460	375000	0.070
25	2650	1325	9660	662500	0.120
50	5520	2760	20160	1380000	0.240
75	8395	4197	30660	2098750	0.360
100	11270	5635	41160	2817500	0.480

根据要求可提供其他宽度。

带齿剪切强度:

转速rpm	F_{Uspez} (N/cm)	转速rpm	F_{Uspez} (N/cm)	转速rpm	F_{Uspez} (N/cm)	转速rpm	F_{Uspez} (N/cm)
0	36.80	800	27.21	1900	22.24	4500	16.40
20	36.25	900	26.61	2000	21.91	5000	15.64
40	35.75	1000	26.05	2200	21.30	5500	14.95
60	35.30	1100	25.52	2400	20.72	6000	14.32
80	34.89	1200	25.03	2600	20.19	6500	13.74
100	34.52	1300	24.56	2800	19.69	7000	13.19
200	33.13	1400	24.13	3000	19.23	7500	12.68
300	30.87	1440	23.96	3200	18.78	8000	12.20
400	30.10	1500	23.71	3400	18.37	8500	11.75
500	29.31	1600	23.32	3600	17.97	9000	11.33
600	28.56	1700	22.94	3800	17.59	9500	10.92
700	27.86	1800	22.58	4000	17.23	10000	10.53

图 2-48 HTD5M 齿形技术参数

5M同步带轮

代号	材料	表面处理
BLA	铝合金	本色阳极氧化
BLH		—
BSY	S45C	发黑处理
BSD		镀锌处理
BSM		

标准同步带宽度	K	W	L
09=9mm	11	16	28
15=15mm	17	22	34
25=25mm	27	32	44
30=30mm	32	37	49

5M轮齿形图　　　　带轮形状

齿槽尺寸会因齿数不同而略有差异(节距5.0mm)

规格	形状	节径 P.D	外径 O.D	轮毂直径 D_m	档边外径 F	档边内径 M	轴孔径dH7 A形			C、B形		
							H	P	C.N	H	P	C.N
14-5M		22.28	21.14	14	25	16	6~10	6~10	8、10	6~10	6~8	—
15-5M		23.87	22.73	15	28	18	6~10	6~10	8、10	6~10	6~8	—
16-5M		25.46	24.32	17	32	20	7~12	7~12	8~12	7~12	7~10	8
18-5M	A	28.65	27.51	19	33	22	7~14	7~12	8~12	7~14	7~11	8、10
19-5M		30.24	29.10	19	35	24	6~16	6~16	8~16	6~15	6~11	8、10
20-5M		31.83	30.69	19	35	24	7~16	7~16	8~16	7~15	7~11	8、10
22-5M		35.01	33.87	24	41	28	7~18	7~18	8~18	7~19	7~15	8~12
24-5M		38.20	37.06	27	44	32	7~22	7~20	8~20	7~22	7~17	8~13
25-5M		39.79	38.65	27	44	32	7~22	7~20	8~20	7~22	7~17	8~15
26-5M		41.38	40.24	31	48	36	8~27	8~22	8~22	8~27	8~21	8~17
28-5M		44.56	43.42	32	48	36	8~27	8~24	8~24	8~27	8~22	8~18
30-5M		47.75	46.61	33	51	36	10~28	10~26	10~26	10~28	10~23	10~18
32-5M	B	50.93	49.79	37	55	39	10~32	10~28	10~28	10~32	10~27	10~22
34-5M		54.11	52.97	40	60	46	10~37	10~30	10~30	10~36	10~30	10~25
36-5M		57.30	56.16	40	60	48	10~37	10~30	10~30	10~36	10~30	10~25
40-5M		63.66	62.52	47	67	50	10~42	10~38	10~38	10~42	10~35	10~28
44-5M		70.03	68.89	50	75	55	12~50	12~42	12~42	12~46	12~38	12~32
48-5M		76.39	75.25	60	83	63	12~55	12~40	12~40	12~55	12~45	12~40
50-5M		79.58	78.44	63	86	66	12~59	12~45	12~43	12~59	12~45	12~43
60-5M		95.48	94.34	75	99	78	12~72	12~45	12~45	12~71	12~45	12~45
72-5M		114.59	113.45	90	119	100	12~80	12~65	12~50	12~80	12~65	12~50

轴孔规格　　　　　　　M*螺纹孔尺寸表(轴孔规格P、N)　　　　变更止动螺丝角度用KC90表示

H:圆孔　　P:圆孔+螺纹孔C:键槽孔N:键槽孔+螺纹孔

dH7轴孔内径	5	6~12	13~17	18~30	31~45
M 粗牙螺纹	M3	M4	M5	M6	M8

图 2-49　5M 同步带轮技术参数

5. 同步带轮齿数

　　根据机械结构尺寸限制，结合 5M 同步带轮技术参数（图 2-49），从动同步带轮齿数为 104，根据传动比可知，主动同步带轮齿数为 26。

6. 同步带轮节圆直径确定

根据同步带轮节圆计算公式：

$$d = \frac{zP_{t}}{\pi} \tag{2-17}$$

其中 z 为齿数，P_{t} 为节距，可计算大同步带轮节圆直径为 165.605mm，小同步带轮节圆直径为 41.401mm。

7. 周间间距

根据周间间距公式：

$$0.7(d_{1}+d_{2}) \leqslant a \leqslant 2(d_{1}+d_{2}) \tag{2-18}$$

其中，d_{1}、d_{2} 为大小同步带轮节圆直径，计算可知，$144.904 \leqslant a \leqslant 414.013$，综合考虑机械结构及紧凑设计要求，$a$ 取 150mm。

8. 同步带长及齿数确定

由带长计算公式：

$$L = 2a + \frac{\pi}{2}(d_{1}+d_{2}) + \frac{(d_{1}-d_{2})^{2}}{4a} \tag{2-19}$$

计算可知，带长为 650.709mm，由于节距为 5，所以齿数可选择为 130，带长为 650mm，进一步反算中心距为 149.32mm。

2.8.2 非圆齿轮传动设计

旋转和偏摆双棱镜轨迹扫描系统均存在非线性控制问题。在轨迹跟踪测量过程中，双棱镜系统需要高精度地产生包含二维坐标信息和运动时间信息的"三维"轨迹。在整个扫描测量过程中，通常要求棱镜的旋转（或偏摆）速度严格进行非线性变化，这对控制系统硬件和控制算法设计带来了挑战。

我们在旋转双棱镜扫描装置的设计中，采用了如图 2-50 所示的非圆齿轮传动的模式，从机构设计的角度进行非线性运动的线性转换。图 2-51 为由非圆齿轮副驱动

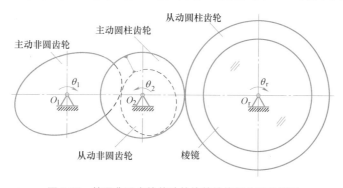

图 2-50　基于非圆齿轮传动的旋转棱镜机构运动简图

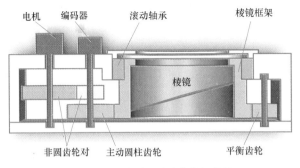

图 2-51 彩图

图 2-51　非圆齿轮副驱动的棱镜组件截面图

的棱镜组件的截面图：电动机与非圆齿轮主动轮相连，通过非圆齿轮副的啮合实现第一传动；从动圆柱齿轮和棱镜分别安装在棱镜框架的外侧和内侧，通过圆柱齿轮副的啮合实现第二传动；通过非圆齿轮副和圆柱齿轮副的上述两级传动，将电动机匀速旋转转换为预定的棱镜非线性转动。

1. 系统设计参数与目标扫描轨迹

根据平面机器人轨迹测量的应用需求，旋转双棱镜轨迹扫描系统的各个参数设计如表 2-2 所列。

旋转双棱镜轨迹扫描系统参数 　　　　　　　　　　　　　　　　表 2-2

棱镜折射率 n	1.517	棱镜口径 D_p(mm)	80
棱镜楔角 a(°)	10	两棱镜间距 D_1(mm)	80
棱镜薄端厚度 d_0(mm)	5	棱镜 2 到光屏间距 D_2(mm)	500

根据旋转双棱镜逆向迭代法求解，可得到该系统的扫描域为外圆半径 $R_{max} \approx$ 99.13mm、内圆半径 $R_{min} \approx 5.24$mm 的圆环。设目标扫描轨迹为椭圆，且位于旋转双棱镜系统扫描域内。

2. 棱镜转角曲线拟合

将椭圆方程参数 θ 等分为 360 份，对扫描轨迹进行扫描点采样，求解各个采样点对应的棱镜转角值（仅取第一组解）。设扫描周期 $t = 36$s，则双棱镜转角曲线如图 2-52（a）所示。由图可知双棱镜转角曲线存在 360°跳跃，为了方便后续非圆齿轮设计，将棱镜转角曲线循环左移，直至 $t = 0$ 时刻棱镜转角约为 0，并将转角转换为弧度制。调整后的棱镜 1 转角曲线如图 2-52（b）所示，棱镜 2 同理。

为获得较好的拟合效果，本案例采用分段多项式对棱镜转角曲线进行拟合。首先将待拟合曲线分为多段（本例将 360 个采样数据等分为 12 段），然后对每一段均采用多种多项式进行试拟合，择其效果最优者，通式可表达为：

$$\theta_{r1} = C_{i0} + C_{i1}t + C_{i2}t^2 + \cdots + C_{in_i}t^{n_i}, \ t \in [(i-1) \times 3, i \times 3), \ i = 1,2,3,\cdots,12$$

(2-20)

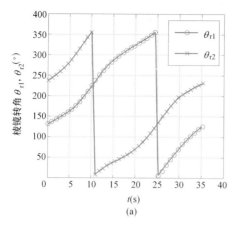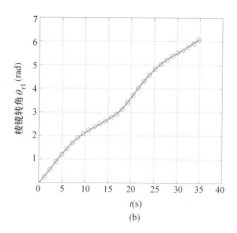

图 2-52　棱镜转角曲线

(a) 双棱镜转角曲线；(b) 调整后的棱镜 1 转角曲线

最后将每一段最优拟合曲线拼接成完整的棱镜转角曲线，如图 2-53 所示。

3. 非圆齿轮轮廓设计

根据棱镜 1 转角曲线分段多项式拟合结果，设非圆齿轮主动轮和从动轮转角分别为 θ_1、θ_2，主动轮匀速转动，周期为 T。

非圆齿轮传动的位置函数为：

$$\theta_2 = F(\theta_1) \qquad (2\text{-}21)$$

非圆齿轮瞬时角速度比为：

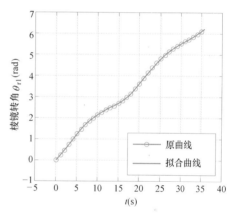

图 2-53　棱镜 1 转角曲线分段多项式拟合结果

$$\frac{\omega_2}{\omega_1} = \frac{\mathrm{d}\theta_2}{\mathrm{d}t} \Big/ \frac{\mathrm{d}\theta_1}{\mathrm{d}t} = \frac{\mathrm{d}\theta_2}{\mathrm{d}\theta_1} = F'(\theta_1) = f(\theta_1) \qquad (2\text{-}22)$$

非圆齿轮传动比函数表达式为：

$$i_{21} = \frac{\omega_2}{\omega_1} = f(\theta_1) \qquad (2\text{-}23)$$

设 O_1 和 O_2 分别为主动轮和从动轮的回转中心，P 为两齿轮节曲线的接触点，则 P 点位于两齿轮的回转中心线 O_1O_2 上，且为速度瞬心。将 O_1P、O_2P 分别记作 r_1、r_2，则瞬时传动比 i_{21} 可表示为：

$$i_{21} = \frac{\omega_2}{\omega_1} = \frac{O_1P}{O_2P} = \frac{r_1}{r_2} = \frac{r_1}{a - r_1} \qquad (2\text{-}24)$$

设齿轮中心距为 a，则主、从动轮节曲线方程分别为：

$$r_1 = \frac{a i_{21}}{1 + i_{21}} \qquad (2\text{-}25)$$

$$\begin{cases} r_2 = a - r_1 = \dfrac{a}{1 + i_{21}} \\ \theta_2 = \displaystyle\int_0^{\theta_1} i_{21} \, \mathrm{d}\theta_1 \end{cases} \quad (2\text{-}26)$$

则根据主动轮和从动轮转角 θ_1、θ_2 可得：

$$\frac{\mathrm{d}\theta_1}{\mathrm{d}t} = \frac{2\pi}{T} \quad (2\text{-}27)$$

$$\frac{\mathrm{d}\theta_2}{\mathrm{d}t} = C_1 + 2C_2 t + 3C_2 t^2 + \cdots + 12C_{12} t^{11} \quad (2\text{-}28)$$

代入式（2-24）中，可得非圆齿轮传动比函数表达式为：

$$i_{21} = f(\theta_1) = \frac{\mathrm{d}\theta_2 / \mathrm{d}t}{\mathrm{d}\theta_1 / \mathrm{d}t} = \frac{T}{2\pi} \times \left[C_1 \left(\frac{\theta_1 T}{2\pi} \right)^0 + 2C_2 \left(\frac{\theta_1 T}{2\pi} \right)^1 + 3C_2 \left(\frac{\theta_1 T}{2\pi} \right)^2 + \cdots + 12C_{12} \left(\frac{\theta_1 T}{2\pi} \right)^{11} \right]$$

$$(2\text{-}29)$$

初步设定两齿轮中心距为 $a = 200\mathrm{mm}$，根据计算结果分别绘制棱镜 1 转角曲线在分段多项式拟合情况下的 $f(\theta_1)$ 和 r_1，结果如图 2-54（a）和图 2-54（b）所示。

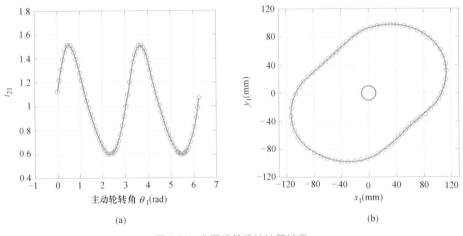

(a)　　　　　　　　　　　(b)

图 2-54　非圆齿轮设计计算结果

（a）传动比函数曲线；（b）主动轮节曲线

根据式（2-26），可计算得出从动轮的节曲线。同理可根据上述方法计算得到棱镜 2 的非圆齿轮主、从动轮节曲线，最终棱镜 1、棱镜 2 非圆齿轮主、从动轮节曲线如图 2-55 所示。

4. 非圆齿轮加工设计

齿条刀具只适用于节曲线外凸的非圆齿轮加工，因此选择插齿刀加工非圆齿轮外齿廓几何关系，如图 2-56 所示。插齿刀节圆绕非圆齿轮节曲线作纯滚动，非圆齿轮节曲线上的弧长与插齿刀节圆上对应的弧长相等。

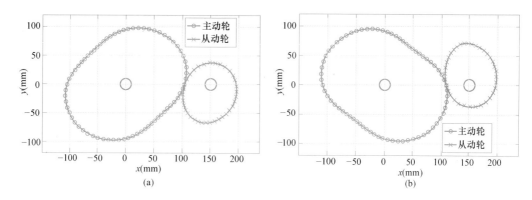

图 2-55　非圆齿轮主、从动轮节曲线啮合

（a）棱镜 1；（b）棱镜 2

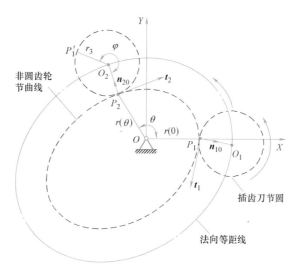

图 2-56　插齿刀加工非圆齿轮外齿廓几何关系

可得到棱镜 1 和棱镜 2 的非圆齿轮传动啮合三维模型，如图 2-57 所示。

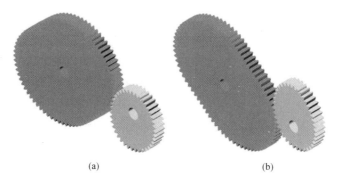

图 2-57　非圆齿轮传动啮合三维模型

（a）棱镜 1；（b）棱镜 2

2.8.3 凸轮传动设计

我们在双棱镜偏摆扫描器的设计中，采用了凸轮驱动模式，创新性地将非线性驱动控制转化到凸轮机构轮廓的外形设计上。采用凸轮传动机构时，设计的关键是计算凸轮轮廓曲线。只需要设计适当的轮廓，从动件便可精确实现任意的运动规律，且结构紧凑、设计方便。如图 2-58 所示为凸轮传动摆镜机构，主要由步进电机、同步带、凸轮、摆杆、镜框总成、旋转编码器等结构组成。电机通过同步带传动驱动凸轮转动，保证凸轮与镜框连接摆杆之间紧密接触。

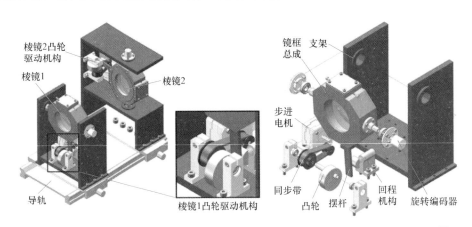

图 2-58　基于凸轮传动的偏摆双棱镜轨迹扫描装置

图 2-58 彩图

1. 系统设计参数与目标扫描轨迹

本案例中偏摆双棱镜轨迹扫描系统的扫描范围要求为：垂直张角不小于 $6000\mu rad$，水平张角不小于 $3500\mu rad$；扫描精度要求为：优于 $1\mu rad$。据此，选择各参数如表 2-3 所列。

偏摆双棱镜轨迹扫描系统参数　　　　　　　　　　　　　　　　表 2-3

棱镜折射率 n	1.517	棱镜口径 D_p(mm)	60
棱镜楔角 a(°)	10	两棱镜间距 D_1(mm)	150
棱镜薄端厚度 d_0(mm)	10	棱镜 2 到光屏间距 D_2(mm)	400

将目标扫描轨迹绘制如图 2-59(a) 所示，该轨迹全部位于扫描范围内部，则对应棱镜摆角曲线如图 2-59(b) 所示。设棱镜 1 和棱镜 2 分别由凸轮 1 和凸轮 2 驱动偏摆，扫描圆形轨迹一周所用时间为 10s，对应两凸轮均匀速旋转一周，则凸轮的角速度为 $\omega_c = 0.2\pi$ rad/s，凸轮转角为 $\delta = \omega_c t$。

2. 棱镜摆角曲线拟合

一般地，给定的目标扫描轨迹所对应的棱镜摆角是非线性变化的（如本案例图 2-59b 所示），因此采用凸轮机构驱动棱镜偏摆，将非线性关系转移到对应的凸轮轮

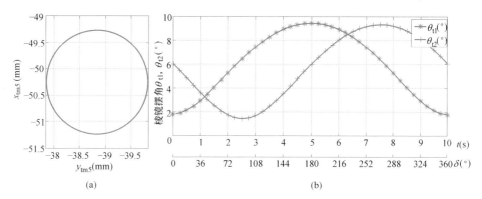

图 2-59　目标扫描轨迹与棱镜摆角曲线

（a）目标扫描轨迹；（b）棱镜摆角曲线

廓曲线上，那么只需凸轮匀速转动就可以实现棱镜的非线性偏摆规律，简化控制过程。

由于凸轮的转速恒定，棱镜摆角与凸轮转角之间的关系也可用图中的棱镜摆角曲线表示。为定量建立棱镜摆角与凸轮转角之间运动规律的函数关系，需要对图 2-59（b）中两条曲线进行拟合。采用通用性较强的最小二乘法拟合曲线，通式可表达为：

$$\theta_r = C_0 + C_1\delta + C_2\delta^2 + \cdots + C_n\delta^n \tag{2-30}$$

综合分析拟合结果和拟合误差选择最优解，则棱镜 1 和棱镜 2 的摆角多项式拟合结果各项系数分别如表 2-4 所示。

最优拟合多项式的各项系数　　　　　　　　　　　　　表 2-4

系数	棱镜 1($i=1$)	棱镜 2($i=2$)	系数	棱镜 1($i=1$)	棱镜 2($i=2$)
C_{i0}	0.0313	0.1064	C_{i5}	−0.000940	−0.0459
C_{i1}	−0.00289	−0.0741	C_{i6}	0.0000499	0.01160
C_{i2}	0.0785	0.0375	C_{i7}	—	−0.00166
C_{i3}	−0.0364	−0.0909	C_{i8}	—	0.000128
C_{i4}	0.00782	0.0975	C_{i9}	—	−0.0000410

3. 凸轮传动轮廓设计

凸轮的轮廓曲线是由从动件的运动规律决定的，即摆杆的角位移、角速度和角加速度随凸轮转角的变化规律。常见的从动件基本运动规律有等速运动、等加速度运动和简谐运动等。在本案例所述的凸轮摆镜机构中，从动件为摆动棱镜，即棱镜运动规律决定了凸轮的轮廓曲线。

凸轮机构主要有图 2-60 所示两种，综合考虑从动件与凸轮之间相对运动产生的摩擦、热和磨损等因素，采用如图 2-60（b）所示的摆杆凸轮机构驱动棱镜实现偏摆运动。

如图 2-61 所示，凸轮机构的转动中心为 O_c，棱镜的摆动中心为 O，摆镜与凸轮

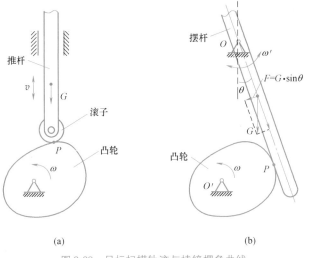

(a)   (b)

图 2-60　目标扫描轨迹与棱镜摆角曲线

（a）顶置式凸轮；（b）摆杆凸轮

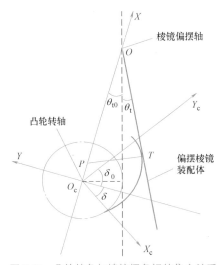

图 2-61　凸轮转角与棱镜摆角间的集合关系

的切点为 $T(x_T, y_T)$。

利用定坐标系 XO_cY 与动坐标系 $X_cO_cY_c$ 间的变换关系，可得凸轮轮廓曲线方程式为：

$$\begin{cases} x_c = x_T\cos(\delta+\delta_0) - y_T\sin(\delta+\delta_0) \\ y_c = x_T\sin(\delta+\delta_0) + y_T\cos(\delta+\delta_0) \end{cases} \tag{2-31}$$

习题

2-1　机器与机构的区别是什么？

2-2　分析比较普通螺纹、管螺纹、梯形螺纹和锯齿形螺纹的特点，并各举一例说明它们的应用。

2-3　为什么采用双键连接时，两个平键一般布置在沿周向相隔180°；两个半圆键一般布置在轴的同一条母线上；而两个楔键则布置在沿周向相隔90°～120°？

2-4　举例分析刚性联轴器和挠性联轴器各自应用场合的特点。

2-5　简要说明车辆圆盘摩擦离合器的工作原理。

2-6　带传动的弹性滑动可以避免吗？并说明理由。

2-7　链传动的瞬时传动比是变化的，试分析链传动瞬时传动比的计算方法。

2-8　试根据齿轮传动的失效形式说明可采取哪些措施延长轮齿的使用寿命？

2-9　蜗杆传动为什么不能反向传动？

2-10　比较分析液压、气压和电力传动各自的特点和应用范围。

2-11　简单说明RV减速器和谐波齿轮减速器各自的特点和应用场合。

参 考 文 献

[1]　庄学功. 机械基础 [M]. 北京：中国铁道出版社，1999.

[2]　徐自立，夏露. 工程材料 [M]. 武汉：华中科技大学出版社，2020.

[3]　汪怿翔，张俐娜. 天然高分子材料研究进展 [J]. 高分子通报，2008，(07)：66-76.

[4]　张铭华，李同舟，周媛. 可加工陶瓷材料的发展现状研究 [J]. 四川有色金属，2019，(04)：50-51＋64.

[5]　陈祥宝，张宝艳，邢丽英. 先进树脂基复合材料技术发展及应用现状 [J]. 中国材料进展，2009，28 (06)：2-12.

[6]　闻邦椿. 机械设计手册（第2卷）[M]. 6版. 北京：机械工业出版社，2018.

[7]　濮良贵，陈国定，吴立言，等. 机械设计 [M]. 9版. 北京：高等教育出版社，2013.

[8]　鄢来应，李晶，李高波. 机械基础 [M]. 成都：电子科技大学出版社，2019.

[9]　唐金松. 简明机械设计手册 [M]. 上海：上海科学技术出版社，2009.

[10]　闻邦椿. 机械设计手册：联轴器、离合器与制动器 [M]. 北京：机械工业出版社，2020.

[11]　雷海涛，张殿龙. 安全联轴器改进 [J]. 冶金设备，2016，(02)：72-73.

[12]　彭朝林，谢小鹏，陈祯. 润滑因素与滚动轴承失效的关系研究 [J]. 润滑与密封，2015，40 (08)：26-30.

[13]　闻邦椿. 机械设计手册（第4卷）[M]. 6版. 北京：机械工业出版社，2018.

[14]　刘忠，刘金丽. 液压与气压传动 [M]. 武汉：华中科技大学出版社，2018.

[15]　范正翘. 电力传动与自动控制系统 [M]. 北京：北京航空航天大学出版社，2003.

[16]　王海文，葛敏娜，王楠. 电机与拖动 [M]. 武汉：华中科技大学出版社，2018.

[17]　林江海，黄鹏程，王燕霜，王加祥，王东峰. 工业机器人用精密减速器研究现状 [J]. 现

代制造技术与装备，2022，58（03）：96-100.

[18] 闻邦椿. 机械设计手册：减速器和变速器 [M]. 北京：机械工业出版社，2020.

[19] 张洁. RV 减速器传动特性分析 [D]. 天津：天津大学，2012.

[20] 王长明，阳培，张立勇. 谐波齿轮传动概述 [J]. 机械传动，2006，（04）：86-88＋3.

[21] LI A，ZHANG Y，LIU X，YI W. Rotation double prisms steered by noncircular gear pairs to scan specified nonlinear trajectories [J]. Applied Optics，2019，58（2）：283-290.

[22] 易万力. 基于双棱镜的平面机器人轨迹测量研究 [D]. 上海：同济大学，2017.

第 3 章

机器人运动学及动力学基础

● 本章学习目标 ●

1. 熟练掌握空间坐标系中机器人位置和姿态描述；能够应用齐次变换法描述机器人在空间坐标系中的平移和旋转变换。

2. 能够应用 D-H 方法求解机器人运动学正解；了解机器人运动学逆向解的求解方法。

3. 了解机器人动力学求解方法。

3.1 机器人运动学

3.1.1 运动学引言

1. 机器人运动学分析

机器人运动学的研究是所有类型机器人发展过程中不可逾越的环节，也是形成机器人终极产品性能评价指标重要的科学依据。机器人运动学是研究机器人手臂末端执行器位置和姿态与关节变量空间之间的关系。机械臂由一些连杆和关节组成。一般都认为机械臂的连杆是刚体，即不考虑连杆材料的弹性效应。研究机械臂的运动学，就是研究机械臂各个连杆的位置、姿态以及与各个关节角之间的关系。

2. 机器人运动学研究的问题

机器人运动学主要是把机器人相对于固定参考系的运动作为时间的函数进行分析研究，而不考虑引起这些运动的力和力矩，也就是要把机器人的空间位移解析地表示为时间的函数，特别是研究机器人关节变量空间和机器人末端执行器位置和姿态之间的关系。根据图 3-1，机器人运动学研究的问题分为运动学正问题和运动学逆问题：

图 3-1 机器人运动学正逆问题关系

（1）运动学正问题

已知杆件几何参数和关节角矢量，求操作机末端执行器相对于固定参考坐标的位置和姿态（齐次变换问题）。

（2）运动学逆问题

已知操作机杆件的几何参数，给定操作机末端执行器相对于参考坐标系的期望位置和姿态（位姿），求解操作机使其末端执行器达到这个预期位姿的可能性，如能达到，解出操作机可以满足同样条件下几种不同的形态。

3.1.2 运动学数学基础

常用的空间位姿描述方法有齐次变换法和四元数法等，其中齐次变换法能够将矩阵运算与机械臂的运动、变换联系起来，这样十分便于理解。

在世界坐标系下，对某一坐标系的描述可分为位置和姿态描述，其中，前者表示该坐标系与世界坐标系的相对位置关系，后者表示该坐标系相对于世界坐标系的姿态。分别用一个三维向量 $\boldsymbol{T}_{3\times1}$ 和旋转矩阵 $\boldsymbol{R}_{3\times3}$ 来表示。当 $\boldsymbol{T}_{3\times1}$ 和 $\boldsymbol{R}_{3\times3}$ 确定，就可以唯一确定该坐标系在世界坐标系下的位姿（即位置和姿态）。

1. 位置与姿态描述

（1）位置描述

如图 3-2 所示，假设空间中有一个参考坐标系 $\{\boldsymbol{A}\}$，那么空间中的一点 P 在该坐标系下的位置可以用下式来描述：

$$\boldsymbol{A}_\text{P}=\begin{bmatrix}\boldsymbol{A}_{\text{P}_x}\\\boldsymbol{A}_{\text{P}_y}\\\boldsymbol{A}_{\text{P}_z}\end{bmatrix} \tag{3-1}$$

式中 $\boldsymbol{A}_{\text{P}_x}$、$\boldsymbol{A}_{\text{P}_y}$、$\boldsymbol{A}_{\text{P}_z}$ ——矢量 $\boldsymbol{A}_\text{P}$ 在坐标系 $\{\boldsymbol{A}\}$ 中 X，Y，Z 轴上的投影。

（2）姿态描述

虽然用位置描述足以表示空间中一点，但是无法描述空间中的某一物体，这时就需要加入姿态描述。如图 3-3 所示，假设某一物体所在坐标系为 $\{\boldsymbol{B}\}$，且该坐标系的原点固定在点 P，此时可以用 $\{\boldsymbol{B}\}$ 相对于 $\{\boldsymbol{A}\}$ 的姿态来表示该物体的姿态。

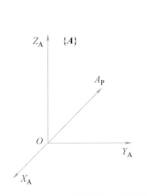

图 3-2　空间坐标系下的位置描述

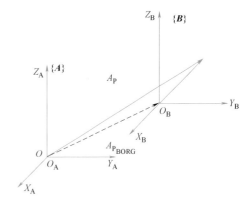

图 3-3　空间姿态描述

假设用 $\boldsymbol{b}_x$，$\boldsymbol{b}_y$，$\boldsymbol{b}_z$ 表示坐标系 $\{\boldsymbol{B}\}$ 的对应坐标轴的单位矢量，那么三个单位矢量在坐标系 $\{\boldsymbol{A}\}$ 中的描述见式（3-2）：

$$^\text{A}_\text{B}\boldsymbol{R}=\begin{bmatrix}\boldsymbol{A}_{\text{b}_x} & \boldsymbol{A}_{\text{b}_y} & \boldsymbol{A}_{\text{b}_z}\end{bmatrix} \tag{3-2}$$

由上式可知，三个单位矢量中，每个单位矢量在坐标系 $\{\boldsymbol{A}\}$ 中的描述可以用一个 3×1 的矢量描述，如式（3-3）所示：

$$^\text{A}_\text{B}\boldsymbol{R}=\begin{bmatrix}\boldsymbol{A}_{\text{b}_{xx}} & \boldsymbol{A}_{\text{b}_{yx}} & \boldsymbol{A}_{\text{b}_{zx}}\\\boldsymbol{A}_{\text{b}_{xy}} & \boldsymbol{A}_{\text{b}_{yy}} & \boldsymbol{A}_{\text{b}_{zy}}\\\boldsymbol{A}_{\text{b}_{xz}} & \boldsymbol{A}_{\text{b}_{yz}} & \boldsymbol{A}_{\text{b}_{zz}}\end{bmatrix} \tag{3-3}$$

上式中的方阵称为旋转矩阵，用来表示该物体相对于坐标系 $\{A\}$ 的姿态描述。

2. 坐标变换

同一物体的位置和姿态在不同坐标系中的描述是不一样的，推导机械臂运动学方程时，需要描述同一物体在不同的坐标系下的位置和姿态，比如在研究机械臂抓取动作时，需要同时描述目标物体在机械臂基座坐标系以及机械臂末端执行器的坐标系中的位姿。因此，在研究机械臂的运动学过程中，会涉及坐标系之间的变换。坐标系之间主要涉及三种变换：平移变换、旋转变换、复合变换。

如图 3-4 所示，坐标系 $\{A\}$ 和 $\{B\}$ 的区别在于原点位置不同，但是两坐标系姿态相同，则可视为坐标系 $\{A\}$ 和 $\{B\}$ 之间发生了平移变换。假设空间中一点 P 在坐标系 $\{A\}$ 和 $\{B\}$ 中的位置描述分别为 A_{P} 和 B_{P}，假设 $\{B\}$ 坐标系的原点相对于坐标系 $\{A\}$ 的位置为 $A_{\mathrm{P_{BORG}}}$，则有 $A_{\mathrm{P_{BORG}}}$ 与 B_{P} 的矢量和为 A_{P}。

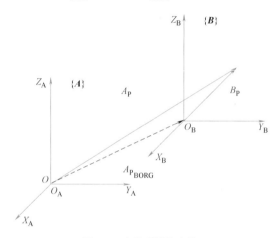

图 3-4　坐标系平移变换

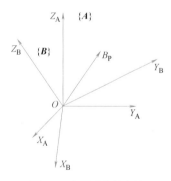

图 3-5　坐标系旋转变换

如图 3-5 所示，坐标系 $\{A\}$ 和 $\{B\}$ 的原点重合，但是对应坐标轴并不重合，这种情况就是坐标系 $\{A\}$ 和 $\{B\}$ 之间发生了旋转变换。

空间中一点 P 在坐标系 $\{B\}$ 中的位置描述为 B_{P}，且坐标系 $\{B\}$ 相对于 $\{A\}$ 的姿态描述为 ${}_{\mathrm{B}}^{\mathrm{A}}P$，则可以得到点 P 在坐标系 $\{A\}$ 的位置描述，如式 (3-4) 所示：

$$\begin{cases} \boldsymbol{A}_{\mathrm{P_x}} = \boldsymbol{A}_{\mathrm{X_B}} \times \boldsymbol{B}_{\mathrm{P}} \\ \boldsymbol{A}_{\mathrm{P_y}} = \boldsymbol{A}_{\mathrm{Y_B}} \times \boldsymbol{B}_{\mathrm{P}} \\ \boldsymbol{A}_{\mathrm{P_z}} = \boldsymbol{A}_{\mathrm{Z_B}} \times \boldsymbol{B}_{\mathrm{P}} \end{cases} \tag{3-4}$$

其中 $\boldsymbol{A}_{\mathrm{X_B}}$、$\boldsymbol{A}_{\mathrm{Y_B}}$、$\boldsymbol{A}_{\mathrm{Z_B}}$ 就是旋转矩阵对应的行向量，则有下式 (3-5)：

$$\boldsymbol{A}_{\mathrm{P}} = {}_{\mathrm{B}}^{\mathrm{A}}\boldsymbol{R} \times \boldsymbol{B}_{\mathrm{P}} \tag{3-5}$$

上式表明，已知坐标系 $\{\boldsymbol{A}\}$ 和 $\{\boldsymbol{B}\}$ 之间的旋转矩阵，可以根据空间中一点 P 在坐标系 $\{\boldsymbol{B}\}$ 中的位置描述得到该点在坐标系 $\{\boldsymbol{A}\}$ 中的位置描述。

如图 3-6 所示，坐标系 $\{\boldsymbol{A}\}$ 和 $\{\boldsymbol{B}\}$ 原本是同一坐标系，保持 $\{\boldsymbol{A}\}$ 和 $\{\boldsymbol{B}\}$ 原点重合，将坐标系 $\{\boldsymbol{B}\}$ 进行旋转变换，然后将旋转后的坐标系 $\{\boldsymbol{B}\}$ 进行平移，这个过程包含了平移和旋转两种坐标变换，即发生了复合变换。

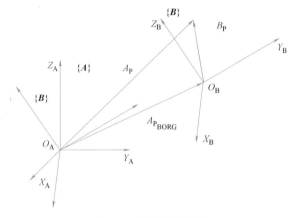

图 3-6 坐标系复合变换

此时，要将空间中一点 P 在坐标系 $\{\boldsymbol{B}\}$ 中的描述，转换为点 P 在坐标系 $\{\boldsymbol{A}\}$ 中的描述，需要先进行旋转变换，然后进行平移变换，则可以得到点 P 在坐标系 $\{\boldsymbol{A}\}$ 中的描述，见式（3-6）：

$$\boldsymbol{A}_{\mathrm{P}} = {}_{\mathrm{B}}^{\mathrm{A}}\boldsymbol{R} \times \boldsymbol{B}_{\mathrm{P}} + \boldsymbol{A}_{\mathrm{P}_{\mathrm{BORG}}} \tag{3-6}$$

3. 点和面的齐次坐标

（1）点的齐次坐标

一般来说，n 维空间的齐次坐标表示是一个（$n+1$）维空间实体。有一个特定的投影附加于 n 维空间，也可以把它看作一个附加于每个矢量的特定坐标——比例系数。

引入齐次坐标是为了表示几何变换的旋转、平移和缩放。

一个点矢可以表示为：

$$\vec{v} = a\vec{i} + b\vec{j} + c\vec{k} \tag{3-7}$$

式中 $\vec{i}$，$\vec{j}$，$\vec{k}$ 为 x，y，z 轴上的单位矢量。

用矩阵表达为：

$$\boldsymbol{V} = \begin{bmatrix} x \\ y \\ z \\ w \end{bmatrix} = \begin{bmatrix} x & y & z & w \end{bmatrix}^{\mathrm{T}} \tag{3-8}$$

其中 $a = \dfrac{x}{w}$，$b = \dfrac{y}{w}$，$c = \dfrac{z}{w}$，w 为比例系数。

显然，齐次坐标表达并不是唯一的，随 w 值的不同而不同，在计算机图学中，w 作为通用比例因子，它可取任意正值，但在机器人的运动分析中，总是取 $w = 1$。

齐次坐标与三维直角坐标的区别：

1）V 点在 $\sum Oxyz$ 坐标系中的表示是唯一的。

2）而在齐次坐标中的表示可以是多值的。不同的表示方法代表的 V 点在空间位置上不变。

几个特定意义的齐次坐标：

1）$\begin{bmatrix} 0 & 0 & 0 & n \end{bmatrix}^{\mathrm{T}}$：表示坐标原点矢量的齐次坐标，$n$ 为任意非零比例系数；

2）$\begin{bmatrix} 1 & 0 & 0 & 0 \end{bmatrix}^{\mathrm{T}}$：表示指向无穷远处的 OX 轴；

3）$\begin{bmatrix} 0 & 1 & 0 & 0 \end{bmatrix}^{\mathrm{T}}$：表示指向无穷远处的 OY 轴；

4）$\begin{bmatrix} 0 & 0 & 1 & 0 \end{bmatrix}^{\mathrm{T}}$：表示指向无穷远处的 OZ 轴；

5）$\begin{bmatrix} 0 & 0 & 0 & 0 \end{bmatrix}^{\mathrm{T}}$：表示没有意义。

两个常用的公式：

1）点乘：

$$a \cdot b = a_{x}b_{x} + a_{y}b_{y} + a_{z}b_{z} \tag{3-9}$$

2）叉乘：

$$a \times b = \begin{vmatrix} i & j & k \\ a_{x} & a_{y} & a_{z} \\ b_{x} & b_{y} & b_{z} \end{vmatrix} = (a_{y}b_{z} - a_{z}b_{y})\vec{i} + (a_{z}b_{x} - a_{x}b_{z})\vec{j} + (a_{x}b_{y} - a_{y}b_{x})\vec{k}$$

$$\tag{3-10}$$

（2）平面的齐次坐标系

平面齐次坐标由行矩阵 $\boldsymbol{P} = \begin{bmatrix} a & b & c & d \end{bmatrix}$ 来表示，当点 $\boldsymbol{V} = \begin{bmatrix} x & y & z & w \end{bmatrix}^{\mathrm{T}}$ 处于平面 P 内时，矩阵乘积 $\boldsymbol{PV} = 0$，或记为：

$$\boldsymbol{PV} = \begin{bmatrix} a & b & c & d \end{bmatrix} \begin{bmatrix} x \\ y \\ z \\ w \end{bmatrix} = ax + by + ca + dw = 0 \tag{3-11}$$

与点矢 $\begin{bmatrix} 0 & 0 & 0 & 0 \end{bmatrix}^{\mathrm{T}}$ 相仿，平面 $\begin{bmatrix} 0 & 0 & 0 & 0 \end{bmatrix}$ 也没有意义。

设一个平行于 x，y 轴，且在 z 轴上的坐标为单位距离的平面 P 可以表示为：

$$\boldsymbol{P} = \begin{bmatrix} 0 & 0 & 1 & -1 \end{bmatrix} \quad \text{或} \quad \boldsymbol{P} = \begin{bmatrix} 0 & 0 & 2 & -2 \end{bmatrix}$$

则有：

$$PV \begin{cases} >0 & V \text{ 点在平面上方} \\ =0 & V \text{ 点在平面上} \\ <0 & V \text{ 点在平面下方} \end{cases}$$

4. 旋转矩阵及旋转齐次变换

（1）旋转矩阵

设固定参考坐标系直角坐标为 $\sum Oxyz$，动坐标系为 $\sum O'uvw$，研究旋转变换情况。

1）初始位置时，动静坐标系重合，O、O' 重合，如图 3-7 所示。各轴对应重合，设 P 点是动坐标系 $\sum O'uvw$ 中的一点，且固定不变。则 P 点在 $\sum O'uvw$ 中可表示为：

$$\overrightarrow{P_{uvw}} = P_u \overrightarrow{i_u} + P_v \overrightarrow{j_v} + P_w \overrightarrow{k_w} \tag{3-12}$$

其中 $\overrightarrow{i_u}$，$\overrightarrow{j_v}$，$\overrightarrow{k_w}$ 为坐标系 $\sum O'uvw$ 的单位矢量，则 P 点在 $\sum Oxyz$ 中可表示为：

$$\overrightarrow{P_{xyz}} = P_x \overrightarrow{i_x} + P_y \overrightarrow{j_y} + P_z \overrightarrow{k_z} \tag{3-13}$$

其中 $\overrightarrow{P_{uvw}} = \overrightarrow{P_{xyz}}$。

2）当动坐标系 $\sum O'uvw$ 绕 O 点回转时，求 P 点在固定坐标系 $\sum Oxyz$ 中的位置，已知：$P'_{uvw} = P_u i'_u + P_v j'_v + P_w k'_w$。$P$ 点在坐标系 $\sum O'uvw$ 中是不变的仍然成立，由于 $\sum O'uvw$ 回转，则可以得到下式：

$$P_x = \overrightarrow{P_{uvw}} \cdot \overrightarrow{i_x} = (P_u \overrightarrow{i_u} + P_v \overrightarrow{j_v} + P_w \overrightarrow{k_w}) \overrightarrow{i_x}$$
$$P_y = \overrightarrow{P_{uvw}} \cdot \overrightarrow{j_y} = (P_u \overrightarrow{i_u} + P_v \overrightarrow{j_v} + P_w \overrightarrow{k_w}) \overrightarrow{j_y}$$
$$P_z = \overrightarrow{P_{uvw}} \cdot \overrightarrow{k_z} = (P_u \overrightarrow{i_u} + P_v \overrightarrow{j_v} + P_w \overrightarrow{k_w}) \overrightarrow{k_z} \tag{3-14}$$

用矩阵表示为：

$$\begin{bmatrix} P_x \\ P_y \\ P_z \end{bmatrix} = \begin{bmatrix} \overrightarrow{i_x}\,\overrightarrow{i_u} & \overrightarrow{i_x}\,\overrightarrow{j_v} & \overrightarrow{i_x}\,\overrightarrow{k_w} \\ \overrightarrow{j_y}\,\overrightarrow{i_u} & \overrightarrow{j_y}\,\overrightarrow{j_v} & \overrightarrow{j_y}\,\overrightarrow{k_w} \\ \overrightarrow{k_z}\,\overrightarrow{i_u} & \overrightarrow{k_z}\,\overrightarrow{j_v} & \overrightarrow{k_z}\,\overrightarrow{k_w} \end{bmatrix} \begin{bmatrix} P_u \\ P_v \\ P_w \end{bmatrix} \tag{3-15}$$

定义旋转矩阵为：$\boldsymbol{R} = \begin{bmatrix} \overrightarrow{i_x}\,\overrightarrow{i_u} & \overrightarrow{i_x}\,\overrightarrow{j_v} & \overrightarrow{i_x}\,\overrightarrow{k_w} \\ \overrightarrow{j_y}\,\overrightarrow{i_u} & \overrightarrow{j_y}\,\overrightarrow{j_v} & \overrightarrow{j_y}\,\overrightarrow{k_w} \\ \overrightarrow{k_z}\,\overrightarrow{i_u} & \overrightarrow{k_z}\,\overrightarrow{j_v} & \overrightarrow{k_z}\,\overrightarrow{k_w} \end{bmatrix}$，则 $\overrightarrow{P_{xyz}} = \boldsymbol{R}\,\overrightarrow{P_{uvw}}$。

反过来：$\overrightarrow{P_{uvw}} = \boldsymbol{R}^{-1}\,\overrightarrow{P_{xyz}}$，$\boldsymbol{R}^{-1} = \dfrac{\boldsymbol{R}^*}{\det \boldsymbol{R}}$，$\boldsymbol{R}^*$ 为 $\boldsymbol{R}$ 的伴随矩阵，$\det \boldsymbol{R}$ 为 $\boldsymbol{R}$ 的行

列式，$\boldsymbol{R}$ 是正交矩阵，$\boldsymbol{R}^{-1} = \boldsymbol{R}^{\mathrm{T}}$。

（2）旋转齐次变换

用齐次坐标变换来表示式（3-15），可以得到：

$$
\begin{bmatrix} \boldsymbol{P}_{\mathrm{x}} \\ \boldsymbol{P}_{\mathrm{y}} \\ \boldsymbol{P}_{\mathrm{z}} \\ 1 \end{bmatrix} = \begin{bmatrix} & & & 0 \\ & \boldsymbol{R} & & 0 \\ & & & 0 \\ 0 & 0 & 0 & 1 \end{bmatrix} \begin{bmatrix} \boldsymbol{P}_{\mathrm{u}} \\ \boldsymbol{P}_{\mathrm{v}} \\ \boldsymbol{P}_{\mathrm{w}} \\ 1 \end{bmatrix}
$$

$$
\begin{bmatrix} \boldsymbol{P}_{\mathrm{x}} \\ \boldsymbol{P}_{\mathrm{y}} \\ \boldsymbol{P}_{\mathrm{z}} \\ 1 \end{bmatrix} = \begin{bmatrix} & & & 0 \\ & \boldsymbol{R}^{-1} & & 0 \\ & & & 0 \\ 0 & 0 & 0 & 1 \end{bmatrix} \begin{bmatrix} \boldsymbol{P}_{\mathrm{x}} \\ \boldsymbol{P}_{\mathrm{y}} \\ \boldsymbol{P}_{\mathrm{z}} \\ 1 \end{bmatrix} \tag{3-16}
$$

三个基本旋转矩阵：

$$
\boldsymbol{R}(x,\alpha) = \begin{bmatrix} \vec{i}_{\mathrm{x}} \vec{i}_{\mathrm{u}} & \vec{i}_{\mathrm{x}} \vec{j}_{\mathrm{v}} & \vec{i}_{\mathrm{x}} \vec{k}_{\mathrm{w}} \\ \vec{j}_{\mathrm{y}} \vec{i}_{\mathrm{u}} & \vec{j}_{\mathrm{y}} \vec{j}_{\mathrm{v}} & \vec{j}_{\mathrm{y}} \vec{k}_{\mathrm{w}} \\ \vec{k}_{\mathrm{z}} \vec{i}_{\mathrm{u}} & \vec{k}_{\mathrm{z}} \vec{j}_{\mathrm{v}} & \vec{k}_{\mathrm{z}} \vec{k}_{\mathrm{w}} \end{bmatrix} \tag{3-17}
$$

由图 3-7 所示动坐标系 $\sum O'uvw$ 绕 Ox 轴转动 α 角，求 $\boldsymbol{R}(x,\alpha)$ 的旋转矩阵，也就是求出坐标系 $\sum O'uvw$ 中各轴单位矢量 $\vec{i}_{\mathrm{u}}$，$\vec{j}_{\mathrm{v}}$，$\vec{k}_{\mathrm{w}}$ 在固定坐标系 $\sum Oxyz$ 中各轴的投影分量，很容易得到在两个坐标系重合时，有：

$$
\boldsymbol{R} = \begin{bmatrix} 1 & 0 & 0 \\ 0 & 1 & 0 \\ 0 & 0 & 1 \end{bmatrix}
$$

由此可以得到：

$$
\begin{cases} \boldsymbol{R}(x,\alpha) = \begin{bmatrix} 1 & 0 & 0 \\ 0 & \cos\alpha & -\sin\alpha \\ 0 & \sin\alpha & \cos\alpha \end{bmatrix} \\[2em] \boldsymbol{R}(y,\varphi) = \begin{bmatrix} \cos\varphi & 0 & \sin\varphi \\ 0 & 1 & 0 \\ -\sin\varphi & 0 & \cos\varphi \end{bmatrix} \\[2em] \boldsymbol{R}(z,\theta) = \begin{bmatrix} \cos\theta & -\sin\theta & 0 \\ \sin\theta & \cos\theta & 0 \\ 0 & 0 & 1 \end{bmatrix} \end{cases} \tag{3-18}
$$

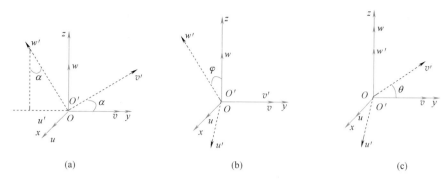

图 3-7　动坐标系旋转变换

（a）绕 Ox 轴旋转；（b）绕 Oy 轴旋转；（c）绕 Oz 轴旋转

3.1.3　机器人主要参数

1. 杆件与关节

（1）杆件

1）操作机由一串用转动或平移（棱柱形）关节连接的刚体（杆件）组成，如图 3-8 所示；

2）每一对关节杆件构成一个关节——自由度，因此 N 个自由度的操作机就有 N 对关节——杆件；

3）0 号杆件（一般不把它当作机器人的一部分）固连在机座上，通常在这里建立一个固定参考坐标系，最后一个杆件与工具相连；

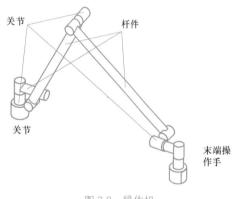

图 3-8　操作机

4）关节和杆件均由底座向外顺序排列，每个杆件最多和另外两个杆件相连，不构成闭环。

（2）关节

1）一般说来，两个杆件间是用低副相连的；

2）只可能有 6 种低副关节：旋转（转动）、棱柱（移动）形、圆柱形、球形、螺旋和平面，其中只有旋转和棱柱形关节是串联机器人操作机常见的。

2. 杆件参数的设定

（1）杆件需要满足的条件

1）关节串联。

2）每个杆件最多与 2 个杆件相连，如 A_i 与 A_{i-1} 和 A_{i+1} 相连。第 i 关节的关

节轴 A_i 位于 2 个杆件相连接处,如图 3-9 所示,$(i-1)$ 关节和 $(i+1)$ 关节也各有一个关节轴 A_{i-1} 和 A_{i+1}。

（2）杆件参数的定义: l_i 和 α_i

由运动学的观点来看,杆件的作用仅在于它能保持其两端关节间的结构形态不变。这种形态由两个参数决定,一个是杆件的长度 l_i,另一个是杆件的扭转角 α_i。

1）l_i: 关节 A_i 轴和 A_{i+1} 轴线公法线的长度。

2）α_i: 如图 3-10 所示,关节 A_i 轴线与 (A_{i+1}) 轴线在垂直于 l_i 平面内的夹角,有方向性,由 A_i 转向 A_{i+1},由右手定则决定正负。

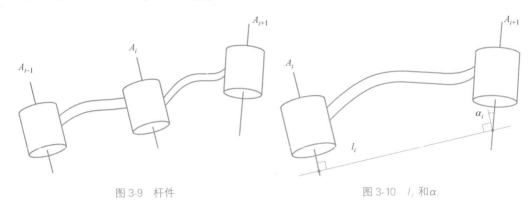

图 3-9　杆件　　　　　　　　　　图 3-10　l_i 和 α_i

（3）杆件参数的定义: d_i 和 θ_i

确定杆件相对位置关系,由另外 2 个参数决定,一个是杆件的偏移量 d_i,另一个是杆件的回转角 θ_i,如图 3-11 所示。

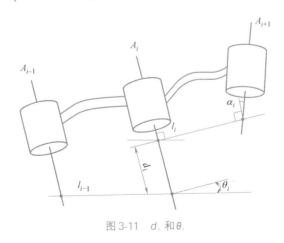

图 3-11　d_i 和 θ_i

1）d_i: l_i 和 l_{i-1} 在 A_i 轴线上的交点之间的距离。

2）θ_i: l_i 和 l_{i-1} 之间的夹角,由 l_{i-1} 转向 l_i,由右手定则决定正负,对于旋转关节它是个变量。

（4）移动关节杆件参数的定义

确定杆件的结构形态的 2 个参数——l_i 与 α_i 与旋转关节是一样的，而确定杆件相对位置关系的 2 个参数则相反，这里 θ_i 为常数，d_i 为变量。

上述 4 个参数，就确定了杆件的结构形态和相邻杆件相对位置关系，在转动关节中，l_i，α_i，d_i 是固定值，θ_i 是变量。在移动关节中，l_i，α_i，θ_i 是固定值，d_i 是变量。

3.1.4 机器人运动正向解

1. 机器人关节坐标系的建立

对于每个杆件，都可以在关节轴处建立一个正规的笛卡尔坐标系 $(X_i，Y_i，Z_i)$，$(i=1，2，\cdots，n)$，n 是自由度数，再加上基座坐标系，共有 $(n+1)$ 个坐标系。

基座坐标系 $\sum O_0$ 定义为 0 号坐标系 $(X_0，Y_0，Z_0)$，它也是机器人的惯性坐标系，0 号坐标系在基座上的位置和方向可任选，但 Z_0 轴线必须与关节 1 的轴线重合，位置和方向可任选。

最后一个坐标系（n 关节），可以设在手的任意部位，但必须保证 X_n 与 Z_{n-1} 垂直。

机器人关节坐标系的建立主要是为了描述机器人各杆件和终端之间的相对运动，对建立运动方程和动力学研究是基础性的工作。

为了描述机器人各杆件和终端之间转动或移动关系，Denavit 和 Hartenberg 于 1955 年提出了一种为运动链中每个杆件建立附体坐标系的矩阵方法（D-H 方法），D-H 方法的关节坐标系如图 3-12 所示，建立原则如下：

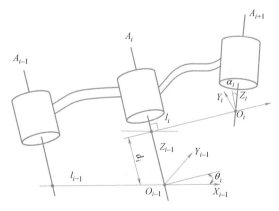

图 3-12　D-H 方法的关节坐标系

① 右手坐标系；

② 原点 O_i：设在 l_i 与 A_{i+1} 轴线的交点上；

③ Z_i 轴：与 A_{i+1} 关节轴重合，指向任意；

④ X_i 轴：与公法线 l_i 重合，指向沿 l_i 由 A_i 轴线指向 A_{i+1} 轴线；

⑤ Y_i 轴：按右手定则确定；

⑥ 杆件长度 l_i：沿 X_i 轴，Z_{i-1} 轴与 X_i 轴交点到 O_i 的距离；

⑦ 杆件扭转角 α_i：绕 X_i 轴，由 Z_{i-1} 轴转向 Z_i 轴；

⑧ 杆件偏移量 d_i：沿 Z_{i-1} 轴，Z_{i-1} 轴和 X_i 轴交点至 $\sum O_{i-1}$ 坐标系原点的距离；

⑨ 杆件回转角 θ_i：绕 Z_{i-1} 轴，由 X_{i-1} 轴转向 X_i 轴。

2. 相邻关节坐标系间的齐次变化过程——机器人运动学正解

根据上述坐标系建立原则，用下列旋转和位移，我们可以建立相邻的 O_{i-1} 和 O_i 坐标系之间的关系：

① 将 X_{i-1} 轴绕 Z_{i-1} 轴转 θ_i 角度，将其与 X_i 轴平行；

② 沿 Z_{i-1} 轴平移距离 d_i，使 X_{i-1} 轴与 X_i 轴重合；

③ 沿 X_i 轴平移距离 l_i，使两坐标系原点及 X 轴重合；

④ 绕 X_i 轴转 α_i 角度，两坐标系完全重合。

（1）D-H 变换矩阵

$$i-1_{A_i} = \boldsymbol{R}(Z_{i-1}, \theta_i)\boldsymbol{Trans}(Z_{i-1}, d_i)\boldsymbol{Trans}(X_i, l_i)\boldsymbol{R}(X_i, \alpha_i) \tag{3-19}$$

（2）机器人的运动学正解方程

机械手的坐标变换如图 3-13 所示，机械手的末端（即连杆坐标系 i）相对于基座坐标系 0 的描述用 $^0\boldsymbol{T}_i$ 表示，见式（3-20）：

$$^0\boldsymbol{T}_i = {}^0\boldsymbol{A}_1{}^1\boldsymbol{A}_2\ldots{}^{i-1}\boldsymbol{A}_i \tag{3-20}$$

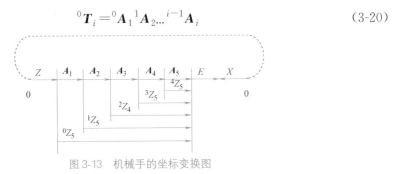

图 3-13　机械手的坐标变换图

3.1.5　机器人运动逆向解

1. 解的存在性

① 目标点应位于工作空间内；

② 可能存在多解，应选择最合适的解。

2. 运动学逆问题的可解性

对于给定的机器人，能否求得它的运动学逆解的解析式（也叫封闭解），即对于是否具有可解性，有以下重要结论：

① 所有具有转动和移动关节的系统，在一个单一串联中总共有 6 个（或小于 6 个）自由度时，是可解的，其通解一般是数值解，它不是解析表达式，而是利用数值迭代原理求解，它的计算量要比解析解大。

② 但在某些特殊情况下，如若干个关节轴线相交或多个关节轴线等于 $0°$ 或 $90°$ 的情况下，具有 6 个自由度的机器人可得到解析解。

③ 为使机器人有解析解，一般设计时，应使工业机器人足够简单，尽量满足这些特殊条件。

3. 运动学逆问题的多余解

机器人运动问题为解三角方程，解反三角函数方程时会产生多解，显然对于真实的机器人，只有一组解与实际情况最相对应，因此必须作出判断，以选择合适的解。

通常采用如下方法剔除多余解：

① 根据关节运动空间选取合适的解。例如求得机器人某关节角的两个解为 $\theta_{i1}=40°$，$\theta_{i2}=40°+180°=220°$，若该关节运动空间为 $\pm100°$，则应选 $\theta_{i1}=40°$。

② 选择一个与前一采样时间最接近的解，例如：$\theta_{i1}=40°$，$\theta_{i2}=40°+180°=220°$，若该关节运动空间为 $\pm250°$，且前一采样时间的解为 $\theta_{i-1}=160°$，则应选 $\theta_{i2}=220°$。

③ 根据避障要求，选择合适的解。

④ 逐级剔除多余解。对于具有 n 个关节的机器人，其全部解将构成树形结构。为简化起见，应逐级剔除多余解，这样可以避免在树形解中选择合适的解。

4. 运动学逆问题解法

（1）反变换法

Paul 等人于 1981 年提出（也叫求逆的方法，是解析解）：

① 用未知的逆变换逐次左乘，由乘得的矩阵方程的元素决定未知数，即用逆变换把一个未知数由矩阵方程的右边移到左边。

② 考察方程式左、右两端对应元素相等，以产生一个有效方程式，理论上可得到 12 个方程。

③ 求这个三角函数方程式，以求解未知数。

④ 把下一个未知数移到左边。

⑤ 重复上述过程，直到解出所有解。

缺点：无法以数种可能的解中直接得出合适的解，需要人为选择。

其求解流程见式（3-21）：

$$^0\boldsymbol{T}_6 =\;^0\boldsymbol{A}_1\,^1\boldsymbol{A}_2\,^2\boldsymbol{A}_3\,^3\boldsymbol{A}_4\,^4\boldsymbol{A}_5\,^5\boldsymbol{A}_6 \qquad ^0\boldsymbol{T}_6 = \begin{bmatrix} nx & sx & ax & px \\ ny & sy & ay & py \\ nz & sz & az & pz \\ 0 & 0 & 0 & 1 \end{bmatrix}$$

$$(^0\boldsymbol{A}_1)^{-1}\,^0\boldsymbol{T}_6 =\;^1\boldsymbol{A}_2\,^2\boldsymbol{A}_3\,^3\boldsymbol{A}_4\,^4\boldsymbol{A}_5\,^5\boldsymbol{A}_6 =\;^1\boldsymbol{T} \to q_1$$

$$(^1\boldsymbol{A}_2)^{-1}(^0\boldsymbol{A}_1)^{-1}\,^0\boldsymbol{T}_6 =\;^2\boldsymbol{A}_3\,^3\boldsymbol{A}_4\,^4\boldsymbol{A}_5\,^5\boldsymbol{A}_6 =\;^2\boldsymbol{T}_6 \to q_2$$

$$\cdots\cdots$$
$$\cdots\cdots \tag{3-21}$$

$$(^4\boldsymbol{A}_5)^{-1}(^3\boldsymbol{A}_4)^{-1}(^2\boldsymbol{A}_3)^{-1}(^1\boldsymbol{A}_2)^{-1}\,^0\boldsymbol{T}_6 =\;^5\boldsymbol{T}_6 \to q_5$$

$$(^5\boldsymbol{A}_6)^{-1}\cdots(^0\boldsymbol{A}_1)^{-1}\,^0\boldsymbol{T}_6 = \boldsymbol{E} \to q_6$$

此时不能用反余弦（arccos）来求解关节角，因为这样求解不仅关节角的符号不确定 $[\cos\theta = \cos(-\theta)]$，而且角的精度也难以保证 $[\mathrm{d}(\cos\theta)/\mathrm{d}\theta|_\theta = 0°\pm180°$，即角度变化引起的值变化不大]。

因此，通常用四象限的反正切函数来确定 θ 值，如图 3-14 所示，其象限定义见式（3-22）：

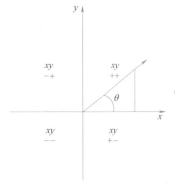

图 3-14 象限定义

$$\theta = \tan^{-1}2(x,y) = \begin{cases} 0° < \theta \leqslant 90° & x,y\ \text{均为正} \\ 90° < \theta \leqslant 180° & x\ \text{为负}, y\ \text{为正} \\ -180° \leqslant \theta \leqslant -90° & x,y\ \text{均为负} \\ -90° < \theta \leqslant 0° & x\ \text{为正}, y\ \text{为负} \end{cases} \tag{3-22}$$

（2）几何解法（适用于少自由度）

原则：将原始空间几何问题转化为若干个平面几何问题。

应用"余弦定理"：则由 $\cos\theta_2 = \dfrac{x^2 + y^2 - l_1^2 - l_2^2}{2l_1 l_2}$ 再次利用余弦定理得到式（3-23）：

$$\cos\varphi = (x^2 + y^2 + l_1^2 - l_2^2)/\sqrt{x^2 + y^2} \tag{3-23}$$

在 $0 \leqslant \varphi \leqslant 180°$ 范围内求解，最后利用 $\theta_1 = \beta + \varphi$ 转换为多项式。

3.2 机器人动力学

3.2.1 动力学引言

前面我们所研究的机器人运动学都是在稳态下进行的，没有考虑机器人运动的动态过程。实际上，机器人的动态性能不仅与运动学相对位置有关，还与机器人的结构形式、质量分布、执行机构的位置、传动装置等因素有关。机器人动态性能由动力学方程描述，动力学是考虑上述因素，研究机器人运动与关节力（力矩）间的动态关系。描述这种动态关系的微分方程称为机器人动力学方程。机器人动力学要解决两类问题：动力学正问题和逆问题。

① 动力学正问题——根据关节驱动力矩或力，计算机器人的运动（关节位移、速度和加速度）；

② 动力学逆问题——已知轨迹对应的关节位移、速度和加速度，求出所需要的关节力矩或力。

不考虑机电控制装置的惯性、摩擦、间隙、饱和等因素时，n 自由度机器人动力方程为 n 个二阶耦合非线性微分方程。方程中包括惯性力/力矩、哥氏力/力矩、离心力/力矩及重力/力矩，是一个耦合的非线性多输入多输出系统。对机器人动力学的研究，所采用的方法很多，有拉格朗日（Lagrange）方法、牛顿-欧拉（Newton-Euler）方法、高斯（Gauss）方法、凯恩（Kane）方法、旋量对偶数方法、罗伯逊-魏登堡（Roberson-Wittenburg）方法等。

3.2.2 动力学方程

1. 动力学基本定理

1）定义

绝对运动：相对于定坐标系的运动；

相对运动：相对于动坐标系的运动；

牵连运动：动坐标相对于定坐标运动。

2）方程

绝对运动方程：在定坐标系中的运动方程；

相对运动方程：在动坐标系中的运动方程；

牵连运动方程：动坐标系在定坐标系中的运动方程。

$$r(t) = r'(t) + r_{o'}(t) \tag{3-24}$$

3）速度

绝对运动速度：在定坐标系中的运动速度；

相对运动速度：在动坐标系中的运动速度；

牵连运动速度：动坐标系在定坐标系中的运动速度。

$$v = v_r + v_e \tag{3-25}$$

4）加速度

绝对运动加速度：在定坐标系中的运动加速度；

相对运动加速度：在动坐标系中的运动加速度；

牵连运动加速度：动坐标系在定坐标系中的运动加速度。

当牵连运动为平动时：

$$a = a_e + a_r \tag{3-26}$$

当牵连运动为定轴转动时：

$$a = a_e + a_r + a_k = a_e + a_r + 2w \times v_r \tag{3-27}$$

2. 拉格朗日方程法

（1）拉格朗日方程

$$\frac{d}{dt}\frac{\partial T}{\partial q_j} - \frac{\partial T}{\partial q_j} = Q_j \tag{3-28}$$

式中　T——系统动能；

　　q_j——广义坐标；

　　Q_j——对应于广义坐标的广义力。

当主动力是势力时，方程变为：

$$\frac{d}{dt}\left(\frac{\partial L}{\partial q_j}\right) - \frac{\partial L}{\partial q_j} = 0 \tag{3-29}$$

当主动力中有非势力时：

$$\frac{d}{dt}\left(\frac{\partial L}{\partial q_j}\right) - \frac{\partial L}{\partial q_j} = Q_j \tag{3-30}$$

当含有黏性阻尼时，方程变为：

$$\frac{d}{dt}\left(\frac{\partial L}{\partial q_j}\right) - \frac{\partial L}{\partial q_j} + \frac{\partial \Phi}{\partial q_j} = Q_j \tag{3-31}$$

式中　Φ——黏性阻力。

动能：

$$T = \frac{1}{2}(m_1 x_1^2 + m_2 x_2^2) \tag{3-32}$$

势能：

$$V = \frac{1}{2}[c_1 x_1^2 + c_2 (x_2 - x_1)^2] \tag{3-33}$$

耗散函数：

$$F = \frac{1}{2}[b_1 x_1^2 + b_2 (x_2 - x_1)^2] \tag{3-34}$$

拉格朗日方程：

$$L = T - V = \frac{1}{2}(m_1 x_1^2 + m_2 x_2^2) - \frac{1}{2}[(c_1 + c_2)x_1^2 - 2c_2 x_1 x_2 + c_2 x_2^2] \tag{3-35}$$

对每个广义坐标写出拉格朗日方程：

$$\frac{\mathrm{d}}{\mathrm{d}t}\left(\frac{\partial L}{\partial x_1}\right)-\frac{\partial L}{\partial x_1}+\frac{\partial \Phi}{\partial x_1}=0$$

$$\frac{\mathrm{d}}{\mathrm{d}t}\left(\frac{\partial L}{\partial x_2}\right)-\frac{\partial L}{\partial x_2}+\frac{\partial \Phi}{\partial x_2}=0 \qquad (3\text{-}36)$$

将上述结果带入，得：

$$[m_1 x_1+(b_1+b_2)x_1]-b_2 x_2+(c_1+c_2)x_1-c_2 x_2=0$$

$$(m_2 x_2-\beta_2 x_1)+\beta_2 x_2-c_2 x_1+c_2 x_2=0 \qquad (3\text{-}37)$$

后面用 K、P、D、W 等表示动能、势能、耗散函数、外力做的功。

（2）动能和势能

考虑重力时，如图 3-15 所示：

$$K=\frac{1}{2}M_1 x_1^2+\frac{1}{2}M_0 x_0^2 \qquad (3\text{-}38a)$$

$$P=\frac{1}{2}k_1(x_1-x_0)^2-M_1 g x_1-M_0 g x_0$$

$$(3\text{-}38b)$$

$$D=\frac{1}{2}c(x_1-x_0)^2 \qquad (3\text{-}38c)$$

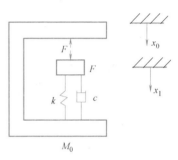

图 3-15　一般物体的动能与势能

$$W=Fx_1-Fx_0 \qquad (3\text{-}38d)$$

其中，x_0 表示 M_0 的位移，当 $x_0=0$ 时，取 x_1 为广义坐标，有：

$$\frac{\mathrm{d}}{\mathrm{d}t}\left(\frac{\partial K}{\partial x_1}\right)-\frac{\partial K}{\partial x_1}+\frac{\partial D}{\partial x_1}+\frac{\partial P}{\partial x_1}=F$$

$$M_1 x_1+c x_1+k x_1=F+M_1 g \qquad (3\text{-}39)$$

当 $x_0\neq0$ 时，x_0，x_1 为广义坐标，有：

$$M_1 x_1+c(x_1-x_0)+k(x_1-x_0)-M_1 g=F \qquad (3\text{-}40a)$$

$$M_0 x_0-c(x_1-x_0)-k(x_1-x_0)-M_0 g=-F \qquad (3\text{-}40b)$$

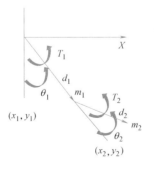

图 3-16　二连杆机械手

由上述可知，求取动力学方程的关键是求出各能量函数 K、P、D、W 的广义坐标表达式。

两杆机器人如图 3-16 所示。

对连杆 1：

$$K_1=\frac{1}{2}m_1 v_1^2=\frac{1}{2}m d_1^2 \theta_1 \qquad (3\text{-}41a)$$

$$P_1=m_1 gh=-m_1 g d_1\cos\theta_1 \qquad (3\text{-}41b)$$

对连杆 2：

$$K_2 = \frac{1}{2}m_2v_2^2, P_2 = m_2gy_2$$

$$v_2^2 = x_2^2 + y_2^2$$

$$x_1 = d_1\sin\theta_1 + d_2\sin(\theta_1+\theta_2) \tag{3-42a}$$

$$y_1 = -d_1\cos\theta_1 - d_2\cos(\theta_1+\theta_2) \tag{3-42b}$$

$$x_2 = d_1\cos q_1\theta_1 + d_2\cos(\theta_1+\theta_2)(\theta_1+\theta_2) \tag{3-42c}$$

$$y_2 = d_1\sin q_1\theta_1 + d_2\sin(\theta_1+\theta_2)(\theta_1+\theta_2) \tag{3-42d}$$

二杆动能和势能分别为:

$$K_2 = \frac{1}{2}m_2v_2^2 = \frac{1}{2}m_2[d_1^2\theta_1^2 + d_2^2(\theta_1^2 + 2\theta_1\theta_2 + \theta_2^2) + 2d_1d_2\cos\theta_2(\theta_1^2+\theta_1\theta_2)]$$

$$\tag{3-43a}$$

$$P_2 = -m_2gd_1\cos\theta_1 - m_2gd_2\cos(\theta_1+\theta_2) \tag{3-43b}$$

(3) 动力学方程的求法

系统的总动能和势能及拉格朗日方程分别为:

$$K = K_1 + K_2 \tag{3-44a}$$

$$P = P_1 + P_2 \tag{3-44b}$$

$$L = K - P \tag{3-44c}$$

分别求得: $\dfrac{\partial L}{\partial\theta_1}, \dfrac{\partial L}{\partial\theta_2}, \dfrac{\mathrm{d}}{\mathrm{d}t}\dfrac{\partial L}{\partial\theta_1}, \dfrac{\mathrm{d}}{\mathrm{d}t}\dfrac{\partial L}{\partial\theta_2}$, 带入拉格朗日方程, 写成矩阵有:

$$\begin{bmatrix} T_1 \\ T_2 \end{bmatrix} = \underbrace{\begin{bmatrix} D_{11} & D_{12} \\ D_{21} & D_{22} \end{bmatrix}\begin{bmatrix} \theta_1 \\ \theta_2 \end{bmatrix}}_{\text{惯性力}} + \underbrace{\begin{bmatrix} D_{111} & D_{122} \\ D_{211} & D_{222} \end{bmatrix}\begin{bmatrix} \theta_1^2 \\ \theta_2^2 \end{bmatrix}}_{\text{向心力}} + \underbrace{\begin{bmatrix} D_{112} & D_{121} \\ D_{212} & D_{221} \end{bmatrix}\begin{bmatrix} \theta_1\theta_2 \\ \theta_2\theta_1 \end{bmatrix}}_{\text{哥式力}} + \underbrace{\begin{bmatrix} D_1 \\ D_2 \end{bmatrix}}_{\text{重力}}$$

$$\tag{3-45}$$

当考虑关节摩擦阻尼时: $D = \dfrac{1}{2}c_1\theta_1^2 + \dfrac{1}{2}c_2\theta_2^2$

$$T_1 = \frac{\mathrm{d}}{\mathrm{d}t}\frac{\partial L}{\partial\theta_1} - \frac{\partial L}{\partial\theta_1} + \frac{\partial D}{\partial\theta_1}$$

$$= [(m_1+m_2)d_1^2 + m_2d_2^2 + 2m_2d_1d_2\cos\theta_2]\theta_1 + (m_2d_2^2 + m_2d_1d_2\cos\theta_2)]\theta_2 - 2m_2d_1d_2\sin\theta_2\theta_1\theta_2 - m_2d_1d_2\sin\theta_2\theta_2^2 + (m_1+m_2)gd_1\sin\theta_1 + m_2gd_2\sin(\theta_1+\theta_2) + c_1\theta_1$$

$$\tag{3-46a}$$

$$T_2 = \frac{\mathrm{d}}{\mathrm{d}t}\frac{\partial L}{\partial\theta_2} - \frac{\partial L}{\partial\theta_2} + \frac{\partial D}{\partial\theta_1}$$

$$\tag{3-46b}$$

$$= (m_2d_2^2 + m_2d_1d_2\cos\theta_2)\theta_2 + m_2d_2^2\theta_2 + m_2d_1d_2\sin\theta_2\theta_1^2 + m_2gd_2\sin(\theta_1+\theta_2) + c_2\theta_2$$

3. 牛顿-欧拉方程法

牛顿-欧拉方程法原理：将机器人的每个杆件看成刚体，并确定每个杆件质心的位置和表征其质量分布的惯性张量矩阵。当确定机器人坐标系后，根据机器人关节速度和加速度，则可先由机器人基座开始向手部杆件正向递推出每个杆件在自身坐标系中的速度和加速度，再用牛顿-欧拉方程得到机器人每个杆件上的惯性力和惯性力矩，然后再由机器人末端关节开始向第一个关节反向递推出机器人每个关节上承受的力和力矩，最终得到机器人关节的驱动力（矩），这样就确定了机器人关节的驱动力（矩）与关节位移，速度和加速度之间的函数关系，即建立了机器人的动力学方程。

刚体运动＝质心平动＋绕质心转动，其中质心平动用牛顿方程描述，绕质心转动用欧拉方程定义。

① 正向迭代：机器人基座至末端，计算机器人杆件速度、加速度以及产生的力。
② 反向迭代：机器人末端至基座，计算关节驱动力。

在关节 j 坐标系中，

$$\boldsymbol{F}_j = \boldsymbol{M}_j \dot{\boldsymbol{V}}_{Gj} = \boldsymbol{M}_j \dot{\boldsymbol{V}}_j + \dot{\omega}_j \times \boldsymbol{MS}_j + \omega_j \times (\omega_j \times \boldsymbol{MS}_j) \tag{3-47a}$$

$$\boldsymbol{M}_j = \boldsymbol{J}_j \dot{\omega}_j + \omega_j \times (\boldsymbol{J}_j \omega_j) + \boldsymbol{MS}_j \times \dot{\boldsymbol{V}}_j \tag{3-47b}$$

令 $\boldsymbol{F}_j = \begin{bmatrix} \boldsymbol{F}_j \\ \boldsymbol{M}_j \end{bmatrix}$, $\dot{\boldsymbol{V}}_j = \begin{bmatrix} \dot{\boldsymbol{V}}_j \\ \dot{\omega}_j \end{bmatrix}$, $\boldsymbol{V}_j = \begin{bmatrix} \boldsymbol{V}_j \\ \omega_j \end{bmatrix}$, $\boldsymbol{J}_j = \begin{bmatrix} \boldsymbol{M}_j I & -\boldsymbol{MS}_j \\ \boldsymbol{MS}_j & \boldsymbol{J}_j \end{bmatrix}$

$$\boldsymbol{F}_j = \begin{bmatrix} \boldsymbol{M}_j I & -\boldsymbol{MS}_j \\ \boldsymbol{MS}_j & \boldsymbol{J}_j \end{bmatrix} \begin{bmatrix} \dot{\boldsymbol{V}}_j \\ \dot{\omega}_j \end{bmatrix} + \begin{bmatrix} \omega_j \times (\omega_j \times \boldsymbol{MS}_j) \\ \omega_j \times (\boldsymbol{J}_j \omega_j) \end{bmatrix} = \boldsymbol{J}_j \dot{\boldsymbol{V}}_j + \begin{bmatrix} \omega_j \times (\omega_j \times \boldsymbol{MS}_j) \\ \omega_j \times (\boldsymbol{J}_j \omega_j) \end{bmatrix}$$

$$= \begin{bmatrix} \boldsymbol{M}_j \dot{\boldsymbol{V}}_j + \dot{\omega}_j \times \boldsymbol{MS}_j + \omega_j \times (\omega_j \times \boldsymbol{MS}_j) \\ \boldsymbol{MS}_j \times \dot{\boldsymbol{V}}_j + \boldsymbol{J}_j \dot{\omega}_j + \omega_j \times (J_j \omega_j) \end{bmatrix} \tag{3-48}$$

正向迭代计算：

$$\omega_j = \omega_{j-1} + \bar{\sigma}_j \dot{q}_j \alpha_j \tag{3-49a}$$

$$\dot{\omega}_j = \dot{\omega}_{j-1} + \bar{\sigma}_j (\ddot{q}_j \alpha_j + \omega_{j-1} \times \dot{q}_j \alpha_j) \tag{3-49b}$$

注意：$\bar{\sigma}_j \dot{q}_j \alpha_j = {j-1}\omega_j^0$ [j 坐标系相对于 $(j-1)$ 坐标系在世界坐标系下的角速度]，${j-1}\omega_j^0$ 按下式计算：

$$j-1_{\omega_j^0} = \mathrm{diff}(0_{R_{j-1}}\omega_j^{j-1}) = 0_{\dot{R}_{j-1}^{j-1}}\omega_j^{j-1} + 0_{R_{j-1}^{j-1}}\omega_j^{j-1} \tag{3-50}$$

$$= 0_{\omega_{j-1}} \times {j-1}\omega_j^0 + 0_{\ddot{q}\alpha_j}$$

$$\boldsymbol{V}_j = \boldsymbol{V}_{j-1} + \boldsymbol{\omega}_{j-1} \times \boldsymbol{L}_j + \sigma_j \dot{q}_j \boldsymbol{\alpha}_j \tag{3-51a}$$

$$\dot{\boldsymbol{V}}_j = \dot{\boldsymbol{V}}_{j-1} + \dot{\boldsymbol{\omega}}_{j-1} \times \boldsymbol{L}_j + \boldsymbol{\omega}_{j-1} \times (\boldsymbol{\omega}_{j-1} \times \boldsymbol{L}_j) + \sigma_j (\ddot{q}_j \boldsymbol{\alpha}_j + 2\boldsymbol{\omega}_{j-1} \times \dot{q}_j \boldsymbol{\alpha}_j)$$

$$\tag{3-51b}$$

对于齐次变换矩阵 $j-1_{\boldsymbol{T}_j}$：

$$\frac{\mathrm{d}}{\mathrm{d}q_j} j{-}1_{\boldsymbol{T}_j}(q_j) = \boldsymbol{Q}_j^{j-1}\boldsymbol{T}_j$$

其中

$$\boldsymbol{Q} = s_j \begin{bmatrix} 0 & 0 & 0 & 0 \\ 0 & 0 & 0 & 0 \\ 0 & 0 & 0 & 1 \\ 0 & 0 & 0 & 0 \end{bmatrix} + \bar{s}_j \begin{bmatrix} 0 & -1 & 0 & 0 \\ 1 & 0 & 0 & 0 \\ 0 & 0 & 0 & 0 \\ 0 & 0 & 0 & 0 \end{bmatrix} = \begin{bmatrix} \boldsymbol{S}(\bar{s}_j z) & s_j \boldsymbol{Z} \\ 0 & 0 \end{bmatrix} \begin{bmatrix} j{-}1_{\boldsymbol{A}_j} & j{-}1_{\boldsymbol{P}_j^{j-1}} \\ 0 & 1 \end{bmatrix} \dot{q}_j$$

$$\dot{\boldsymbol{\omega}}_0 = \boldsymbol{\omega}_0 = \dot{\boldsymbol{V}}_0 = 0 \tag{3-52}$$

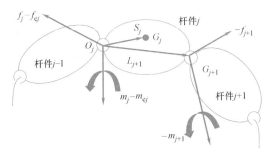

图 3-17 反向迭代原理

如图 3-17 所示，反向迭代计算：对于杆件 j，若关节 O_j 对于 j 的力为 f_j，m_j，则关节 G_{j+1} 对 j 的力为 $-f_{j+1}$，$-m_{j+1}$（反作用力），$-f_{\mathrm{ej}}$，$-m_{\mathrm{ej}}$ 表示环境对于 j 的力：

$$\boldsymbol{F}_j = \boldsymbol{f}_j - \boldsymbol{f}_{j+1} + \boldsymbol{M}_j g - \boldsymbol{f}_{\mathrm{ej}} \tag{3-53a}$$

$$\boldsymbol{M}_j = \boldsymbol{m}_j - \boldsymbol{m}_{j+1} - \boldsymbol{L}_{j+1} \times \boldsymbol{f}_{j+1} + \boldsymbol{S}_j \times \boldsymbol{M}_j g - \boldsymbol{m}_{\mathrm{ej}} \tag{3-53b}$$

上述公式考虑连杆动力学，设 $V_0 = -g$，则：

$$\boldsymbol{f}_j = \boldsymbol{F}_j + \boldsymbol{f}_{j+1} + \boldsymbol{f}_{\mathrm{ej}}$$

$$\boldsymbol{m}_j = \boldsymbol{M}_j + \boldsymbol{m}_{j+1} + \boldsymbol{L}_{j+1} \times \boldsymbol{f}_{j+1} + \boldsymbol{m}_{\mathrm{ej}}$$

$$\boldsymbol{f}_{n+1} = \boldsymbol{m}_{n+1} = 0$$

$$\tau_j = (\sigma_j \boldsymbol{f}_j + \bar{\sigma}_j \boldsymbol{m}_j)^{\mathrm{T}} \sigma_j + \boldsymbol{F}_{\mathrm{c}j} \mathrm{sing}(\dot{q}_j) + \boldsymbol{F}_{\mathrm{v}j} \dot{q}_j + I\alpha_j \ddot{q}_j \tag{3-54}$$

3.3 几何法逆运动学分析案例

在双目系统获取得到了目标物体在机械臂坐标系下的位置与姿态后，可使用上位机导引机械臂做出相应的动作，即通过机械臂逆运动学求解机械臂各关节相应的旋转角度。案例采用的机械臂型号为 DOBOT 魔术师 4 自由度机械臂，它是一款轻量型、高精度、多功能的实训机械臂，在搭载不同的机械臂配件工具后，可以实现写字、激光雕刻、视觉分拣等多种实训功能需求。

1. 机械臂自由度分析

对机械臂的运动学模型进行分析。机械臂是由一系列的连杆通过关节连接组成的开式运动链，一般是使用连杆四参数模型对机械臂进行分析。由图 3-18 可以看出，DOBOT 魔术师机械臂中共有底盘、回转体、大臂、小臂以及夹具 5 个连杆，它们两两之间通过一个旋转运动关节相连，共有 4 个旋转关节。可以看出除了连接回转体和底盘的关节外，其他的 3 个关节都是相互平行的。因此该机械臂在执行抓取操作时夹具只能垂直关节 2 的旋转轴。

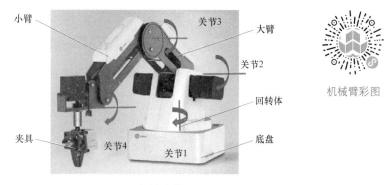

图 3-18　机械臂外形图

机械臂彩图

2. 关节旋转角度解

为简化计算，令底盘和回转体固定不动，以关节 2 的旋转轴作为机械臂坐标系的 Y_R 轴建立机械臂坐标系，使用几何法对机械臂执行逆运动学分析。如图 3-19 所示，令大臂、小臂以及夹具的长度分别为 L_1、L_2 和 L_3，4 个关节的旋转角度分别为 θ_1、θ_2、θ_3 和 θ_4。从双目视觉获得的目标重心（x_t，y_t，z_t）出发，逆向求解 4 个关节的旋转角度。

由于只有关节 1 的转轴不与其他关节转轴平行，可以直接得到关节 1 的旋转角度，如式（3-55）所示：

$$\theta_1 = \arctan\left(\frac{y_t}{x_t}\right) \qquad (3\text{-}55)$$

然后根据机械臂各个关节的长度分别在 Z_R 轴以及 $X_R O_R Y_R$ 面上的投影，可以获取式（3-56）：

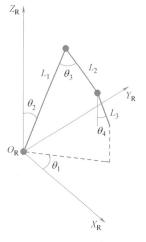

图 3-19　基于几何法的 DOBOT 魔术师机械臂逆运动学求解

$$\begin{cases} L_1\sin\theta_2 + L_2\sin(\theta_3-\theta_2) + L_3\sin\theta_4 = \sqrt{x_t^2+y_t^2} \\ L_1\cos\theta_2 - L_2\cos(\theta_3-\theta_2) - L_3\cos\theta_4 = z_t \end{cases} \tag{3-56}$$

在 DOBOT 魔术师机器人中，关节 4 转角 θ_4 为关节 3 转角 θ_3 的余数与关节 2 转角 θ_2 之和的相反数，如式（3-57）所示：

$$\theta_4 = -(90°-\theta_2+\theta_3) = \theta_2-\theta_3-90° \tag{3-57}$$

当 θ_4 为正时，将式（3-57）带入式（3-56）可得关于 θ_2 和 θ_3 的表达式，如式（3-58）所示：

$$\begin{cases} L_1\sin\theta_2 - L_2\sin(\theta_3-\theta_2) + L_3\cos(\theta_2-\theta_3) = \sqrt{x_t^2+y_t^2} \\ L_1\cos\theta_2 - L_2\cos(\theta_2-\theta_3) - L_3\sin(\theta_2-\theta_3) = z_t \end{cases} \tag{3-58}$$

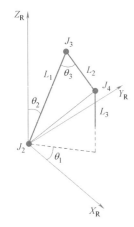

图 3-20 $\theta_4=0°$，DOBOT 魔术师机械臂逆运动学求解

当 θ_4 为负时，将式（3-57）带入式（3-56）可得关于 θ_2 和 θ_3 的表达式，如式（3-59）所示：

$$\begin{cases} L_1\sin\theta_2 - L_2\sin(\theta_3-\theta_2) - L_3\cos(\theta_2-\theta_3) = \sqrt{x_t^2+y_t^2} \\ L_1\cos\theta_2 - L_2\cos(\theta_2-\theta_3) - L_3\sin(\theta_2-\theta_3) = z_t \end{cases} \tag{3-59}$$

可以看出上面两个方程组无法直接求出三个关节角度 θ_2、θ_3 和 θ_4。一般在机械臂夹取目标物体的状态下，夹具 L_3 的偏转角度是已知的，案例中令夹具 L_3 为直上直下，即 $\theta_4=0°$ 时的情况，如图 3-20 所示，当 $\theta_4=0°$ 时：

可以在三角形 $J_2J_3J_4$ 内通过余弦定理求解关节 2 和关节 3 的转角值 θ_2、θ_3。如式（3-60）所示：

$$\begin{cases} \theta_2 = 90° - \arctan\dfrac{z_t+L_3}{\sqrt{(x_t^2+y_t^2)}} - \arctan\dfrac{L_2\sin\theta_3}{L_1-L_2\cos\theta_3} \\ \theta_3 = \arccos\dfrac{L_1^2+L_2^2-(x_t^2+y_t^2)-(z_t+L_3)^2}{2L_1L_2} \end{cases} \tag{3-60}$$

习题

3-1 机器人运动学中正问题和逆问题的关系是什么？

3-2 在机器人坐标系中如何描述空间点 P 的位置和姿态？

3-3 什么是齐次坐标，其主要作用是什么？

3-4 简要说明坐标空间变换的原理。

3-5 机器人运动问题为解三角方程，解反三角函数方程时会产生多解，该如何选择最合适的结果？

3-6 简述机器人动力学中的正向解和逆向解方法。

参 考 文 献

[1] 徐鉴. 机器人动力学与控制主题论文序 [J]. 力学学报，2016，48（04）：754-755.

[2] 陆磐. 四自由度串联机械臂运动规划与控制 [D]. 苏州：苏州大学，2018.

[3] 陈伟华. 工业机器人笛卡尔空间轨迹规划的研究 [D]. 广州：华南理工大学，2010.

[4] 蔡怡凡. 焊接机器人路径协调规划的研究与设计 [D]. 南京：东南大学，2009.

[5] 李宏庆. 基于视觉的六自由度机械臂控制技术研究 [D]. 南京：南京理工大学，2009.

[6] 宋伟刚. 机器人学——运动学、动力学与控制 [M]. 北京：科学出版社，2007.

[7] 付京逊，等. 机器人学 [M]. 北京：科学出版社，1989.

[8] 蔡自兴，谢斌. 机器人学 [M]. 北京：清华大学出版社，2014.

[9] 胡孔林. 六自由度关节式教学机器人上位机控制软件的研究 [D]. 哈尔滨：哈尔滨工业大学，2005.

[10] 胡斌. 四足机器人结构化地貌典型步态研究 [D]. 哈尔滨：哈尔滨工业大学，2011.

[11] 张永贵，刘晨荣，刘鹏. 工业机器人运动学逆向建模 [J]. 机械设计与制造，2014，（11）：123-125，130.

[12] 费燕琼，冯光涛，赵锡芳，等. 可重组机器人运动学正逆解的自动生成 [J]. 上海交通大学学报，2000，34（10）：1430-1433.

[13] 霍伟. 机器人动力学与控制 [M]. 北京：高等教育出版社，2005.

[14] 胡佳. 工业机器人路径规划和轨迹规划的多目标优化 [D]. 南京：东南大学，2009.

[15] 赵群. 并联机器人动力学、奇异和精度的研究 [D]. 沈阳：东北大学，2006.

[16] 李乔. 基于视觉点云数据的目标导引技术研究 [D]. 上海：同济大学，2020.

第 4 章

机器人组成结构

● **本章学习目标** ●

1. 熟练掌握并联机器人和串联机器人的组成结构及其特点。

2. 熟练掌握机器人自由度、工作空间、速度特性等概念。

3. 了解机器人手部和腕部结构设计形式及特点。

机器人系统的主体结构由机器人的运动机构部分、传感器组、控制部分及信息处理部分组成。现代智能机器人在结构上具有一定的仿生性，可以模仿人的手臂及躯体结构，以实现灵活的动作。机器人运动机构部分包括机械手和移动机构，机械手相当于人手一样，可完成各种工作；移动机构相当于人的脚，机器人靠其来进行移动和行走。感知机器人自身或外部环境变化信息的传感器是它的感觉器官，如相机和激光雷达等，相当于人的视觉、听觉等感官系统。计算机是机器人的指挥中心，相当于人脑或中枢神经，主要用来控制机器人各部位协调动作。信息处理装置用于人机交互，可根据外界的环境变化，灵活调整机器人在工作时的位姿。

本章将详细介绍机器人主体结构，从机器人的总体设计方法出发，针对不同需求和工况分析机器人的不同运动形式，选择合理的工作装置，根据不同工况机器人的工作特性进一步分析确定机器人的总体技术参数。

4.1 机器人总体方案

机器人应具有整体性、相关性、目的性以及环境适应性。其总体方案设计包括机械设计、传感技术、计算机应用和自动控制技术等，是跨学科的综合设计，应作为一个系统进行工作，从总体出发研究系统内各组成部分之间和外部环境与系统之间的相互关系。机器人总体设计的主要内容有：确定基本参数；选择运动方式；选择手臂配置形式、位置检测、驱动和控制方式等，并进行相关的结构设计，对各部件的强度、刚度、动态特征等进行必要的校核验算。

4.1.1 机器人系统分析

1. 目的和任务

随着机器人数量的快速增长和自动化产业的发展，机器人被广泛应用于生产施工的各个场合。在建造机器人总体方案设计时，首先明确所设计机器人的目的和任务。针对不同的工业生产要求，对机器人提出不同的需求。如弧焊机器人，在其机器臂的末轴法兰装接焊钳或焊枪进行焊接。同样地，根据不同作业工况，还有喷漆机器人、装配机器人等。

图 4-1（a）为安川 MA-1400 弧焊机器人，主要用于汽车车身焊接；图 4-1（b）为乐仆 SMA120 码垛机，主要用于搬运工作。根据不同的工业生产任务，初步分析确定机器人的工作目标和主要任务，为后续的功能实现明确方向。

2. 功能实现

根据上述工作目标与工作环境分析建造机器人系统的工作要求，确定机器人的

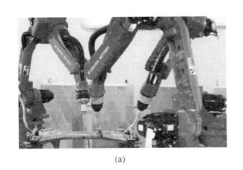 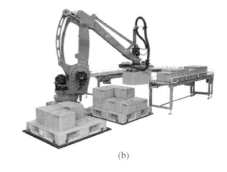

(a) (b)

图 4-1 工业机器人

(a) 弧焊机器人；(b) 搬运机器人

资料来源：(a) 图来源于 YASKAWA 官网；(b) 图来源于 LOCHAMP 官网。

基本功能和具体方案。具体来说，即确定机器人的自由度数、基本运动形式，机械手、机械臂结构，计算机的运算能力、储存能力，机器人的动作速度、定位精度，机器人容许的运动空间的大小，环境条件（如温度、是否存在振动），抓取工件的重量、外形尺寸的大小，生产批量等。

根据所设计机器人的功能要求不同，图 4-1（a）中安川 MA-1400 弧焊机器人工作状态下末端载荷为 3kg，可到达最大距离为 1434mm，重复定位精度为±0.08mm。图 4-1（b）中乐仆 SMA120 码垛机最大抓取质量为 120kg，最大抓取速度可达 1400 次/时，精度可达±0.05mm。图 4-2 所示爱普生 C4 系列高速组装机器人有效载荷为 4kg，工作范围 600mm，重复定位精度可达±0.02mm。

图 4-2 爱普生 C4 系列高速组装机器人

资料来源：来源于爱普生官网。

3. 环境适应性

机器人一般具有通用性，其取决于所设计结构的几何特性和机械能力。在机械结构上允许机器人执行不同的任务或以不同的方式完成同一工作。因此在进行机器人设计时需要分析机器人所在系统的工作环境，同时还需要考虑机器人与已有设备的兼容性。这就要求机器人具有对环境的自适应能力，即所设计的机器人能够自我执行未经完全指定的任务，而不管任务执行过程中所发生的没有预计到的环境变化。

以焊接机器人为例，目标焊接过程往往受到焊缝形状、位姿、传感器等因素影响，其焊接适应性即指机器人的程序模式和运动速度能够适应焊缝尺寸和位置，以及工作场地的变化等。这里主要考虑两种机器人的环境适应性：

（1）点适应性：它涉及机器人如何找到点的位置。例如，找到开始程序操作点的位置。点适应性具有四种搜索（允许对程序进行自动反馈调节），即近似搜索、延时近似搜索、精确搜索和自由搜索。近似搜索允许传感器在程序控制下沿着程序方向中断机器人运动。延时近似搜索能够在编程传感器被激发一定时间之后中断机器人的运动。精确搜索能够使机器人停止在传感器信号出现变化的精确位置上。自由搜索能够使机器人找到满足条件的所有编程传感器的位置。

（2）曲线适应性：它涉及机器人如何利用由传感器得到的信息沿着曲线工作。曲线适应性包括速度适应性和形状适应性两种。速度适应性涉及选择最佳运动速度的问题，能够根据传感器提供的信息，来实时调整机器人的运动速度。形状适应性涉及要求工具跟踪某条形状未知的曲线问题。

结合点适应性和曲线适应性，能够对机器人控制程序进行自动调整，由系统自行适应实际位置和形状。

4.1.2 机器人技术设计

1. 工作范围

机器人的工作范围是指机器人手臂或手部安装点所能达到的空间区域。因为手部末端操作器的尺寸和形状是多种多样的，为了真实反映机器人的特征参数，一般指不安装末端操作器时的工作区域，如图 4-3 所示的 ABB IRB 120 型多用途机器人的工作范围。

机器人工作范围的形状和大小十分重要，机器人在执行作业时可能会因为存在手部不能达到的作业死区而无法完成工作任务。机器人所具有的自由度数目和机器组合决定其运动图形；而自由度的变化量（即直线运动的距离和回转角度的大小）则决定着运动图形的大小。

2. 手部结构

对于所设计的机器人来说，机械手需要针对专门的工作对象来设计。机械手主要分为手爪、手腕、手臂三个部分。手爪结构即机械夹爪或末端执行器，用于机器

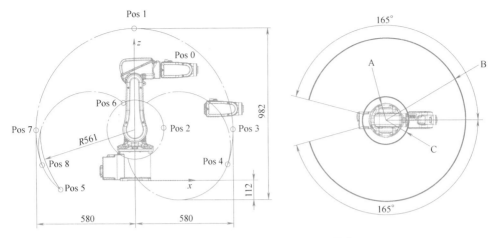

图 4-3 ABB IRB 120 型多用途机器人的工作范围

资料来源：来源于 ABB 官网。

人正常作业。手腕系统用于改变手部的空间方位，以及将工作载荷传递到手臂。手臂结构用于改变手部的空间位置，满足机器人的工作空间，将载荷传递到机座。机械手的臂力主要根据被抓取物体的重量确定，取 1.5～3.0 的安全系数。对于工业机器人来说：机械手还需要具有一定的通用性，臂力要根据被抓取物体的重量变化来确定。传统机器人用于抓取的机械手大多是基于关节-连杆结构的刚性机械夹爪，对抓取力度往往难以把控，经常会受到产品不同形状、材质、位置的影响，导致无法顺利抓取。

如图 4-4 所示，柔性抓持器具有柔软的气动"手指"，能够自适应地包覆住目标物体，无需根据物体精准的尺寸、形状进行预先调整，摆脱了传统生产线要求生产对象尺寸均等的束缚。夹爪手指部分由柔性材质构成，抓取动作类似人的手指，具

图 4-4 机器人柔性手部结构

有柔性且能自动包裹产品，从而避免对产品造成物理损伤。柔性夹持系统主要由柔性夹爪、气动控制器、附件气路、压缩气源、工业机器人及其控制系统组成，借助通信协议及控制软件，使工业机器人可以很好地与柔性夹爪协同工作。

3. 运动规划

机器人的手部运动规划（图4-5）分为运动速度确定和轨迹规划两部分。对串联机器人而言，通常将其看作"连杆结构"，连杆是由关节组合而成。因此在分析机器人的时候需要为手部结构上的每一连杆建立一个坐标系。在分析连杆坐标系时，通常需要在每个连杆上定义一个固连的坐标系来表明每个连杆与相邻连杆之间的相对位置关系。

图4-5　机器人手部运动规划

首先为各连杆和关节进行编号，然后采用由下而上的顺序，基座为连杆0，从基座起依次向上为连杆1、连杆2……，关节 i 连接连杆（$i-1$）和连杆 i。机械臂运动速度的确定主要是根据生产需要的工作节拍分配每个动作的时间，进而根据机械手各部位的运动行程确定其运动速度。

轨迹规划可以分为关节空间轨迹规划和笛卡尔空间轨迹规划。关节空间轨迹规划是把机器人的关节变量变换成关于时间的函数，然后对角速度和角加速度进行约束。笛卡尔空间轨迹规划是把机器人末端在笛卡尔空间的位移、速度和加速度变换成关于时间的函数。这里常用的为在关节空间中进行轨迹规划，直接用运动时的受控变量规划轨迹，有着计算量小、容易实时控制，而且不会发生机构奇异等优点。

4. 定位精度

定位精度指参考点实际到达的位置与所需要到达的理想位置之间的差距，机器人的定位精度一般指机械臂的末端定位精度。末端定位精度是描述机械臂整机运动性能的重要定量指标（一般在 0.01mm 和 0.1m 之间），其与机械臂本体硬件结构的刚度、传动误差以及运动控制水平相关。

定位精度还分为重复定位精度（repeatability）与绝对定位精度（accuracy）两种。重复定位精度是衡量机械臂末端到达空间相同点一致性的能力，而绝对定位精度衡量的是机械臂末端到达空间目标点准确度的能力，如图4-6所示。机器人的定位精度是根据使用要求确定的，要达到这样的精度取决于机器人的定位方式、运动速度、控制方式、臂部刚度、驱动方式、缓冲方法等。

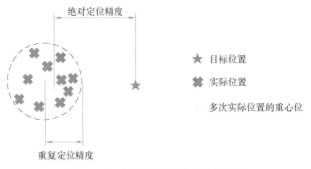

图4-6　绝对定位精度和重复定位精度

如4.1.1节中所介绍的不同结构、不同工况的机器人机械手，安川 MA-1400 弧焊机器人工作状态重复定位精度为±0.08mm。而爱普生 C4 系列高速组装机器人的重复定位精度可达±0.02mm。

4.2　机器人基本形式

一般的机器人按照结构形式可分为并联机构机器人和串联机构机器人。

并联机构是一种闭环机构，其动平台（或称末端执行器）通过至少 2 个独立的运动链与机架相连接，在需要高刚度、高精度或者大载荷而无须很大工作空间的领域内得到了广泛应用。图 4-7（a）为德国普爱（PI）纳米位移技术公司 H-855-H2A

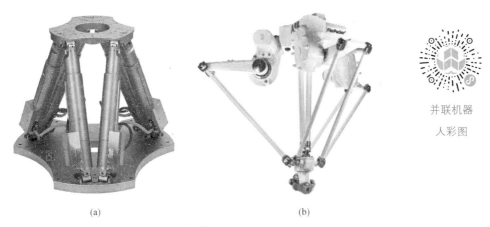

并联机器

人彩图

(a)　　　　　　　　　　(b)

图 4-7　并联机器人

（a）H-855-H2A 精密六轴并联系统；（b）ABB IRB 390 FlexPacker 并联机器人

资料来源：图（a）来源于 PI 官网；图（b）来源于 ABB 官网。

精密六轴并联系统，图 4-7（b）为 ABB IRB 390 FlexPacker 并联机器人。目前并联机器人主要应用在食品行业，如糖果、巧克力、月饼等生产企业，以及医药、3C 电子、印刷及其他轻工行业。

串联机构是指若干个单自由度的基本机构顺序连接，每一个前置机构的输出运动是后置机构的输入，若连接点设在前置机构中作简单运动的构件上，即形成串联式组合。串联机器人的基本形式主要有：直角坐标型（PPP 型）、圆柱坐标型（PPR 型）、球坐标型（RRP 型）、多关节型（RRR 型）四种。

在进行建造机器人设计分析时，根据末端操作机对工件的操作要求，确定合理的运动形式并建立相应坐标系统，是机器人总体设计的第一步。该步骤为分析机器人的具体尺寸参数、运动学分析和动力学分析等建立数学模型的分析框架。以下主要介绍串联机器人的基本类型和应用。

4.2.1　直角坐标系机器人

1. 直角坐标系机器人结构特点

直角坐标系机器人通过沿三个互相垂直的轴线的移动来实现机器人手部空间位置的改变，每个运动自由度之间的空间夹角为直角，如图 4-8 所示。

直角坐标系机器人的优点为：直角坐标系机器人在 X、Y、Z 轴上的运动是独立的，其运动方程可以独立处理，同时方程又是线性的，因此对这类机器人进行计算机控制很简单；它可以两端支撑，因此对于给定的结构长度，其刚性最大；它的精度和位置分辨率不随工作场合而变化，容易达到较高精度。

其缺点为：操作范围小；手臂收缩的同时，又向相反方向伸出，不仅妨碍工作，而且占地面积大；运动速度低；密封性不好。

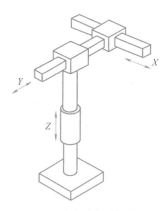

图 4-8　直角坐标系机器人

2. 直角坐标系机器人主要应用

一般直角坐标系机器人的组成为：

1）定位体型材：作为轨道的安装支撑部分，该型材不同于一般的框架型材，它要求非常高的直线度、平面度。

2）运动轨道：安装在定位体型材上，直接支撑运动的滑块。一个定位体型材（系统）上，可以安装一根运动轨道，也可以安装多根运动轨道，如图 4-9 所示。轨道的特性及数量直接影响定位单元（系统）的力学特性。组成定位系统的轨道种类很多，通用的有直线滚珠轨道、直线圆柱钢轨道等。

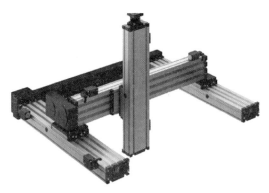

图4-9　多轨道直角运动机器人

3）运动滑块：由负载安装板、轴承架、滚轮组（滚珠组）、除尘刷、润滑腔、密封盖组成。运动滑块与轨道通过滚轮或滚珠耦合在一起，实现运动的导向。

4）传动元件：通用的传动元件有同步带、齿形带、丝杠/滚珠丝杠、齿条、直线电机等。

5）轴承及轴承座：用于安装传动元件及驱动元。

作为一种成本低廉、系统结构简单的自动化机器人系统解决方案，直角坐标系机器人被广泛应用于点胶、滴塑、喷涂、码垛、分拣、包装、焊接、金属加工、搬运、上下料、装配、印刷等常见的工业生产领域，在替代人工、提高生产效率、稳定产品质量等方面都具备显著的应用价值。

4.2.2　柱面坐标系机器人

1. 柱面坐标系机器人结构特点

柱面坐标系机器人通过两个移动和一个转动实现位置的改变。圆柱坐标机器人有一个旋转轴、两个平移轴，在可旋转的底座上安装立柱，立柱上安装水平臂，水平臂可前后自由伸缩，可作竖直方向的上下直线移动，水平臂末端是机械爪，可抓取物品，如图4-10所示。

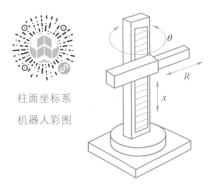

柱面坐标系
机器人彩图

图4-10　柱面坐标系机器人

柱面坐标系机器人的优点为：圆柱坐标机器人结构较为简单，产品占据空间较小，运动直观性强，可应用在较多工作场景中，搬运作业是其主要的应用领域。与同样主要应用于搬运作业领域的球坐标机器人相比，圆柱坐标机器人的操作精度较高，可以广泛应用在码垛、分拣、上下料、装配、包装、印刷等领域。

圆柱坐标机器人也存在缺点，由于水平臂

安装在立柱上，其上下移动范围受立柱长度限制，无法实现过低或过高位置物品的抓取；直线驱动部分难以密封、防尘；后臂工作时，手臂后端会碰到工作范围内的其他物体。

2. 柱面坐标系机器人主要应用

如图 4-11 所示，日本山梨大学牧野洋发明的 SCARA 选择顺应性装配机器手臂（Selective Compliance Assembly Robot Arm）是一种圆柱坐标型的特殊类型的工业机器人。

图 4-11 SCARA 选择顺应性装配机器手臂

SCARA 机器人有 3 个旋转关节，其轴线相互平行，在平面内进行定位和定向。另一个关节是移动关节，用于完成末端件在垂直于平面的运动。手腕参考点的位置是由两旋转关节的角位移 φ_1 和 φ_2，及移动关节的位移 z 决定的，即 $p=f(\varphi_1, \varphi_2, z)$。这类机器人的结构轻便、响应快，运动速度可达 10m/s，比一般关节式机器人快数倍，适用于平面定位，垂直方向进行装配的作业。

柱面坐标系机器人广泛应用于塑料工业、汽车工业、电子产品工业、药品工业和食品工业等领域。它的主要职能是搬取零件和装配工作。它的第一和第二个轴具有转动特性，第三和第四个轴可以根据工作需要的不同，制造成相应多种不同的形态，并且一个具有转动、另一个具有线性移动的特性。其具有特定的形状，决定了其工作范围类似于一个扇形区域。

4.2.3 球面坐标系机器人

球面坐标系机器人采用球坐标系，又称为极坐标型机器人。球面坐标系机器人的运动由一个直线运动和两个转动组成，由一个滑动关节和两个旋转关节来确定部件的位置，如图 4-12 所示。R、θ 和 β 为坐标系的三个坐标，具有平移、旋转和摆动三个自由度，动作空间形成球面的一部分。其机械手能够作前后伸缩移动、在垂直平面上摆动以及绕底座在水平上转动。其中 R 表示手臂的径向长度，θ 表示绕手臂支承底座垂直轴的转动角，β 表示手臂在竖直平面内的摆动角。

球面坐标系机器人的优点为：可以绕中心轴旋转，在中心支架附近的工作范围大，覆盖工作空间

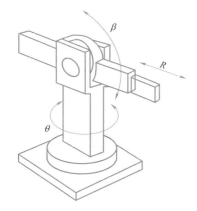

图 4-12 球面坐标系机器人

较大；两个转动驱动装置容易密封。但同时坐标系复杂，较难控制；其直线驱动装置仍存在密封及工作死区问题，即球面坐标系机器人的工作范围呈部分球体。

4.2.4 多关节坐标系机器人

1. 垂直多关节机器人

垂直多关节机器人模拟了人类的手臂功能，以各相邻运动构件的相对角位移构成坐标系，分别由垂直于地面的腰部旋转轴、带动小臂旋转的肘部旋转轴以及小臂前端的手腕旋转轴组成。垂直多关节机器人以 θ、α 和 φ 作为坐标系的三个坐标，机器人的动作空间近似一个球体，所能到达区域的范围取决于两个臂的长度比例，因此也称为多关节球面机器人。如图 4-13 所示，多关节坐标系中 θ 表示绕底座铅垂轴的转角，φ 表示过底座的水平线与初始臂之间的夹角，α 表示第二臂相对于初始臂的转角。

垂直多关节机器人的优点是可以自由地实现三维空间的各种姿势，可以生成各种复杂形状的轨迹，且动作范围很宽；缺点是结构刚度较低，动作的位置精度较低。

2. 水平多关节机器人

如图 4-14 所示，水平多关节机器人在结构上具有串联配置的两个能够在水平面内旋转的手臂，其自由度可以根据用途选择 $2\sim4$ 个，其中 ω_1、ω_2、ω_3 为绕各轴转动的旋转运动，Z 为在垂直方向上的上下移动，其动作空间为一圆柱体。

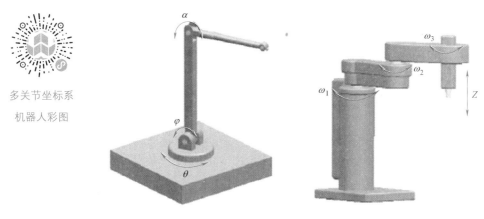

多关节坐标系
机器人彩图

图 4-13　垂直多关节机器人　　　　图 4-14　水平多关节机器人

水平多关节机器人的优点是在垂直方向上的刚性好，能方便地实现平面上的动作，因此在装配作业中得到普遍应用。

多关节坐标系机器人是应用于当前工业领域中最为广泛的工业机器人的构型之一，可应用于诸多工业领域，例如喷漆、自动装配、焊接等工作。相比其他坐标类型的机器人，多关节坐标系机器人的优点为：没有移动关节，不需要导轨，可以实现多方向的自由运动，动作较灵活，工作空间大；关节驱动处容易密封，由于轴承件是大量生产的标准件，摩擦小，惯性小，可靠性好；所需关节驱动力矩小，能量消耗较小；工作条件要求较低，可在水下等环境工作；适合用电机驱动等。但由于其结构的复杂性，导致机器人运动学、动力学计算量大；且不适于用液压驱动等。

4.3 机器人技术参数

机器人主体结构及其机身设计时需要注意，作为整个机器人支撑的主体应该具有足够大的刚度、强度和稳定性；主体结构自身应该保证运动灵活，避免在结构设计上出现自锁卡死的问题，选择合适的驱动方式，结构布置合理；此外机器人主体结构材料的选择方面，应从机器人的性能要求和满足机器人的设计和制作要求出发。

4.3.1 自由度

在机器人中，自由度是指机器人所具有的独立坐标轴运动的数目，手指的开、合，以及手指关节的自由度一般不包括在内。自由度越多，动作越灵活，通用性越强，但结构越复杂，控制越困难。在三维空间中描述一个物体的位置和姿态需要 6

个自由度。对于机器人而言，自由度是根据其用途而设计的，可能小于 6 个自由度，也可能大于 6 个自由度。目前机器人常用的自由度数目一般不超过 5～6 个，且每一个自由度数都需要相应地配置一个原动件（如各种电机、油缸等驱动装置）。常见的工业机器人具有 6 个自由度，如图 4-15 所示，可以进行复杂空间曲面的搬运、焊接等作业。

从运动学的观点看，在完成某一特定作业时具有多余自由度的机器人，叫做冗余自由度机器人。六自由度机器人去执行印刷电

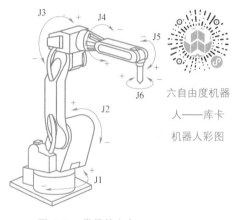

六自由度机器
人——库卡
机器人彩图

图 4-15　常见的六自
由度机器人结构

路板上接插电子器件的作业时就成为冗余自由度机器人。利用冗余自由度可以使机器人增加灵活性、躲避障碍物和改善动力性能。人的手臂（大臂、小臂、手腕）共有 7 个自由度，所以工作起来很灵巧，手部可回避障碍而从不同方向到达同一个目的点。

4.3.2 工作空间

工作空间即操作机的工作范围，是指机器人末端执行器安装点所能达到的所有

空间区域，但不包括末端执行器本身所能达到的区域。机器人所具有的自由度数目及各自由度的关节运动形式（转动滑动等类型及方位）组合不同，则其运动图形不同；而自由度的变化量（即直线运动距离和回转角度的大小）则决定着运动图形的大小。

手部在空间的运动范围和位置基本上取决于臂部的自由度，因此臂部的运动也称为机器人的主运动，它主要确定手部的空间位置；腕部的自由度主要用来调整手部在空间的姿态。单关节机器人的工作范围很容易确定，多关节机器人的工作范围则要借助于运动学分析来确定。几种机器人的结构形式、结构简图以及工作空间如图 4-16 所示。

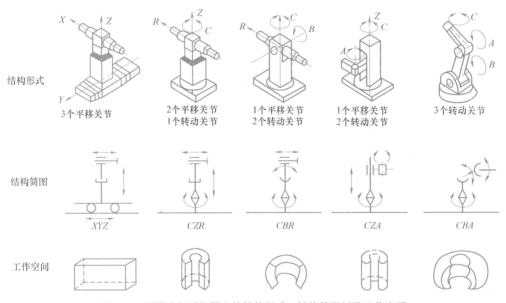

图 4-16　不同坐标系机器人的结构形式、结构简图以及工作空间

4.3.3　速度特性

机器人工作速度指机器人在工作载荷条件、匀速运动过程中，机械接口中心或工具中心点在单位时间内所移动的距离或转动的角度。但在实际应用中由于驱动器输出功率的限制，从启动到达最大稳定速度或从最大稳定速度到停止，都需要一定时间。如果最大稳定速度高，允许的极限加速度小，则加减速的时间就会长一些，则有效速度就要低一些；反之，如果最大稳定速度低，允许的极限加速度大，则加减速的时间就会短一些，这有利于有效速度的提高。但如果加速或减速过快，有可能引起定位时超调或振荡加剧，使得到达目标位置后需要等待振荡衰减的时间增加，则也可能使有效速度反而降低。所以，考虑机器人速度特性时，除注意最大稳定速度外，还应注意其最大允许的加减速度。

4.3.4 材料特性

同普通机械结构的设计类似，用来支撑、连接、固定机器人的各部分的材料应该是结构性的材料。另外考虑到机器人工作状态下是动态的，其材料质量应轻。精密机器人对材料的刚度和振动方面均有要求，控制振动也需要从减轻重量和抑制振动两方面考虑，也与材料自身的抗振性紧密相关。正确选用结构件材料可降低机器人的成本及价格，更适应机器人的高速化、高载荷化及高精度化，以及静力学和动力学的特性要求。

4.3.5 承载能力

承载能力指在工作范围内的任何位姿上所能承受的最大质量，机器人有效负载的大小除受到驱动器功率的限制外，还受到杆件材料极限应力的限制，同时它还与环境条件、运动参数（如运动速度、加速度）有关。

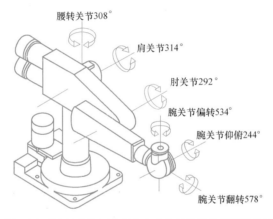

图 4-17　PUMA 562 工业机器人主体结构及关节转动角度

图 4-17 所示为 PUMA 562 工业机器人主体结构及关节转动角度，表 4-1 为 PUMA 562 机器人的主要技术参数。

PUMA 562 机器人的主要技术参数　　　　　　　　　　　　　　表 4-1

项目	技术参数	项目	技术参数
自由度	6	承载能力	0～4kg
驱动	直流伺服电机	手腕中心最大距离	866mm
手抓控制	气动	直线最大速度	0～5m/s
控制器	系统机	功率要求	1150W
重复定位精度	±0～1mm	质量	182kg

4.4 机器人机构特点

机器人的主要机构由手部、臂部、机身、驱动机构以及控制系统四部分组成。臂部包括手腕、手臂等，主要起改变物件方位和位置的作用。驱动机构用于提供前两部分工作状态下的动力，因此也称动力源，常用的有液压、气压、电力和机械式驱动四种形式。控制系统用于控制机械手的运动特性，主要控制机器人机械臂以及工作装置动作的顺序、位置、时间、速度和加速度等。机器人手部结构的灵巧性、稳健性以及柔顺性决定了机器人的操作水平和智能化水平。

4.4.1 机器人手部类型和特点

机器人手部一般称为机器人末端执行机构，包括抓取机构（手指、夹爪）、传力机构等，主要起抓取和放置物件或操作特定工具的作用。根据被抓取物件的材质、形状、尺寸、重量以及其他一些特性（如易碎性、导磁性、表面光洁度等）的不同，机器人手部结构与特性各不相同。一般地，我们主要根据机械手功能形态、握持原理以及夹持特性的不同进行系统分类。

1. 按功能用途

按不同功能分类，机器人末端工作装置可分为机械夹爪和末端执行器。机器人夹爪可分为刚性机械手和柔性机械手两种，刚性机械手与物体的接触基本上为点接触，而柔性机械手与物体的接触通常为面接触或者全包覆约束接触，如图4-18所示。柔性机械手通常对物体表面的损伤比较小，适合抓取易碎、易变形的物品，如水果

图 4-18　柔性机械手结构

等。机器人末端执行器一般有拧螺母机、焊枪、喷枪、抛光头、激光切割机以及各类传感器等。

2. 按工作原理

根据不同工件的夹持要求，工业机器人手部可分为夹持类手部和吸附类手部。图 4-19 所示为 JetMax 视觉机械臂，其机械手末端可安装机械夹持器以及电磁吸盘等工作装置，支持体感抓取、分拣物品、电磁吸附等。

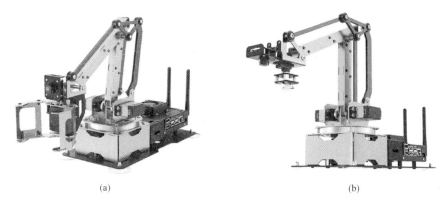

(a)　　　　　　　　　　　　　(b)

图 4-19　JetMax 视觉机械臂

（a）夹持器；（b）电动吸嘴

资料来源：来源于 Hiworder 官网。

（1）夹持类手部

夹持类手部通常又叫机械手爪。夹持类手部除常用的夹钳式外，还有脱钩式和弹簧式。此类手部按其手指夹持工件时的运动方式又可分为手指回转型和指面平移型两种，如图 4-20 所示。其机械手由手指、传动机构、驱动装置和支架组成，通过手爪的开闭动作实现对物体的夹持。

夹钳式是目前机器人最常用的一种手部形式，一般夹钳式指端的形状通常有：V

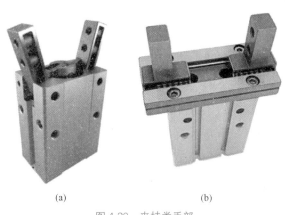

(a)　　　　　　　　　　　(b)

图 4-20　夹持类手部

（a）手指回转型；（b）指面平移型

形指、平面指、尖指和特形指。V形指的形状一般用于夹持圆柱形工件；平面指为夹钳式手的指端，一般用于夹持方形工件（具有两个平行平面）、板形或细小棒料；另外，尖指和薄、长指一般用于夹持小型或柔性工件。其中，薄指一般用于夹持位于狭窄工作场地的细小工件，以避免和周围障碍物相碰；长指一般用于夹持炽热的工件，以免热辐射对手部传动机构的影响。

手指是直接与工件接触的构件。手部松开和夹紧工件，就是通过手指的张开和闭合来实现的。一般情况下，机器人的手部只有两个手指，少数有3个或多个手指。图4-20所示的手指回转型和指面平移型两种机械手爪形式，它们的结构形式常取决于被夹持工件的形状和特性。

传动机构：向手指传递运动和动力，以实现夹紧和松开动作的机构。传动机构根据手指开合的动作特点可分为回转型和平移型。回转型手部使用较多，其手指就是一对杠杆。回转型又分为一支点回转和多支点回转。根据手爪夹紧是摆动还是平动，又可分为摆动回转型和平动回转型。平移型夹钳式手部是通过手指的指面做直线往复运动或平面移动来实现张开或闭合动作的，常用于夹持具有平行平面的工件（如箱体等）。根据其结构，可分为平面平行移动机构和直线往复移动机构两种类型，图4-21所示分别为回转式指面平移型机械夹爪（①③）和平移式指面平移型机械夹爪（②③），④为水平移动导轨。

图 4-21　机器人手部传动机构

驱动装置与支架：它是向传动机构提供动力的装置，按驱动方式的不同有液压、气动、电动和机械驱动之分。支架使手部与机器人的腕或臂相连接。

（2）吸附类手部

吸附类手部依靠吸附力取料，适用于抓取大平面、易碎、微小物体。吸附类手部有气吸式手部和磁吸附式手部两种。

气吸式手部利用吸盘内的压力和大气压之间的压力差而工作，按形成压力差的方法，主要有真空气吸、气流负压气吸、挤压排气负压气吸三种。它由吸盘、吸盘架及进排气系统组成，具有结构简单、质量轻、使用方便可靠且对工件表面没有损伤、吸附力分布均匀等优点，广泛应用于非金属材料及不可有剩磁材料的吸附。

真空吸附：真空吸附过程中，碟形橡胶吸盘与物体表面接触，橡胶吸盘在边缘既起到密封作用，又起到缓冲作用。然后真空抽气，吸盘内腔形成真空，可吸取物料。放料时，管路接通大气，失去真空，物体放下。为避免在取、放料时产生撞击，有的还在支承杆上配有弹簧缓冲。

气流负压：气流负压吸附是利用流体力学的原理，当需要取物时，压缩空气高速流经喷嘴，其出口处的气压低于吸盘腔内的气压，于是腔内的气体被高速气流带走而形成负压，完成取物动作；当需要释放时，切断压缩空气即可。

挤压排气负压：工作时吸盘压紧物体，橡胶吸盘变形，挤出腔内多余的空气，取料手上升，靠橡胶吸盘的恢复力形成负压，将物体吸住；释放时，压下拉杆使吸盘腔与大气相连通而失去负压。

使用气吸式手部时要求工件上与吸盘接触部位光滑平整、清洁，被吸工件材质致密，没有透气空隙。

磁吸附式手部的吸盘主要有电磁吸盘和永磁吸盘两种，图 4-22 所示为 JetMax 视觉机械臂电磁吸盘末端执行器。但由于磁吸附式手部是利用电磁铁通电后产生的电磁吸力取料，因此只能对铁磁物体起作用；另外，对某些不允许有剩磁的零件要禁止使用。所以，磁吸附式手部的使用有一定的局限性。

图 4-22　JetMax 视觉机械臂电磁吸盘末端执行器

3. 按夹持特性

根据工件形状、大小及被夹持部位材质软硬、表面性质不同，有光滑指面、齿形指面和柔性指面三种。光滑指面平整光滑，防止加工表面受损；齿形指面有齿纹，对于毛坯或半成品，可增加摩擦力，确保夹紧可靠；柔性指面镶衬橡胶、泡沫、石棉等，用于夹持已加工表面、炽热件、薄壁件或脆性工件，能够增加摩擦，保护工件表面，隔热等。

对于特殊情况，目前仿生机器人手部结构主要采用软材料包裹刚性机械结构来模仿人手的皮肤与骨骼，配备多种复杂电机与协同控制系统。柔性材料手指大部分由非金属材料制作而成，和刚性机械手的驱动方式不同，柔性材料仿生手指可采用气动驱动，以减轻整体重量。手指部分的弹性管状结构在不同的气压驱动下可以弯曲成目标角度，能够实现多种灵巧抓握手势。

4. 按智能化程度

按智能化程度分类，常用机器人手部可以分为普通式手爪和智能化手爪两类。普通式手爪不具备传感器，主要通过人工操纵或者预定的动作程序进行一系列夹取等动作。智能化手爪具备一种或多种传感器，如视觉传感器、压力传感器、触觉传感器及滑觉传感器等，经过多传感器数据融合使智能化机器人手爪能够进行复杂的工作。图 4-23 所示为木马团队与 ABB 公司合作推出的 YUMI 智能协作工业机器人 IRB 14000，其机械手具有多个自由度，能够实现机械臂各关节多种转动。其机械手末端采用可替换的机械夹爪的形式并安装有精密的传感装置，由多自由度机械臂控制，在进行抓握或是加持时具有较高的精度。

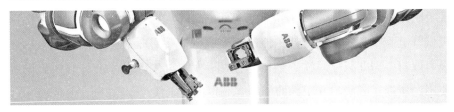

图 4-23 YUMI 智能协作工业机器人 IRB 14000

资料来源：来源于 ABB 官网。

5. 机器人手部主要特点

（1）手部结构具有多样性。机器人手部结构可以设计成像人手那样具有两个或多个手指，每个手指有 3 个或 4 个关节，其结构形式常取决于被夹持工件的形状和特性。其技术关键是手指各部分之间的协调控制。同样地，机器人末端也可以是不具备手指的手部结构，可以是进行专业作业的工具，如装在机器人手腕上的喷漆枪、焊接工具等，也可以是用于搬运的真空吸盘或者磁性吸盘等。

（2）手部的通用性比较差。机器人手部通常是专用的装置，一种手爪往往只能抓握一种或几种在形状、尺寸、重量等方面近似的工件。一般情况下，一种手部工具只能执行一种作业任务。

（3）手部与手腕相连处可拆卸。由于手部的通用性较差，手部和手腕之间往往为可拆卸安装。手部与手腕之间通常为机械接口，也可以是电、气、液接头，当工业机器人作业对象不同时，可以方便地拆卸和更换手部，以适应工业机器人复杂的工作环境。

（4）手部结构决定工作质量。机器人机械系统的三大部分为机身（基座）、手臂和手部（末端操作器）。手部结构的合理性对于工业机器人完成的作业质量好坏和作业柔性好坏具有关键作用。刚性机械夹爪结构成熟、应用广泛，但难以控制对某些易弯易碎物件的加持力度。具有复杂感知能力的智能化手爪的出现，增加了机器人手部作业的灵活性和可靠性。

4.4.2 机器人转动机构

前面章节中我们介绍了四种串联机器人的基本形式：直角坐标型（PPP 型）、圆柱坐标型（PPR 型）、球坐标型（RRP 型）以及多关节型（RRR 型）。其中只有直角坐标系机器人通过沿三个互相垂直的轴线的移动来实现机器人手部空间位置的改变，每个运动自由度之间的空间夹角为直角，不存在转动机构。其余三种类型的机器人均具有一定的回转机构。

1. 机身转动机构

机身转动机构的实现形式主要为将输入的运动经过传动系统转化为回转运动。这里以图 4-24 所示的电动旋转滑台为例，TBR 系列产品采用蜗轮蜗杆传动，蜗轮为锡青铜材料，蜗杆为优质合金钢，导向机构采用精密交叉滚柱轴环，强度高，承载能力强。内部采用精密轴系结构，使装置具有较高的回转运动精度。

图 4-24　TBR 及 TBRF 系列电动旋转滑台

2. 手臂转动机构

液压驱动式手部通常由液动机（各种油缸、油马达）、伺服阀、油泵、油箱等组成驱动系统，通过流量阀控制流量大小，实现机器人手部转动机构所需的运动速度。

电气驱动式是机器人使用得最多的一种驱动方式，实现机器人手臂回转运动主要由减速器、电机、编码器以及驱动控制系统一体化集成，机器人的每个运动关节都由独立的电机控制，如图 4-25所示。

图 4-25　机器人手臂转动机构

3. 手腕转动机构

机器人腕部与手部直接相连，腕部结构驱动装

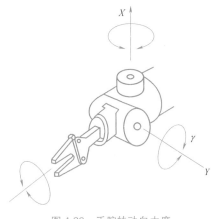

图 4-26　手腕转动自由度

置为电机或液压马达。手腕转动机构通常有翻转、俯仰和偏转 3 个自由度，如图 4-26 所示。根据机器人使用需求，也有只有单个或者两个转动自由度的手腕结构。

4.4.3　机器人升降机构

根据机器人的运动机构作用不同，一般可将运动机构分为转动机构和升降机构两部分。其中转动机构分为机身转动机构、手臂转动机构和手腕转动机构；升降机构分为机身升降机构和手臂升降机构。

1. 机身升降机构

对于机器人底座结构，机身升降机构可通过立柱和液压系统带动完成垂直方向的伸缩，立柱结构如图 4-27（a）所示。

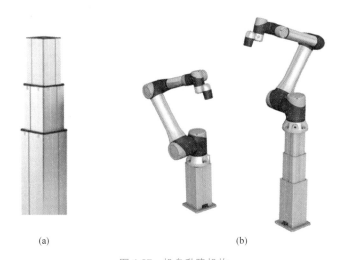

(a)   (b)

图 4-27　机身升降机构

（a）立柱结构；（b）LIFTKIT-UR 协作机器人

通过液压升降柱带动机械臂在竖直方向进行移动，具有较好的精度，且扩大了机器人手部末端的工作范围。常见的如图 4-27（b）所示，LIFTKIT-UR 协作机器人具有立柱结构的机身升降机构。

2. 手臂升降机构

机器人手臂升降机构常见的有直角坐标系机器人、柱面坐标系机器人和水平多关节机器人，垂直升降机构如图 4-28 所示。其中水平多关节机器人在垂直方向上的刚性好，能方便地实现平面上的动作，在装配作业中得到普遍应用。

4.4.4　机器人手部设计要求

手部是用来抓持工件（或工具）的部件，根据被抓持物件的形状、尺寸、重量、材料和作业要求而有多种结构形式，如夹持型、托持型和吸附型等。手部通过机械臂完成各种转动（摆动）、移动或复合运动来实现规定的动作，改变被抓持物件的位置和姿势。这些升降、伸缩、旋转等独立运动方式，称为机器人的自由度。为了抓取空间中任意位置和方位的物体，一般需要有 6 个自由度，自由

图 4-28　机器人垂直升降机构

度越多，机械手的灵活性越大，通用性越广，其结构也越复杂。

一般专用机械手有 2~3 个自由度。控制系统是通过对机械手每个自由度的电机的控制，来完成特定动作。同时接收传感器反馈的信息，形成稳定的闭环控制。控制系统的核心通常是由单片机或 DSP（数字信号处理）等微控制芯片构成，通过对其编程实现目标功能。

1. 被抓握的对象物体的几何参数和机械特性

几何参数包括：工件尺寸；可能给予抓握表面的数目；可能给予抓握表面的位置和方向；夹持表面之间的距离；夹持表面的几何形状。机械特性包括：质量；材料；固有稳定性；表面质量和品质；表面状态；工件温度等。

2. 手爪和机器人匹配

手爪一般用法兰式机械接口与手腕相连接，手爪自重也增加了机械臂的负载。同时手爪具有多种形式。因此手爪与手腕的机械接口必须匹配。同时手爪自重要与机器人承载能力相匹配。

3. 保证适当的手部操作精度

当手部结构为手爪时，机械手应能顺应被夹持工件的形状，应对被夹持工件形成所要求的约束并具有合适的加持力度。当机器人手部为末端执行器如焊枪、喷枪等，应具有合适的控制方法和工作要求所需的精度。

4. 机械手工作环境条件

作业区域内的环境状况很重要，比如高温、水、油等不同环境会影响手爪的工作。如一个锻压机械手要从高温炉内取出红热的锻件坯料必须保证手爪的开合、驱动在高温环境中均能正常工作。

5. 智能化手部应配有相应的传感器

配有相应传感器的智能化手部可感知手爪和物体之间的接触状态、物体表面状

况和夹持力的大小等，以便根据实际工况进行调整等。

4.4.5 机器人腕部类型和特点

1. 腕部工作特点

机器人手腕是在机器人手臂和手爪之间用于支撑和调整手爪的部件。机器人手腕主要用来确定被抓物体的姿态，一般采用三自由度多关节机构，由旋转关节和摆动关节组成。目前应用最广泛的手腕回转运动机构为回转液压（气）缸，它的结构紧凑，灵巧但回转角度较小（一般小于270°），并且要求严格密封，否则难以保证稳定的输出扭矩。因此，在要求较大回转角的情况下，腕部结构一般采用齿条齿轮传动或链轮以及轮系结构。

手腕是连接末端执行器和手臂的部件，通过手腕调整或改变工件的方位，它具有独立的自由度，以便机器人末端执行器适应复杂的动作要求。机器人腕部与手部直接相连，通常有翻转、俯仰和偏转3个自由度。一般地，绕小臂轴线方向的旋转称为臂转，使末端执行器相对于手臂进行的摆动称为腕摆，末端执行器（手部）绕自身轴线方向的旋转称为手转，腕部自由度如图4-29所示。

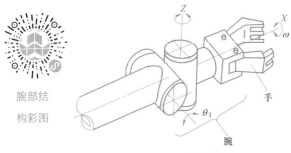

腕部结构彩图

图 4-29 腕部结构

按转动特点的不同，用于手腕关节的转动又可细分为滚转和弯转两种。

图4-30（a）所示为滚转，其特点是相对转动的两个零件的回转轴线重合，因而能实现360°无障碍旋转的关节运动，滚转通常用 R 来标记。

图4-30（b）所示为弯转，其特点是两个零件的转动轴线相互垂直，这种运动会受到结构的限制，相对转动角度一般小于360°，弯转通常用 B 来标记。

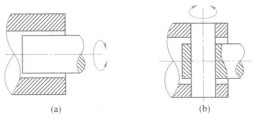

(a)   (b)

图 4-30 手腕关节的转动

（a）滚转；（b）弯转

因此根据使用要求，手腕的自由度不一定是3个，还可以是1个、2个或3个以上。手腕自由度的选用与机器人的通用性、加工工艺要求、工件放置方位和定位精度等因素有关。

2. 腕部设计要求

手腕结构是机器人中最复杂的结构，而且因传动系统互相干扰，更增加了手腕结构的设计难度。

（1）运动自由度。一般地，有 3 个自由度以上的才能称为机械手，3 个或 3 个以下的称为坐标机器人。因此对于机器人手腕结构首先要考虑自由度的设计，即工作空间范围设计。自由度越多，机械手越灵活，与此同时机器人对应的结构和控制系统就越复杂。目前广泛投入生产使用的机械手以 2～6 个自由度的为多，手腕自由度的选择与设计直接影响机器人手部的灵活度。

（2）重量与强度。腕部处于臂部的最前端，需要满足作业对手部姿态的要求。腕部的结构、重量和动力载荷，直接影响着臂部的结构、重量和运转性能，并且在设计时需要留有一定的余量（约 5%～10%）。因此，在腕部设计时，除了要求腕部结构动作灵活、可靠外，还必须结构紧凑，重量轻。在机器人手腕设计时还需要考虑精度和刚性问题，良好的设计精度关系到工作的准确性，机械手刚性强度则关系到工作时的负载大小及速度。

（3）结构布局合理。腕部作为机械手的执行机构，处在开式连杆系末端的特殊位置，又承担连接和支承作用，除保证力和运动的要求以及具有足够的强度、刚度外，还应综合考虑，合理布局。如应解决好腕部与臂部和手部的连接，腕部各个自由度的位置检测，管线布置，以及润滑、维修、调整等问题。

（4）环境适应性。对于高温作业和腐蚀性介质中工作的机械手，其腕部在设计时应充分估计环境对腕部的不良影响（如热膨胀、压力油的黏度和燃点，有关材料及电控元件的耐热性等）。

4.4.6 机器人臂部类型和特点

机器人手臂结构用于支承腕部和手部，并带动其作空间运动，如将被抓取的工件运送到给定的位置上，或者操纵末端执行器完成指定的任务等。因此一般机器人手臂有 3 个自由度，即手臂的伸缩、左右回转和升降（或俯仰）运动。手臂回转和升降运动是通过机座的立柱实现的，立柱的横向移动即为手臂的横移。手臂的各种运动通常由驱动机构和各种传动机构来实现，因此，它不仅承受被抓取工件的重量，而且承受末端执行器、手腕和手臂自身的重量。

手臂的结构、工作范围、灵活性、抓重大小（即臂力）和定位精度都直接影响机器人的工作性能。所以必须根据机器人的抓取重量、运动形式、自由度数、运动速度以及定位精度的要求来设计手臂的结构形式。

1. 臂部结构的基本形式

按手臂的结构形式区分，手臂有单臂、双臂及悬挂式。

按机械手手臂的运动形式分，有直线运动、回转运动和复合运动等不同的运动方式，对应不同的机械手臂部的结构。机械手臂的直线运动有手臂的伸缩、升降以及横向（或纵向）移动；回转运动有手臂的左右回转、上下摆动（俯仰）；复合运动是既有直线运动又有回转运动。

（1）手臂的直线运行结构

机械手的伸缩、升降及横向（或纵向）运动的机构实现形式较多，常用的有活塞油（气）缸、活塞缸和齿轮齿条机构、丝杠螺母机构以及活塞缸和连杆机构等。直线往复运动可采用液压或气压驱动的活塞油（气）缸，由于活塞油（气）缸的体积小，重量轻，因而在机器人手臂结构中应用较多。图4-31所示为采用四根导向柱的臂部伸缩结构。手臂的垂直伸缩运动由油缸 3 驱动，其特点是行程长、抓重大。工件形状不规则时，为了防止产生较大的偏重力矩，可采用四根导向柱，这种结构多用于箱体加工线上。

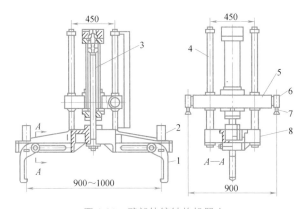

图 4-31　臂部伸缩结构机器人

1—手部；2—夹紧缸；3—油缸；4—导向柱；5—运行架；

6—行走车轮；7—轨道；8—支座

（2）手臂回转和俯仰运行机构

实现机械手回转运动的常见机构有叶片式回转缸、齿轮齿条机构、链传达机构、连杆机构等。齿轮齿条机构是通过齿条的往复移动，带动与手臂连接的齿轮作往复回转，即实现手臂的回转运动。带动齿条往复移动的活塞缸可以由压力油或压缩气体驱动。

如图4-32所示，俯仰机器人手臂的运动一般采用活塞油缸与连杆机构实现。活塞杆和手臂用铰链连接，缸体采用尾部耳环或中部销轴等方式与立柱连接。某些场合也采用无杆活塞缸驱动齿条齿轮或四连杆机构实现手臂的俯仰运动。

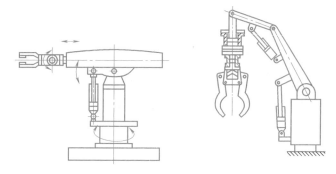

图 4-32　油缸铰链结构的俯仰机器人

（3）手臂的复合运动机构

手臂的复合运动多数用于动作程序固定不变的专用机器人，它不仅使机器人的传动结构简单，而且可简化驱动系统和控制系统，并使机器人传动准确、工作可靠，因而在生产中应用比较多。除手臂实现复合运动外，手腕和手臂的运动亦能组成复合运动。手臂（或手腕）和手臂的复合运动，可以由动力部件（如活塞缸、回转缸、齿条活塞缸等）与常用机构（如凹槽机构、连杆机构、齿轮机构等）按照手臂的运动轨迹（即路线）或手臂和手腕的动作要求进行组合。

2. 臂部设计要求

常见的机器人臂部由大臂、小臂所组成，一般具有 2～3 个自由度，即伸缩、回转或者俯仰。臂部的总重量较大，受力较复杂，直接承受腕部、手部和工具的静、动载荷，在高速运动时将产生较大的惯性力。手臂的驱动方式主要有液压驱动、气压驱动和电驱动几种形式，其中电驱动最为通用。因此必须综合考虑后进行机器人臂部结构的设计。

臂部结构的设计需要考虑机器人的运动形式、抓取重量和运动精度等因素。对机械手臂的设计要求有：

（1）合适的自由度。机器人的工作范围的形状和大小主要受机械臂自由度影响，机器人手臂在运动时所具有的自由度数目决定其运动图形。对于不同工况下的机器人作业，手臂的工作范围是设计机器人手臂结构的依据，手臂的结构应该满足机器人作业空间的要求。

（2）承载能力大、刚性好。手臂的刚性直接影响到手臂抓取工件时动作的平稳性、运动的速度和定位精度。如刚性差则会引起手臂在垂直平面内的弯曲变形和水平面内的侧向扭转变形，易产生振动，或动作时工件卡死无法工作。为此，手臂一般都采用刚性较好的导向杆来加大手臂的刚度。

（3）合理布置、减少载荷。设计时手臂必须考虑运动的灵活性，手臂的结构要紧凑。对于悬臂式的机械手，需要考虑零件在手臂上的布置，对于双臂同时操作的机械手，需要使两臂的布置尽量对称于中心，以达到平衡。在设计时尽量减小手臂重量和整个手臂相对于转动关节的转动惯量，以减小运动时的动载荷与冲击。

（4）良好的位置精度。机械臂在设计时必须考虑位置精度，良好的位置精度是机器人高质量完成任务的关键。机械手的刚度、偏重力矩、惯性力及缓冲效果都直接影响手臂的位置精度。可通过加设定位装置和行程检测机构并采用先进的控制方法来获得较高的位置精度。

（5）材料选择。机器人手臂的工作状况决定了其材料的选择。手臂的运动特性要求其材料应是轻型材料。另外考虑运动过程中的振动等影响运动精度的因素，在选择材料时，需要对质量、刚度、阻尼进行综合考虑，以便有效地提高手臂的动态性能。优先选择强度大而密度小的材料，其中非金属材料有尼龙6、聚乙烯（PEH）和碳素纤维等；金属材料以轻合金（特别是铝合金）为主。

4.5 同步提升施工机器人案例

同步提升施工机器人主要由柔性钢绞线或刚性支架承重系统、液压控制系统、电气控制系统及传感器检测系统等组成，如图4-33所示，其中的核心装备是一套液压提升装备。

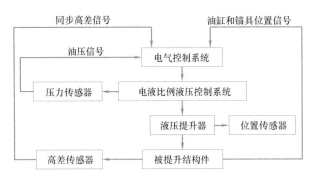

图4-33 同步提升施工机器人系统的组成

其基本工作原理为：传感器检测系统通过高差、位置和压力传感器将被提升结构件的水平度、提升位置、系统压力及温度等参数转换为电信号输入电气控制系统，并经计算机和可编程控制器（PLC）处理、判断，发出相应的控制命令或一定的控制信号，以满足提升过程的精度和可靠性要求，最终完成给定的提升任务。本节同步施工机器人案例引自参考文献［38］。

在液压同步提升系统中，提升结构具有大吨位、超高空的施工要求，使得承重系统不但要有足够大的承载能力，而且要有足够长的承重索具，为此，采用抗拉强度大、单根制作长度较长的柔性钢绞线作为承重索具；采用承载能力大、自重轻、结构紧凑的液压提升器作为提升机具。这样，承重系统可按一定的方式组合使用钢绞线和提升器集群，可使得承重系统的提升重量及高度不受限制。根据工程的实际情况，液压提升油缸的工作方式设置为提升和爬升两种工作方式。

（1）提升机具

液压提升器的结构如图 4-34 所示。

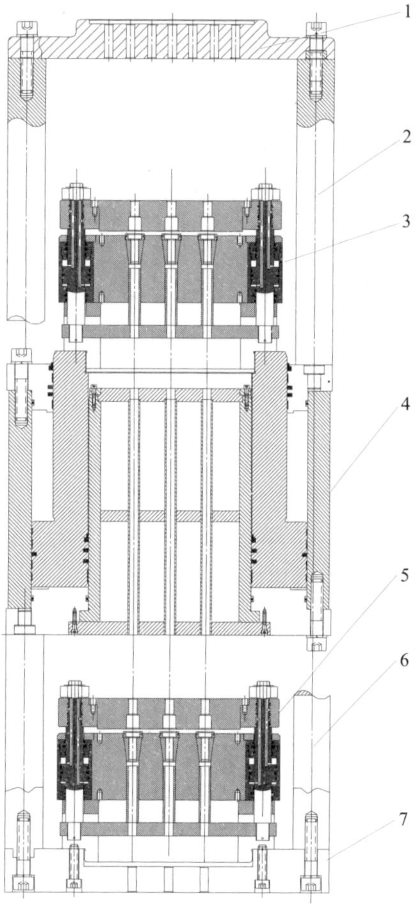

液压提升器由主油缸 4 及上下锚具 3、5 组成，上下锚具缸内装有锚具，锚具内的楔形锚片具有单向自锁作用。当锚具工作（紧）时，会自动锁紧钢绞线；锚具不工作（松）时，放开钢绞线，钢绞线可在锚具锁紧状态下随主缸上下活动。承重系统提升力是通过提升器主油缸大腔进油而产生的。在工作时，钢绞线穿过上锚、活塞杆空心部分和下锚，通过锚具的切换和主油缸的伸缩来完成提升动作。

（2）承重索具

根据油缸结构及工程要求，采用美国钢结构预应力混凝土用钢绞线标准 ASTMA416-90a；级别：270kSi；公称抗拉强度：1860MPa；公称直径：17.8mm；最小破断载荷：353.2kN；1% 伸长时的最小载荷：318kN。

（3）同步提升施工机器人的施工布置

同步提升施工机器人的施工布置根据以下原则进行：

1）综合考虑工程的施工条件及其他因素，确定采用爬升还是提升的方法；

2）根据提升对象的具体结构及提升重量，确定承载系统拟采用的提升机器人吊点位置和吊点数目；

图 4-34 液压提升器结构图

1—导向板；2—上部立柱；3—上锚具组件；4—主油缸；5—下锚具组件；6—下部立柱；7—底板

3）根据吊点的载荷分配情况，确定每个吊点拟采用的提升机器人台数和柔性钢绞线根数；

4）根据提升对象的提升高度要求，确定柔性钢绞线的使用长度。

确定好上述各项之后，就可以考虑提升器、钢绞线及提升结构的具体布置。

例如，在上海"东方明珠"广播电视塔钢天线桅杆整体提升工程中，承重系统共使用了 20 台 40t 液压提升施工机器人，每台提升机器人夹持 6 根钢绞线，共使用了 120 根钢绞线，它们被分成东、西、南、北四组，每组五台液压提升机器人、30 根钢绞线形成一个吊点。为了保证同侧吊点中每台提升器受载均衡，它们的主油缸油路并联连接。为了消除钢绞线旋向造成的扭矩，每台提升器相邻钢绞线采用旋向不同的钢绞线。图 4-35 是本次工程的施工布置图。

在北京西客站主站房钢桁架整体提升工程中，由于提升重量大，承重系统采用了更多的吊点和更多的液压提升机器人集群。其放置形式也不同于上海"东方明珠"广播电视塔钢天线桅杆整体提升工程。图 4-36 是北京西客站工程施工布置图，液压提升机器人 1 直立放置于吊点平台 5 之上，钢绞线 2 下端通过地锚 3（一种楔形夹具）直接与被提升的主站房钢桁架 4 相连。这样，主站房桁架的一次向上提升是通过提升机器人 1 主油缸缸体支承于吊点平台 5 之上，活塞杆端锚具自锁夹持钢绞线向上提起来完成的。

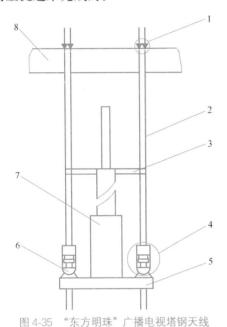

图 4-35 "东方明珠"广播电视塔钢天线
桅杆整体提升工程施工布置图

1—天锚；2—钢绞线；3—扶正器；4—提升机器；5—提
升段；6—U 形吊杆；7—天线桅杆；8—混凝土筒体

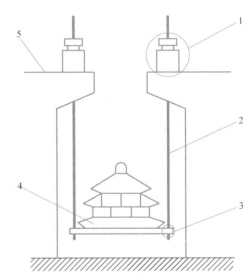

图 4-36 北京西客站工程施工布置图

1—提升机器人；2—钢绞线；3—地锚；
4—主站房钢桁架；5—吊点平台

习题

4-1 机器人总体方案设计时应从哪些方面考虑？

4-2 图 4-3 中 ABB IRB 120 型机器人的水平工作范围为什么不是 360°，如果想达到 360°应该如何设计回转机构？

4-3 选择一多自由度机械手，简述其连杆与旋转关节。

4-4 简要概括四种坐标系机器人各自的特点和主要应用场合。

4-5 机器人的自由度是否越多越好？

4-6 简单说明 RV 减速器和谐波齿轮减速器各自的特点和应用场合。

4-7 机械手主要由哪几部分组成，分别有哪几种运动机构？

4-8 机器人手部可如何进行分类？选一种机械手爪简单介绍其特点和应用。

4-9 简述机械手的工作特性。

4-10 举例分析一种具有传感器的机器人手部，并说明其传感器主要作用。

4-11 分析机器人腕部结构的工作特点。

4-12 机械手腕部设计如何保证其工作精度？

参 考 文 献

[1] 蒋志宏. 机器人学基础 [M]. 北京：北京理工大学出版社，2018.

[2] 蔡自兴，谢斌. 机器人学 [M]. 3 版. 北京：清华大学出版社，2015.

[3] 滕宏春. 工业机器人与机械手 [M]. 北京：电子工业出版社，2015.

[4] 陈学生，陈在礼，孔民秀. 并联机器人研究的进展与现状 [J]. 机器人，2002，(05)：464-470.

[5] 高东强，杨磊，韩昆，张希峰. SCARA 机械手的轨迹规划及运动学分析 [J]. 机械设计与制造，2015，(01)：269-272.

[6] 王承义. 机械手及其应用 [M]. 北京：机械工业出版社，2015.

[7] 夏水华，王晓青. PUMA 机器人的精度设计 [J]. 机械传动，2001，(04)：16-18.

[8] 滕宏春. 工业机器人与机械手 [M]. 北京：电子工业出版社，2015.

[9] 陆祥生，杨秀莲. 机械手理论及应用 [M]. 北京：中国铁道出版社，1985.

[10] 高荣慧，翟华，赵小勇，等. 工业机械手设计 [M]. 合肥：合肥工业大学出版社，2014.

[11] 卞永明. 大型构件液压同步提升技术 [M]. 上海：上海科学技术出版社，2015.

第 5 章

机器人行走机构

● 本章学习目标 ●

1. 熟知机器人行走机构的类型、结构及其特点。
2. 了解轮式行走机构、履带式行走机构及其他特种机器人行走机构
的工作原理及应用场景。

5.1 机器人行走概述

5.1.1 机器人行走机构概述

移动机器人是集环境感知、动态决策与规划、行为控制与执行等多功能于一体的智能系统，通常具有轮式、履带式、腿式及复合式四类。由于移动机器人具有承载能力强、定位精准、能源利用率高等优点，广泛用于工业物流自动化搬运应用（AGV）、工业巡检、野外环境勘探作业等。图 5-1 所示为 SpaceBok 弹跳式六足机器人，由瑞士苏黎世联邦理工学院和德国斯图加特大学的学生团队共同开发。它可以利用计算机视觉系统来识别地形特征，从而实现自主导航，可被用于在月球、火星等天体上进行科学实验、资源勘测、基础设施建设等任务。

图 5-1　Spacebok 弹跳式六足机器人

行走机构是移动与行走机器人的重要执行部件，它由驱动装置、传动机构、位置检测元件、传感器、电缆及管路等组成。行走机构一方面支撑机器人的机身、臂部、手部及其他工作部件，因此需要具备足够的刚度和稳定性；另一方面还根据工作任务的要求，带动机器人实现在更广阔空间内的运动。

行走机构按其运动轨迹可分为固定轨迹式和无固定轨迹式。固定轨迹式行走机构主要用于工业机器人，如横梁式机器人。无固定轨迹式行走部按其行走机构的结构特点分为轮式行走部、履带式行走部和关节式行走部。它们在行走过程中，前两者与地面连续接触，其形态为运行车式，该机构用得比较多，多用于野外、较大型作业场所，也比较成熟。后者与地面为间断接触，为人类（或动物）的腿脚式，该机构正在发展和完善中。

对于移动机器人来说，复杂的三维地形一般由平坦的地面、斜坡、障碍、台阶、壕沟和浅坑等地形组成。轮式、履带式以及步行式机器人都具有一定的对地形适应的能力，在运动的过程中还需要考虑速度、运行平稳性等方面的问题。任何一种移动机构都有其优势和实用性，同时存在某些劣势，对移动机构的设计和选择，需要综合设计要求和其他具体因素来考虑。

5.1.2 机器人行走机构特点

随着生产自动化和智能制造的发展，机器人行走机构几乎到处可见，并且使用率越来越高，应用领域也越来越广。它可以扩大传统工业机器人作业空间，在进一步提高机器人使用效率的同时，能够降低企业机器人的使用成本，企业的自动化生产管理实现起来也十分容易。伴随工业机器人广泛投入使用，机器人行走机构作为机器人的外部辅助行走机构也受到了各大企业的关注。机器人行走机构在一些工作周期很长、工作半径很大、需要多个机器人同时管理一个工位的场合非常适用。在生产应用中，对机器人行走机构要求不一样，相应的装置、材质、价格也会随着安装环境而变动。但无论是在什么环境之下，其配置和基本组成部件都是大同小异的。

机器人行走机构的基本结构主要包括：支撑的固定底座、动力传递机构、动力机构、导向机构、机器人安装移动台、限位装置、防尘机构及其行走附件等，可安装各大不同品牌的机器人，适应各种各样不同的应用场景。

移动机器人的行走机构有多种形式，常见的有轮式、腿式、轮腿复合式等。

5.2 轮式行走机构

轮式移动机器人由于设计与控制简单，尤其适用于室内环境，因而被广泛采用。轮式行走机构由于采用了弹性较好的充气橡胶轮胎以及应用了悬挂装置，因而具有良好的缓冲、减振性能；尤其随着轮胎性能的提高以及超宽基、超低压轮胎的应用，轮式行走机构的通过性能较好。轮式行走机构可以达到较高的运动速度。

轮式行走机构也有其较大缺点，就是针对路面的要求，由于与地面接触面积小，在土壤承压比较小的柔软路面或者湿滑的路面上容易发生沉陷和打滑。这些都使轮式行走机构在大多数野外复杂环境下的功能受到限制。早期的机器人对路况要求不高，因此轮式的优点被充分发挥出来。

5.2.1 轮式行走机构形式和特点

常见的轮式行走机构有两轮、三轮、四轮以及六轮的形式，其中六轮机构是目前广泛运用的越障形式。

1. 两轮差速行驶机构

两轮差速驱动机器人安装有两个驱动轮，配有若干万向轮，依靠左右车轮的速度差进行转弯，并能够实现原地旋转，结构简单且具有较好的灵活性。图 5-2 为常见 4 种两轮差速驱动机器人的底盘结构。

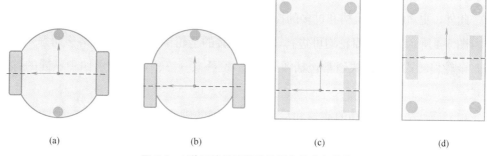

图 5-2　4 种两轮差速驱动机器人的底盘结构

（a）四轮圆形底盘；（b）三轮圆形底盘；（c）四轮矩形底盘；（d）六轮矩形底盘

如图 5-2 所示，常见的差速底盘有以下 4 种类型，其中（a）、（b）的底盘轮廓是圆形，而（c）、（d）的底盘轮廓是矩形。不同的构型在机器人运动稳定性、负载能力等方面有着不同的表现，其应用场景也有区别。需要注意的是：在未对底盘做特殊设计的情况下，万向轮的轮子直径远小于驱动轮的直径，这是万向轮特殊的构造引起的，而轮子的大小极大地决定了机器人的越障能力，所以差速机器人一般应用于室内场景中，且没有沟壑、门槛等。

2. 三轮全驱动行驶机构

三轮式与双轮式相比稳定性有所提升，是应用非常广泛的一种形式，且机构构型也呈现多样化。三轮全驱动行驶机构属于同步驱动的装置方式。三个轮子呈 120° 放置，用齿轮或者链条将轮子同分别用来进行方向控制和驱动的电机相连。每个轮子都可独立地进行转向控制和速度控制，因此在结构和原理上类似于前轮驱动前轮导向机构的前轮。

3. 四轮行驶机构

四轮行驶机构在驱动方式和结构上类似于三轮行驶机构，其优点是驱动轮和负载能力更强，具有较高的地面适应能力和稳定性。同三轮行驶机构相比，四轮行驶机构的缺点在于其回转半径较大，转向不灵活。常见的四轮行驶机构有两轮独立驱动机构和四轮全驱动机构两种。

如图 5-3 所示，四轮全驱动全导向机构的 4 个车轮（图中编号 1、2、3、4）呈 X 形放

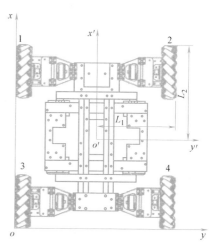

图 5-3　四轮全驱动全导向机构的底盘结构

置，相比于三轮行驶机构，由于增加了一个驱动轮，平台的地面适应能力、负载能力以及平稳性都得到提高。然而，该种机构的控制自由度变得更高，并且由于在运动过程中要求各个独立的导向机构相互协调，保持一定的相互关系，因此控制算法更为复杂。此外，更多的活动机构和过多的控制关节使系统复杂度升高、可靠性降低。

图 5-4 所示是一种四轮均可进行驱动和偏转的全轮偏转式移动机构移动方式示意图，全轮偏转式移动方式通常包括图 5-4（a）、（b）、（c）、（d）所示四种不同的移动方式。

（1）直线方式：车辆的前轮和后轮沿着相同的轴线平行移动，使行驶结构沿直线行驶。

（2）转弯方式：在这种模式下，前轮和后轮沿着不同的轴线旋转，使行驶结构能够在较小的空间内实现转弯。

（3）旋转方式：行驶结构的前轮和后轮朝相反方向旋转，使行驶结构在原地旋转。这种旋转方式可以使行驶结构在极小的空间内实现原地转向，极大地提高了行驶结构在狭窄空间的操控性。

（4）制动方式：在制动过程中，行驶结构的前轮和后轮可以根据需要独立调整转向角度，从而提高行驶结构在紧急制动或曲线行驶时的稳定性。

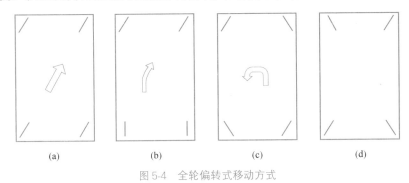

图 5-4　全轮偏转式移动方式

（a）直线方式；（b）转弯方式；（c）旋转方式；（d）制动方式

4. 多节车轮式结构

由多个车轮用轴关节或伸缩关节连在一起形成的轮式行走结构，称为多节车轮式结构，多用于崎岖不平的道路或攀爬台阶。

5.2.2　运动规划与控制

为了使机器人能够正确地到达目的地，必须对机器人的运动进行控制。为了实现这一目标，就必须解决路径设计规划、位置估计、轨迹控制等问题。

（1）路径设计规划。机器人路径规划的目的是根据要达到的目标姿态以及周围障碍物信息，控制机器人在避开障碍物的条件下到达目标点。机器人路径规划方法可分为全局规划和局部规划两种。

（2）位置估计。位置估计一般是通过机器人的正运动学得到车体的移动速度，然后积分求得坐标。这种方法是最基本的估计移动物体位置的方法。除此之外，可以利用惯性传感器，借助外传感器观测周围环境，或依靠外部辅助装置来确定机器人的位置。

（3）轨迹控制。轮式移动机构的控制量有两种：一种是对轮子驱动的操作量；另一种是若采用转向机构，则是对转向驱动的操作量。各个控制量为位置量和速度量，只要在平移和旋转模式中没有停顿，就必须同步实施对各个驱动轴的控制。

5.3 履带式行走机构

典型的履带式行走机构由驱动轮、导向轮、拖带轮、履带板和履带架等部分构成。履带式行走机构虽然不如轮式行走机构方便、快速、灵活，但由于其对地压力小，不容易出现打滑现象，牵引性能良好，能够很好地适应特殊地形。履带式行走机构在通过性和机动性方面有着不可替代的优势，因此，越来越多的地面移动机器人采用履带作为其主要的驱动方式。这些机器人被广泛地应用于灾难救援、战场侦察、行星探测等复杂的任务和环境之中。

履带式行走机构由履带、驱动链轮、支承轮、托带轮和张紧轮组成，如图5-5所示。

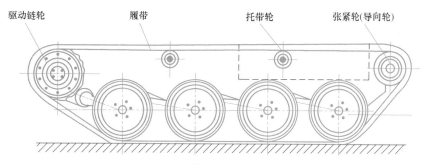

图5-5 履带式行走机构示意图

履带式行走机构的形状主要有一字形和倒梯形两种（图5-6）。

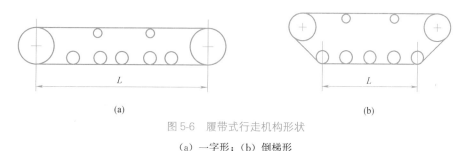

图5-6 履带式行走机构形状

（a）一字形；（b）倒梯形

5.3.1　履带式行走机构的特点

履带式行走机构具有以下优点：地面支撑面积大，接地比压小，滚动摩擦小，通过性能比较好，转弯半径小，牵引附着性能、越野机动性、爬坡、越沟等性能优于轮式行走机构。它的缺点是由于没有自定位轮和转向机构，只能靠左右两个履带的速度差实现转弯，所以在横向和前进方向上都会产生滑动；转弯阻力大，不能准确地确定回转半径等。

5.3.2　常见履带式行走机构

履带式行走机构广泛用于各种军用地面移动机器人。履带式行走机器人的接地比压小，在复杂地形环境中具有强大的通过能力，可以进行运输、侦察、排爆、搜救等繁重或危险的工作。

如图 5-7 所示的履带式行走机器人，机器人整体前后、左右分别对称。车体由前后两部分构成，前后车体之间通过转动副连接。4 个履带模块布置在前后车体的两侧，每个履带模块由一个电机独立驱动。机器人通过控制 4 个驱动电机的输出转速与方向，实现各种地形下的前后移动及左右转向。

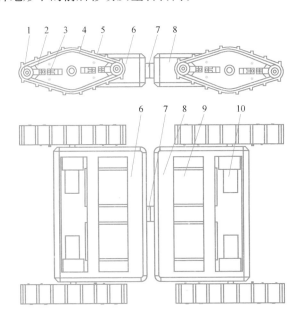

图 5-7　多模式自适应差动履带式行走机器人总体构型

1—托带轮；2—行星架；3—张紧螺栓；4—主动轮；5—履带；
6—前车体；7—连接轴；8—后车体；9—控制器；10—驱动电机

5.4　步行式行走机构

步行式行走机构基于仿生学原理，不仅能在平地上，而且能在凹凸不平的地上步行，能跨越沟壑，上下台阶。步行式行走机器人自由度多、可变性大、结构复杂，所以控制较为烦琐，但在运动特性方面具有独特的优点，良好的步行灵活性使其具有很强的地面适应能力。

5.4.1　步行式行走机构的特点

目前展开广泛研究的有两足、四足、六足等各种腿足式行走机构。步行式行走机构几乎可以适应任何路面的行走，且具有良好的机动性，其运动系统具有良好的主动隔振功能，可以比较轻松地通过松软路面和大跨度障碍。步行式行走机构的缺点是行进速度低缓，效率低下，而且由于腿部与地面接触面积相对较小，遇到非刚性地面状况会出现下陷的情况。同时，由于结构方面的原因，采用步行式行走机构的机器人都无法做到结构紧凑，而且其对腿部关节部位的制造要求较高，成本较高。总体来说，该机构运行速度比较慢，机构形式在上述各种移动机构中最复杂，控制也十分困难，目前尚处于研究和实验阶段。

1. 静态稳定

机器人机身的稳定通过足够数量的足支承来保证。在行走过程中，机身重心的垂直投影始终落在支承足着落地点垂直投影所形成的凸多边形内。为了保持静平衡，机器人需要仔细考虑机器足的配置，保证至少同时有 3 个足着地来保持平衡。

2. 动态稳定

在动态稳定中，机体重心有时不在支承图形中，利用这种重心超出面积外而向前产生倾倒的分力作为行走的动力并不停地调整平衡点以保证不会跌倒。要求机器人控制器必须不断地将机器人的平衡状态反馈回来，通过不停地改变加速度或者重心的位置来满足平衡或定位的要求。

5.4.2　常见两足步行式机器人

如图 5-8 所示的两足步行式机器人，其行走机构是一空间连杆机构。在行走过程中，行走机构始终满足静力学的静平衡条件，也就是机器人的重心始终落在接触地面的一脚上。两足步行式机器人的动步行有效地利用了惯性力和重力。人的步行就是动步行，动步行的典型例子是踩高跷。高跷与地面只是单点接触，两根高跷在地面不动时站稳是非常困难的，要想原地停留，必须不断踏步，不能总是保持步行中的某种瞬间姿态。

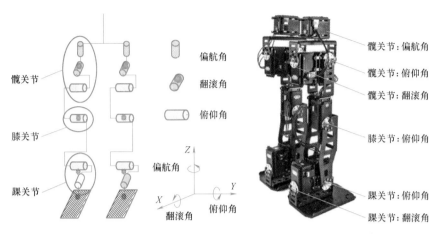

图 5-8　两足步行式机器人示意图

5.5　特种机器人行走机构

5.5.1　爬壁机器人行走机构

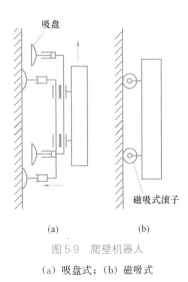

图 5-9　爬壁机器人
(a) 吸盘式；(b) 磁吸式

近年来，由于工业生产对特殊功能机器人的需求越来越大，爬壁机器人的研究备受关注。我国哈尔滨工业大学已经成功研制出单吸盘真空吸附车轮行走式爬壁机器人和永磁铁吸附履带爬壁机器人。其中永磁铁吸附履带爬壁机器人采用的是双履带永磁吸附结构，在履带一周上安装有数十个永磁吸附块，其中的一部分紧紧地吸附在壁面上，并形成一定的吸附力，通过履带（由链条和永磁块组成）使机器人贴附在壁面上。机器人在壁面上的移动靠履带来完成，移动时，履带的旋转使最后的吸附块在脱离壁面的同时又使上面的一个吸附块吸附于壁面，这样周而复始，就实现了机器人在壁面上的爬行。图 5-9 为爬壁机器人的两种类型。

1. 吸盘式爬壁机器人

基于真空负压原理的爬壁机器人壁面吸附力是通过在吸盘和壁面的封闭空间

内部与外部大气压之间形成负压差来实现的。在爬壁机器人的运动空间中，常常会存在不利于产生真空负压吸附力的障碍区域，例如表面缝隙、局部的凸起或凹陷等。如果这种障碍区域恰好处于吸盘与壁面之间并导致封闭空间漏气，使得内部真空度始终无法达到负载要求，则吸盘足将不能完成壁面吸附，从而影响后续动作的执行。

2. 磁吸式爬壁机器人

磁吸式爬壁机器人则是在真空吸附的基础上将永磁铁块镶嵌在爬壁机器人行走系统的履带上，由履带的传动使机器人在行进过程中保持吸附。磁吸式爬壁机器人的优点是运行平稳、适应重载；缺点是体大笨重，尤其是履带磁吸的接触面较宽，导致转向缓慢、困难，行进摩擦力偏大，磁吸正压力也较大，所要求的动力功率就大，而且磁块也容易因壁面不平整而压碎。

5.5.2　管道机器人行走机构

管道机器人是一种可沿管道内部或外部自动行走的特种机器人。它可以携带一种或多种传感器及操作装置，在操作人员的遥控操作或自动控制下，能够进行一系列的管道检测维修作业。

管道机器人常用于石油、化工、核工业、城建等许多工程管道的管道质量检测、探伤、故障诊断、清洁、喷涂、焊接、管道维修等众多方面。

一般管道机器人要在管内平稳、可靠地启停、行走，必须满足以下几个基本条件：

（1）形封闭：机器人在管道中工作时，为了能够保持一定的姿态，不出现倾覆、扭转等现象，这就要求管道对机器人施加一个封闭的形状约束；

（2）力封闭：移动机构在行走过程中，应具备支撑在管道内壁上而不失稳的能力，即机器人的支撑机构受到管道的径向支反力而组成一个封闭力多边形。

（3）驱动行走：指行走机构具有主动驱使机构。

1. 蠕动式管道机器人

蠕动式以其结构紧凑、可微型化等优点，广泛应用于小口径管道的检测中。如图 5-10 所示，机器人本体由 3 个单元组成：前后部分为支撑管壁的爪结构单元，中间为伸缩单元，各单元之间用微型万向联轴器连接起来，各段分别由不同的微型直流电机驱动。电机 2 正反转实现伸缩，电机 1、3 分别控制前后爪的松开和张紧，3个电机协调动作，就可以实现整体的蠕动前进或后退。

2. 履带式管道机器人

如图 5-11 所示，履带式管道机器人在弯管或跨越管内障碍时，要求机器人的姿

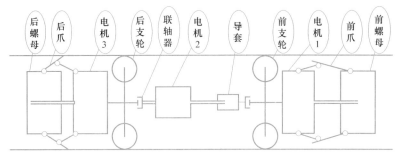

图 5-10　蠕动式管道机器人

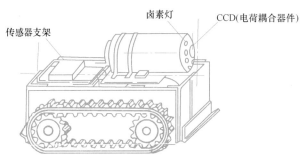

图 5-11　履带式管道机器人

态根据运动路径随时进行调整。机器的姿态由携带的倾斜传感器测量，且不断调整两侧履带速度以保证机器人姿态符合运动要求。

5.6　其他机器人行走机构

5.6.1　固定轨迹式移动机构

该机器人机身底座安装在一个可移动的拖板座上，靠丝杠螺母驱动，整个机器人沿丝杠纵向移动。这类机器人除了采用直线驱动方式外，有时也采用类似起重机梁的行走方式等。这种可移动机器人主要用在作业区域大的场合，比如大型设备装配，立体化仓库中的材料搬运、材料堆垛和储运及大面积喷涂等，图 5-12 所示为大型堆垛机。

5.6.2　钢丝绳传动行走机构

钢丝绳摩擦传动因其简洁、高效和高精度的特点而被广泛应用。如图 5-13 所示，传动系统由驱动转轮（主动轮）和从动轮以及连接两轮的钢丝绳组成，两轮上分别开有钢丝绳导向凹槽。为了提高钢丝绳的承载能力，防止出现打滑现象，钢丝绳以 8

图 5-12 堆垛机

字形缠绕两轮。驱动系统通过钢丝绳与两轮
的摩擦力来传递扭矩，由于单根钢丝绳承载
能力有限，可根据工作负载的大小采用多组
钢丝绳。调整每组钢丝绳的预紧力，以保证
每根钢丝绳承受的载荷相等。由于钢丝绳工

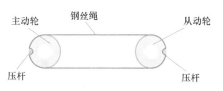

图 5-13 钢丝绳传动四足机器人

作在预紧力的条件下，长期使用将导致钢丝绳伸长，弹簧的作用就是补偿钢丝绳的
伸长。

5.6.3 人工肌肉传动机构

传统的人工肌肉大多是气压驱动，图 5-14 所示是 McKibben 气动肌肉，其中，
输入气压大小由控制器根据实际工作情况进行控制。当输入端气压增大时，内层橡
胶管膨胀，由于外层编织网刚度很大，几乎不能伸长，限制肌肉只能径向变形（直
径变大，长度缩短），产生轴向收缩力；而当输入端气压降低时，导致人工肌肉伸长
（松弛），肌肉的刚度及驱动力也就随之降低。肌肉的刚度可通过控制橡胶管内的气
压来实现，这种肌肉具有变刚度特性，可等效为一只变刚度的弹簧。

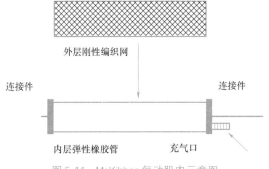

图 5-14 McKibben 气动肌肉示意图

5.7　机器人行走性能改善

机器人要求在结构简单和运动稳定性较高的基础上，具有一定的越障能力和较强的环境适应能力。因此对机器人技术性能提出了要求：

（1）外形结构：外形尺寸应在期望工作环境所能限制的尺寸范围内，结构简单可靠。

（2）速度灵活性：具有灵活切换行驶速度的能力，并规定速度安全界限。

（3）运动稳定性：机器人在不同的路段其运动性能要求不同，要满足不同路面环境的运动稳定可靠。

（4）越障能力：需要能越过一定高度的障碍、一定深度的沟壑及一定角度的陡坡等障碍。

（5）载重能力：机器人执行任务时不仅要承载车体及行走装置的负载，还要有足够的额外负载能力以实现一定的运输功能。

（6）作业环境：机器人应能在高温、高压、辐射、污染、真空和高负载等人工无法直接作业的环境下工作。

移动机器人必须能够支撑机器人的重量。当机器人四处行走并同时进行作业时，移动车辆还需要具有保持稳定的能力。这就意味着机器人本身既要平衡可能出现的不稳定力或力矩，又要有足够的强度和刚度，以承受可能施加于其上的力和力矩。为了满足这些要求，可以采用以下两种方法：一是增加机器人移动车辆的重量和刚性，二是进行实时计算和施加所需要的平衡力。由于前一种方法容易实现，所以它是目前改善机器人行走性能的常用方法。

习题

5-1　机器人行走机构可怎样进行分类？

5-2　简要说明轮式行走机器人的种类，其各自有怎样的特点，分别适用于什么样的工作场合？

5-3　轮式行走机器人和履带式行走机器人在设计时分别应考虑哪些问题？

5-4　比较分析轮式行走机器人和履带式行走机器人各自的特点。

5-5　简要分析两足步行式机器人的设计难点。

5-6　在设计机器人行走机构时应当如何提高机器人的行走性能？

参 考 文 献

[1] 汪步云，彭稳，梁艺，等. 全地形移动机器人悬架机构设计及特性分析 [J]. 机械工程学报，2022，58（09）：71-86.

[2] 洪红. 工业机器人技术 [M]. 3 版. 西安：西安电子科技大学出版社，2016.

[3] 张炜. 履带式移动机器人行走实时控制系统的研究 [D]. 长春：长春工业大学，2006.

[4] 杨林. 地面移动机器人载体及搭载平台机械设计与分析 [D]. 南京：南京理工大学，2009.

[5] 孙俊凯，孙泽洲，辛鹏飞，等. 深空着陆探测足式机器人发展综述 [J]. 中国机械工程，2021，32（15）：1765-1775.

[6] 肖志成. 轮式移动机器人系统及避障技术研究 [D]. 重庆：重庆邮电大学，2020.

[7] MUIR P F，NEUMAN C P. Kinematic modeling of wheeled mobile robots [J]. Journal of Robotic Systems，1987，4（2）：281-340.

[8] 王慰军，杨桂林，张驰，等. 四轮式全向移动机器人设计 [J]. 中国工程机械学报，2016，14（4）：327-331.

[9] 周晓东. 一种小型机器人行走机构的设计与分析 [D]. 重庆：重庆大学，2009.

[10] 熊有伦. 机器人学：建模、控制与视觉 [M]. 武汉：华中科技大学出版社，2018.

[11] 张晓丽. 室内服务机器人移动底盘结构设计与仿真分析 [D]. 重庆：重庆大学，2017.

[12] 孙浩水，王小平，王晓光，等. 基于模糊免疫神经网络 PID 算法的全向底盘控制方法 [J]. 空军工程大学学报（自然科学版），2018，19（4）：59-65.

[13] 张荣. 智能制造时代的工业机器人技术及应用研究 [M]. 北京：中国原子能出版社，2021.

[14] 王耀兵，叶培建，张洪太，等. 空间机器人 [M]. 北京：北京理工大学出版社，2018.

[15] 付宜利，靳保，王树国，等. 未知环境下基于行为的机器人模糊路径规划方法 [J]. 机械工程学报，2006，42（5）：120-125.

[16] 伍瑾斐，秦东兴，刘俊. 四轮式移动机器人非完整运动控制 [J]. 电子科技大学学报，2007，（02）：302-304.

[17] 李楠，王明辉，马书根，等. 基于联合运动规划的可变形履带机器人在线翻越楼梯控制方法 [J]. 机械工程学报，2012，48（1）：47-56.

[18] 杨林. 地面移动机器人载体及搭载平台机械设计与分析 [D]. 南京：南京理工大学，2009.

[19] LI I H，WANG W Y，TSENG C K. A kinect-sensor-based tracked robot for exploring and climbing stairs [J]. International Journal of Advanced Robotic Systems，2014，11（1）：1-11.

[20] JAHANIAN O，KARIMI G. Locomotion systems in robotic application [C]//IEEE International Conference on Robotics and Biomimetics. IEEE，2006：689-696.

[21] ZONG C，JIANG S，GUO W，et al. Obstacle-surmounting capability analysis of a joint

double-tracked robot［C］//IEEE International Conference on Mechatronics and Automation. IEEE，2014：723-728.

[22] 姚燕安，王硕，成俊霖. 多模式自适应差动履带机器人［J］. 南京航空航天大学学报，2017，49（6）：757-765.

[23] 孙耀明. 微型计算机在机器人技术中的应用［M］. 北京：科学技术文献出版社，1987.

[24] 张成军，李艳文. 一种基于 3-RPC 并联机构的新型步行机器人［J］. 机械工程学报，2011，47（15）：25-30.

[25] 程乾. 六足机器人行走机构设计与运动仿真研究［D］. 绵阳：西南科技大学，2015.

[26] 张婷婷. 基于 ARM 和 CPLD 的四足机器人嵌入式控制器硬件平台设计［D］. 武汉：武汉科技大学，2009.

[27] 姜勇，王洪光，房立金. 基于主动试探的微小型爬壁机器人步态控制［J］. 机械工程学报，2009，45（7）：56-62.

[28] 薛胜雄，任启乐，陈正文，等. 磁隙式爬壁机器人的研制［J］. 机械工程学报，2011，47（21）：37-42.

[29] 韩小秋. 无缆链式管内机器人驱动单元特性分析与研究［D］. 哈尔滨：哈尔滨工业大学，2010.

[30] 解旭辉，王宏刚，徐从启. 微小管道机器人机构设计及动力学分析［J］. 国防科技大学学报，2007，29（6）：98-101.

[31] 吕恬生，宋钰，沈海东. 履带式管道机器人的自适应模糊控制［J］. 上海交通大学学报，1997，（09）：70-73.

[32] 杨佳欣，张昊，尹铭泽，等. 绳传动四足爬行机器人的结构设计与仿真分析［J］. 机械制造与自动化，2019，48（03）：108-111.

[33] 张远深，刘明春，赵娜，等. McKibben 气动人工肌肉技术的发展历程［J］. 液压与气动，2008，（07）：13-15.

第 6 章

机器人驱动控制技术

● 本章学习目标 ●

1. 了解机器人控制系统的基本要求及其特点，包括位置控制、速度控制和力控制。

2. 掌握机器人电气驱动控制中常用的直流伺服电机、交流伺服电机、无刷直流电机、直线电机、步进电机和舵机的工作原理和特点。

3. 熟练掌握液压传动系统的主要组成部分及其作用；了解常用液压能源装置、液压控制元件的工作原理和特点。

6.1 机器人运动控制

如果在仅有感官和肌肉的情况下（也即机器人的传感器和驱动器），人的四肢并不能动作。一方面是因为来自感官的信号没有器官去接收和处理，另一方面也是因为没有器官发出神经信号，驱使肌肉发生收缩或舒张。对于机器人来说亦然，传感器输出的信号没有起作用，驱动电动机在得不到驱动电压和电流的情况下，机器人的执行机构——机械臂难以工作，故机器人需要有一个控制系统，一个由硬件和软件所构成的控制系统，并由这个控制系统对机器人进行运动控制。

综上所述，机器人控制系统主要任务是接收来自传感器的检测信号，并根据系统所传递的信息，驱动机械臂中的电动机。就像我们人的活动需要依赖自身的感官一样，机器人的运动控制离不开驱动器以及传感器。通过传感器实现信息传递，并通过驱动电机进行任务执行，最终由各类软件硬件系统的控制器组件共同组成了机器人的控制系统。下文将对机器人的驱动控制技术中除控制系统传感器以外的部分进行简单介绍。

机器人控制系统是指由控制主体、控制客体和控制媒体组成的，具有自身目标和功能的管理系统。控制系统意味着通过它可以按照所希望的方式保持和改变机器、机构或其他设备内任何感兴趣或可变化的量。控制系统同时是为了使被控制对象达到预定的理想状态而实施的。因此需要确定机器人工作过程中的运动控制任务，即所预定的理想状态。

6.1.1 运动控制任务

在明确机器人的运动控制任务之前，许多机器人在控制方面的要求与特点上存在共性，我们需要确定机器人控制系统的相关特点及其要求。

1. 机器人控制系统的特点

虽然机器人的控制技术源自传统机械系统，但机器人控制技术相较来说更为复杂、困难。其特点如下：

（1）机器人控制系统是一个非线性系统。机器人的结构、传动件、驱动元件等都是引起机器人系统非线性的重要因素。

（2）机器人本身结构复杂，因此控制系统是由多个具有耦合作用的关节组成的一个多变量系统。其耦合作用可以视作某一个关节运动的同时，会对其他关节产生相应的动力效应。因而，在工业机器人的控制当中经常使用前馈、自适应、补偿和解耦等复杂控制技术。

（3）机器人系统是一个时变系统，随着关节运动位置的变化，其动力学参数也会产生相应的变化。

（4）机器人工作环境复杂，因此要求对环境条件、控制指令进行测定和分析，一般采用计算机所建立的信息库，并用人工智能的方法进行控制、决策、管理和操作，达到按照给定的要求，自动选择最佳控制规律的标准。

2. 机器人控制系统的基本要求

从使用的角度讲，机器人是一种特殊的自动化设备，对其控制有如下要求：

（1）较高的位置精度，很大的调速范围。机器人关节上的位置检测元件通常安装在各自的驱动轴上，构成位置半闭环系统，且存在开式链传动机构的间隙等情况，因此，与数控机床相比，机器人总的位置精准度较低。但机器人的调速范围要较大，因为在工作状态下，机器人可能要较低速度地加工工件，而在空行程时，为提高工作效率，又要以极高的速度移动。

（2）多轴运动的协调控制。因为机器人手部的运动是多关节运动的合成运动，因此，要使机器人按照规定的轨迹运动，就必须控制好各关节协调动作，其中包括动作时序、运动轨迹的协调。

（3）位置无超调，动态响应快。为避免与工件发生碰撞，需要适当增加系统的阻尼。

（4）系统的静差率要小。即要求系统具有较好的刚性。若静差率较大，将造成机器人的位置误差。

（5）需采用加减速控制。开链式结构的机器人，机械刚度低，其运动的平稳性受到加减速的影响。因此通常采用匀加减速指令来保证机器人运动的平稳性。

（6）具有良好的人机界面，尽量降低对操作者的要求。因此，除了完成底层伺服控制器设计外，还要把任务的描述设计成简单的语言格式。

（7）各关节的速度误差系数应尽量一致。机器人运动轨迹的控制，是多关节共同协作的结果。各轴关节系统的速度放大系数尽量一致，且在不影响稳定性的前提下，可以取较大的数值。

（8）从系统成本的角度看，要更多采用软件伺服的方法来完善控制系统的性能，以尽量降低系统硬件成本。

上述内容是传统工业机器人控制系统所具备的基本特点及其要求。而特种机器人在不同工况下所需完成的任务不一样，其任务特性也会产生相应的变化。如建造机器人可以分为墙体施工机器人（图6-1）、装修建筑机器人（图6-2）、维护建筑机器人、救援建筑机器人（图6-3）、3D打印机器人（图6-4）等。上述机器人在速度、位置、力三个方面控制的精度要求不一样，控制灵活性也不一样。因此，在不同种类的建造机器人应用中，我们需要根据实际情况，设计不同的控制任务。

图 6-1　Hadrian X 墙体施工机器人

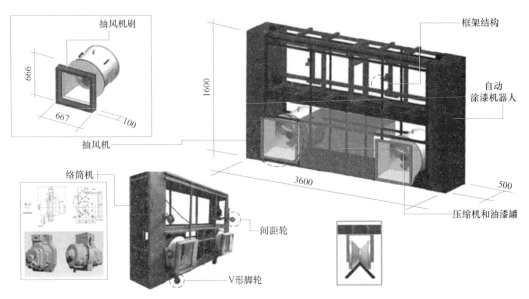

图 6-2　外墙自动喷漆机器人

图 6-3　多机器人协同救援系统

图 6-4　DCP 3D 打印机器人

　　图 6-2 所示为外墙自动喷漆机器人，在工作过程中，受到的风阻较大。因此，需要对于在高风阻情况下的工作状态进行分析，并对该情况下的工作精度进一步确定。又如救援建筑机器人，工作环境中空气的颗粒物较多，环境恶劣，也需要进一步对于控制任务进行分析。

　　综上所述，机器人的控制任务中恒定的命题是对于自由运动的控制，即定点控制、轨迹跟踪。按控制量的不同可以将机器人控制分为：位置控制、速度控制、加速度控制、力控制、力位混合控制等，这些控制可以是在关节空间中的控制，也可以是在末端笛卡尔空间中的控制。下文就机器人控制中要求较高的位置控制、速度控制、力控制三个方面进行简要的介绍。

6.1.2　位置控制

　　机器人的位置控制有时也称为位姿控制或轨迹控制，其主要实现两大功能：点到点（point to point）控制与路径（control plan）控制。位置控制也是在机器人控制中所需要实现的最基本的控制任务，其目标简而言之便是让机器人的各个关节的位置以较为理想的动态指标达到指定的轨迹或位置上，而对于建造机器人来说需要具备良好的稳定性、快速性、准确性，以保证建造的安全、效率等多方面指标。由位置控制复杂程度的不同，可以分为单关节和多关节位置控制，其关节控制结构相仿，如图 6-5 所示。

　　图 6-5 中，参量 $q_d=[q_{d1} \quad q_{d2} \quad \cdots \quad q_{dn}]^T$ 为所期望的位置矢量，$\dot{q}_d$ 与 $\ddot{q}_d$ 则分别是速度以及加速度矢量，$\tau=[\tau_1 \quad \tau_2 \quad \cdots \quad \tau_n]^T$ 则是关节驱动力矩，u_1 与 u_2 为控制中介量。按图 6-5 中 5 个模块组成机器人关节位置控制结构，其速度、加速度控制模块也如前所示，图 6-5（a）所示的关节空间控制结构是在工业机器人控制中常

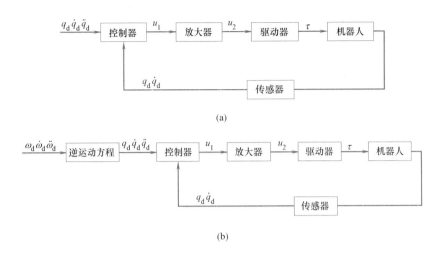

图 6-5　机器人控制基本结构

(a) 关节空间控制结构；(b) 基于直角坐标的关节空间控制结构

用的空间控制结构。为了控制所期望的位置轨迹，需要加入逆运动控制环节以进行轨迹控制，如图 6-5 (b) 所示。

为实现精准的控制，需要建立关节位置控制中各个模块的传递函数并进行相关设计，即图 6-5 中的 5 个模块——控制器、放大器、驱动器、机器人、传感器，其中的放大器、驱动器、机器人、传感器 4 个控制模块需要通过实际结构进行分析，并得出其在控制过程中的传递函数，因此需要设计的是控制器的传递函数，这就涉及相关的控制算法。发展至今的控制算法多样，有 PID（比例-积分-微分）控制、变结构控制、自适应控制、模糊控制、神经元网络控制等，而对于关节控制器来说常采用 PID 算法，亦可采用模糊控制算法。

下面我们对一种机器人的位置控制模式进行简单的介绍，就常见的机器人在时间域的 PID 控制模型来说，多自由度机器人控制器传递函数标准形式可以表示为：

$$u_1 = K_p e(t) + K_i \int e(t) \mathrm{d}t + K_d \dot{e}(t)$$

式中　　$e(t)$——位置误差量；

　　　　u_1——控制中介量；

K_p、K_i、K_d——比例、积分和微分增益的对角矩阵。

而在位置控制的高速插补控制中，由于其控制周期较短，且稳态误差较小，一般并不采用积分环节，即 K_i 等于零，以减小计算量，故其从动轴在时间域的 PID 模型，可以转换为在位置域的 PD（比例-微分）模型。这里我们需要了解到，多关节轴机器人运动时有一个主动轴，多个从动轴，从动轴的位置需要实时表达为主动轴的位置函数，即 PD 模型，其控制原理框图如图 6-6 所示。

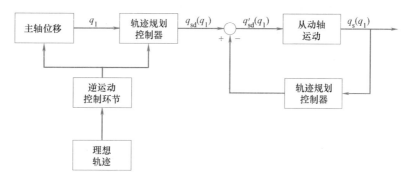

图 6-6　位置域 PD 模型控制原理框图

上述控制方法，通过逆运动控制环节，获得控制中所期望的关节位置，并计算各个关节轴的变量属性，分析哪个关节轴位置变量最大，指定主、从动轴之间的关系，并通过所规划的轨迹，以主动轴位置 q_1 为自变量计算从动轴的期望位置 q_{sd} 和期望相对位置函数 q'_{sd}，并通过其差值进行 PD 控制运算，主动轴位置 q_1 本身的控制也是通过 PD 控制。

通过位置跟随控制，让主从运动之间的轨迹尽可能精确，但由于所有从动轴的位置都要转化为主动轴位置函数，计算量过大，并不能保证理想的轮廓跟踪误差，且往往导致轮廓跟踪轨迹精度恶化，近年来在多关节位置轨迹控制方面有着大量研究。

综上，在多关节位置控制当中，为减小计算量，增加拟合精度，可以通过主动轴的时间域控制以及从动轴的位置域控制计算来以混合控制的形式实现机器人关节控制。

6.1.3　速度控制

而对于较高精度的机器人来说，在进行位置控制的同时，还要进行速度控制，故在连续轨迹的情况下，要满足运动平稳、定位准确的要求，需要保证控制运动关节的速度以及位置双重控制，即机器人的行程需要遵循一定的速度变化曲线，如图 6-7 所示，也就是处理好速度与稳定性之间的关系，控制好启动加速和减速定位两个过渡部分。

速度控制方法可以通过图 6-5（a）所示的控制模块来实现，也可以与位置控制相配合来实现，即通过关节位

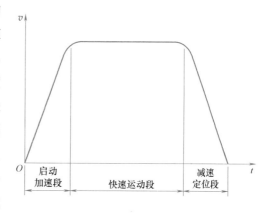

图 6-7　机器人行程的速度-时间曲线

置的给定值与当前值进行比较，经过位置控制器运算过后，将其输出作为速度控制的给定值。实际的控制方式两者相同，其差异在于给定方式不相同，一个是根据所给定的速度曲线进行速度控制，另一个则是通过位置控制计算来取得输入量。关节速度控制也常采用 PID 算法、模糊控制算法等方式。

下面对于模糊自适应 PID 速度控制器进行一个简单的介绍，其原理是将模糊控制与 PID 控制相结合，构成模糊自适应 PID 控制。通过应用模糊理论的控制，对于人工设定的 PID 控制器的 3 个参数即 K_p、K_i 和 K_d 进行调参。用速度传感器实时检测机器人关节速度差值，通过模糊控制器模糊化处理后计算得到 ΔK_p、ΔK_i 和 ΔK_d 并与原先的 K_p、K_i 和 K_d 相加得到最终值。

$$K'_p = K_p + \Delta K_p$$
$$K'_i = K_i + \Delta K_i$$
$$K'_d = K_d + \Delta K_d$$

通过以上计算可以得到相关的 PID 控制器结构，如图 6-8 所示。

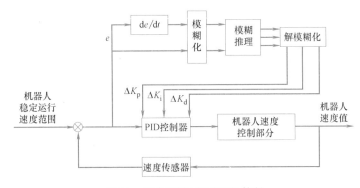

图 6-8　速度模糊自适应 PID 控制

6.1.4　力控制

图 6-9 所示为力控制方案的一种，控制方式与前文所述位移位置、速度控制框架相类似。图中所示力控制部分主要由 PI（比例-积分）计算与力前馈两个部分组成，通过 PI 将机器人末端期望的广义力 F_d 作为给定值，并由力学传感器反馈力学信息，计算偏差力从而控制力的大小，而力前馈的作用则是加快响应速度。其实对于关节力或力矩来说，这种不易测量且通过关节电机实现的参数，可以通过关节电机中的电流量来近似反映电机力矩，即将控制量由力或力矩转换为电流，有利于加快运算过程，减小系统的复杂性。

通常来说，机器人的力控制与位置控制是很难进行分离的，这里需要知道一个概念——机器人的主动柔顺，即机器人主动通过力学传感器检测外界环境变化从而反馈力信息，对于机器人的性能和精度有着较大的影响。主动柔顺性的提高，便是对于力与位置的有效控制。图 6-9 所示的力-位混合控制策略便是主流的机器人力控制方案，当然也有阻抗控制测量、智能控制以及自适应控制策略等方法，这里主要对于力-位混合控制进行简单的介绍。

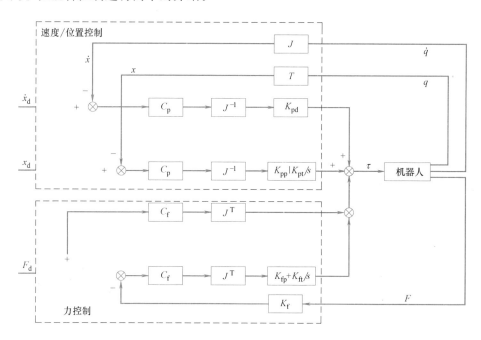

图 6-9　力-位混合控制

力-位混合控制，便是对于力和位置的同时控制，是目前较为前沿的研究方向。位置控制通过给定机器人末端笛卡尔坐标，并经过运动学计算得到各关节的空间位置，利用差值以及雅可比矩阵转换为关节空间位置增量，而力控制方式则如前所述。图 6-9 所述的力-位混合控制仅为其中的一种简单方案，在实际应用过程中需要根据机器人的施工环境进行必要的修正。然而力-位混合控制这种方案在外界参数发生变化时自适应能力较差，系统控制性会变差，对于特殊机器人如建造机器人环境差异大、机器人末端位移量精度要求高的情况仍存在一系列问题。

综上所述，位置控制、速度控制、力控制为机器人在控制中所需关注的 3 项相关控制技术，位置以及速度的伺服控制就目前水平来说已经足够，但如何解决力/位耦合关系仍具有挑战性，力的控制稳定性要求高，如何在位置环境下实现精确的力控制是机器人进一步发展所需面对的。一个多功能且高效的机器人，必须攻克的便是机器人柔顺性控制这一项综合性极强的技术，而对于传感器这一项作为机器人末端与外界环境感知的媒介来说，也是提高机器人柔顺性的突破方向之一，其将会在之后的章节进行介绍。

6.2 机器人电气驱动技术

电机（electric machinery，俗称"马达"）是指依据电磁感应定律实现电能转换或传递的一种电磁装置，自 1740 年 Andrew Gordon 所研究的电机早期模型首次问世，1886 年 Frank Julian Sprague 发明了第一台可变重量下恒速运行的实用直流电机，至今电机广泛应用在电气伺服传动领域、信息处理领域、国防领域、汽车领域等多个领域。为适应不同领域中的要求，电机也由不同机械特性、不同结构、不同运行方式等要求而衍生出不同种类特性的电机。伺服电机作为工业机器人中的关键零部件，在机器人的关节等多方面的控制当中也起着相当关键的作用。下面将对伺服电机的概率、特点以及其驱动器和直流电机的传递函数推导等进行一个简单的介绍，而后也会介绍在机器人控制中运用较多的电机类型，如无刷、步进、直线、舵机等。

伺服电机（servo motor）指的是在伺服系统中控制机械元件运转的发动机，也是一种辅助马达间接变速装置。伺服电机具有较高水平的速度控制和位置控制精度，且能将电压、电流等信号转化为转矩和转速以驱动控制对象。伺服电机转子转速受输入信号即电流电压的控制，反应快速，在自动控制系统中，用作执行元件，且具有机电时间常数小、线性度高等特性，可把所收到的电信号转换成电动机轴上的角位移或角速度输出。

伺服系统（servo mechanism）是使物体的位置、方位、状态等输出被控量能够跟随输入目标（或给定值）而任意变化的自动控制系统。伺服主要靠脉冲来定位，基本上可以这样理解，伺服电机接收到 1 个脉冲，就会旋转 1 个脉冲对应的角度，从而实现位移。因为伺服电机本身具备发出脉冲的功能，所以伺服电机每旋转一个角度，都会发出对应数量的脉冲，这样和伺服电机接受的脉冲形成了呼应，或者叫闭环。如此一来，系统就会知道发了多少脉冲给伺服电机，同时又收了多少脉冲回来，这样，就能够很精确地控制电机的转动，从而实现精确的定位，精度可以达到 0.001mm。

伺服电机作用：伺服电机也称为执行电机，在控制系统中用作执行元件，将电信号转换为轴上的转角或转速，以带动控制对象。

伺服电机分类：交流伺服电机、直流伺服电机。

伺服电机特点：

（1）调速范围宽广。伺服电机的转速随着控制电压改变，能在宽广的范围内连续调节。

（2）转子的惯性小，即能实现迅速启动、停转。

（3）控制功率小，过载能力强，可靠性好。

伺服驱动器是现代运动控制的重要组成部分，被广泛应用于工业机器人及数控加工中心等自动化设备中。尤其是应用于控制交流永磁同步电机的伺服驱动器已经成为国内外研究热点。基于矢量控制的电流、速度、位置3闭环控制算法为当前交流伺服驱动器设计中普遍采用的控制算法。其中合理的速度闭环控制设计，对伺服控制系统的速度控制性能有着重要的影响。而相较于模拟的交流伺服系统来说，由微电机技术所催生的电动机控制处理芯片与数字信号处理器DSP交流伺服系统可以实现更为复杂的控制算法，也更加灵活多变。

驱动器作用：根据给定信号输出与此呈正比的控制电压U_c；接收编码器的速度和位置信号；I/O信号接口。

驱动器控制模式：

（1）位置控制模式：一般是通过脉冲的个数来确定移动的位移，外部输入的脉冲频率确定转动速度的大小。由于位置模式可以对速度和位置严格控制，所以一般应用于定位装置，是伺服应用最多的控制模式，主要用于机械手、贴片机、雕铣雕刻、数控机床等。

（2）速度控制模式：通过模拟量输入或数字量给定、通信给定控制转动速度而实现速度控制，主要应用于一些恒速场合。如模拟量雕铣机应用，上位机采用位置控制，伺服驱动器采用速度控制模式。

（3）转矩控制模式：通过即时改变模拟量的设定或以通信方式改变对应的地址数值来改变设定的力矩大小。主要应用在对材质的受力有严格要求的缠绕和放卷的装置中，例如绕线装置或拉光纤设备等一些张力控制场合，转矩的设定要根据缠绕半径的变化随时更改，以确保材质的受力不会随着缠绕半径的变化而改变。

图6-10 为驱动器的外部样式。图6-11和图6-12分别为日系松下系列和安川系列伺服电机和驱动器。国际厂商在中国建立工厂，供应充足，产品价格相对合理，而国内

图6-10 驱动器外部样式

的一些公司产品质量正在追赶国际厂商，未形成主要厂商垄断现象。

在驱动器进行位置、速度、转矩控制时，电机本身的传递函数尤为重要。图6-13和式（6-1）为利用电机动态电压方程，以及电机轴动力学方程，根据拉普拉

斯变换得到的直流电机电压与电流，电流与电动势，电动势与转速之间的传递函数
以及相关传递函数方块图。

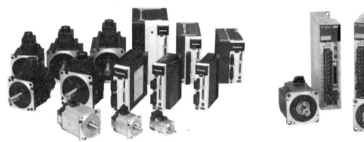

图 6-11 松下伺服电机与驱动器产品系列

资料来源：来源于松下官网。

图 6-12 安川伺服电机与驱动器

资料来源：来源于安川官网。

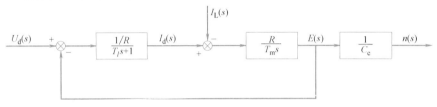

图 6-13 直流电机系统传递函数

$$\begin{cases} \dfrac{I_d(s)}{U_d(s)-E(s)}=(1/R)/(T_l s+1) \\[2mm] \dfrac{E(S)}{I_d-I_L(s)}=\dfrac{R}{T_m s} \\[2mm] \dfrac{E(s)}{n(s)}=\dfrac{1}{C_e} \end{cases} \tag{6-1}$$

式中　U_d——电枢电压；

　　　R——电枢电阻；

　　　T_l——电磁时间常数；

　　　T_m——机电时间常数；

　　　I_d——电枢电流；

　　　I_L——负载电流；

　　　C_e——电动势系数。

除了上述直流电机的传递函数外，不同种类电机本身还具有其特性曲线，传递
函数因电机种类的变化而变化，比如力矩电机其力矩恒定，通过 T_e 驱动转矩的公式
容易知道其电流恒定，因此需要通过相应关系来计算其具体传递函数，而对于某些
特殊的电机，如超声电机等特种电机，其各项系数测量困难，一般通过实验来建立
并计算传递函数。

6.2.1 直流伺服电机

1. 直流伺服电机简介

直流伺服电机（DC servo motor）包括定子、转子铁芯、伺服电机绕组换向器、电机转轴、测速电机绕组等多个部分，其结构与普通的小型直流电机相同，但由于其功率较小，故可以以永磁磁铁作为磁极，从而省去励磁组，其多为他励式（永磁作为他励式的一种）。其转子主要由硅钢片叠压形成，表面嵌有线圈。电刷与换向片则是为了让所产生的电磁转矩保持恒定的方向，并让转子沿固定方向转动。而其在功能以及结构上比传统直流电机有一定的改进，具有如下特点：

（1）结构细长，转动惯量较低，为传统直流电机的1/3～1/2左右。

（2）优良换向能力，在较大峰值电流下仍然能够保证良好的换向性能，并能够承受较大的瞬时电流以及瞬时转矩。

（3）机械强度较高，能够承受较大加速度阻力所产生的冲击力。

2. 直流伺服电机控制及其特性

直流伺服电机的工作方式与传统直流电机工作方式类似。通过永磁磁铁产生的磁通，向电枢绕组中通电流，通过电枢电流与磁场之间的相互作用产生电机的转矩并让伺服电机投入工作，而其中的换向器等物件与直流电机工作原理相同，主要是为了实现电枢电流方向转换，当电枢绕组或励磁绕组断电时电动机便会立即停止转动。直流伺服电机在机器人控制当中最重要的是速度控制，下面将介绍直流伺服电机的定位、两种速度控制方式及其特性。

直流伺服电机的定位方式较为简单，主要依靠脉冲定位，与编码器类似，接收一个脉冲则旋转一个脉冲对应的角度，这样能够实现精确的定位。

直流伺服电机的励磁绕组和电枢绕组分别安装在定、转子上，与直流电机的调速方式相仿，改变电枢绕组的电压以及励磁绕组的电流导致电机调速的特性有所不同。一般来说直流伺服电机通过励磁绕组进行励磁，电枢绕组进行转速控制，或者通过两者相反的方式来实现，这两种控制种类的特性不同。为方便分析，假设磁路不饱和、不计电枢反应时间。该假设在对于小功率的直流伺服电机的控制中是允许的。

（1）电枢控制的直流伺服电机特性

在该控制方式下励磁通过励磁绕组来实现，其励磁电压 U_f 恒定，通过励磁电流 I_f 产生的磁通量 Φ，电枢绕组受到电压 U_e 控制，即通过电枢电压的大小来实现整个电机的速度控制，当控制绕组即电枢绕组接收控制电压后，电机开始转动，电压消失，电机停止转动。在该控制方式下，直流伺服电机的机械特性与他励式直流电机中通过改变电枢电压所产生的人为机械特性相同，即为式（6-2），其机械特性曲线如图 6-14 所示：

$$T_e = \frac{C_T \Phi U_e}{R_a} - \frac{C_e C_T \Phi^2}{R_a} n \tag{6-2}$$

式中 C_e——电动势常数；

C_T——转矩常数；

R_a——电枢绕组电阻。

而在力矩恒定的情况下，转速会随着电枢控制电压的变化而变化，即表现为电枢控制下的直流电机的调节特性，其特性曲线如图 6-15 所示。

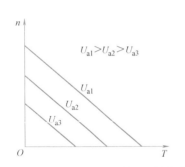

图 6-14 电枢控制下直流伺服电机机械特性曲线

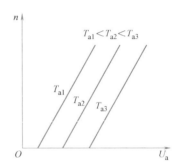

图 6-15 电枢控制下直流电机调节特性

对于上述调节特性来说，在转速为 0 的情况下，负载转矩的存在使得电机在一定控制电压内不转动，这样的电压范围称为电机的死区，其可以通过恒定的负载转机计算得出。

（2）磁场控制的直流伺服电机特性

在磁场控制中，电枢绕组为励磁，其电压近似恒定为 U_f。以励磁绕组作为控制绕组，其控制电压视为 U_e。将 $\frac{U_e}{U_f}$ 两者比值视为信号系数 α，绕组磁通 Φ 与控制电压 U_e 的比值视为 C'_Φ，假设条件与前文相同，可以得到磁场控制的特性曲线：

$$T_e = \frac{C_T C'_\Phi U_f^2}{R_a} \alpha - \frac{C_e C_T C'^2_\Phi \alpha^2 U_f^2}{R_a} n \tag{6-3}$$

其中各符号表达意义与前述相同，而与第一种控制方式所不同的是，在不同的信号系数下，其机械特性与调节特性会产生相应的变化，当 $\alpha=1$ 时，两种控制方式的机械特性相同，而当 $\alpha<1$ 时，磁场控制下的机械特性相对于电枢控制下的较平缓，即转速变化大的情况下转矩变化小。在实际应用中要具体分析，选择合适的机械特性以及调节曲线。就磁场控制的调节特性来说，转速与信号系数之间并非线性函数，每种转速都有两种信号系数相对应，存在着较为严重的缺陷。

综上所述，电枢控制以及磁场控制这两种控制方式，通过对比得到，电枢控制的机械特性以及调节特性都为线性，而磁场控制的调节特性曲线较为复杂。且电枢控制中，通过励磁绕组励磁时，电阻大、功耗小，且电枢电感、时间常数小，响应相较来说比较快速。故在直流伺服电机的控制中多采用电枢控制方式。

而在直流伺服电机的转动过程中存在一定的不稳定性，低速状态下，转速不均匀，会有时快时慢等情况，这种称为直流伺服电机低速运转的不稳定性，而造成其低速转动不稳定的原因可以简要分为如下 3 个方面：

1）转子槽的影响：低速状态下，反电动势较小，存在转子槽效应，对电动势脉动影响较大，导致转矩波动大。

2）电刷与换向器之间的摩擦：在低速状态下，电枢、换向器之间摩擦不稳定，故而总的阻转矩也不稳定。

3）电枢接触压降：控制电压小，电枢与换向器之间所产生的接触压降波动大，转子电压产生波动，故也会造成输出转矩波动。

为解决上述问题，我们可以通过选用稳速控制电路以及直流力矩电机进行改进。

6.2.2　交流伺服电机

1. 交流伺服电机简介

交流伺服电机与直流伺服电机类似，在结构上为一两相感应电动机，定子的两相绕组在空间电角度相距 $90°$，其可具有不同的匝数，而其中定子绕组中的一相为励磁绕组，通过定值交流电压 $\dot{U}_f$ 励磁。另一相为控制绕组，通过伺服放大器供电控制电压 $\dot{U}_c$ 进行控制。

其转子结构分为笼型转子和非磁性空心杯转子，如图 6-16、图 6-17 所示，笼型转子结构与普通的笼型感应电机一样，是为了减小转子转动惯量从而做成了细长的结构，而非磁性空心杯转子，除了与一般电机相类似，有一个定子外，还具有一个内定子，内定子铁芯无绕组，仅为磁路一部分，主要用于减小磁阻。

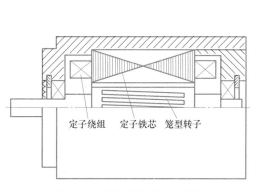

图 6-16　笼型转子伺服电机结构

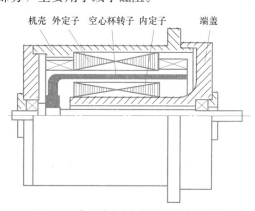

图 6-17　非磁性空心杯转子伺服电机结构

2. 交流伺服电机工作原理

交流伺服电机工作原理如图 6-18 所示。在系统运行过程中，励磁绕组接交流电源，当控制电压为零时，气隙磁场为脉振磁场，启动转矩为零，转子不转动。如果存在控制电压，且控制绕组通过的电流与励磁绕组中的电流存在相位差值，那么气隙内会产生旋转磁场。就此时的电磁过程来说，这是一台分相式的单相异步电机，电动机会产生启动转矩，并让转子开始旋转。但这样的控制状态仅针对静止状态下的电机转动。伺服电机的性能要求具有良好的可控性，要求在信号消失的情况下，即控制电压归零时就能够立即停止转动。交流伺服电机与传统的异步电机相仿，一旦开始转动后，即使控制电压归零仍然转动，很难进行控制，因此在交流电机的设计中是需要抑制甚至是消除这种"自转"现象的。

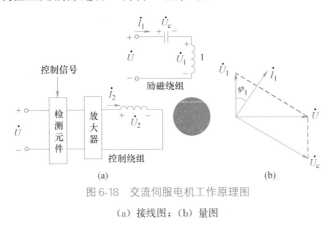

图 6-18　交流伺服电机工作原理图

（a）接线图；（b）量图

单相异步电机，其机械特性通常指正向旋转磁场和反向旋转磁场下的机械特性曲线。当临界转差率（最大电磁转矩所对应的转差率，其与转子回路电阻呈正比，与定子、转子的漏电抗和近似呈反比）为正值时，正向电磁转矩大于反向电磁转矩，电机启动，虽然为单向励磁仍然能够继续转动，而为了在控制电压归零之后，出现制动转矩，转子能够自行停止，并克服自转现象，防止误运动，需对转子电阻设计以满足其最大转矩的转差率大于等于1，也即增大转子电阻，同时也可以扩大交流伺服电机的稳定运行范围，不过转子电阻过大会降低交流伺服电机的启动转矩。对于交流伺服电机来说，做到无自转且运行稳定是必要且必须的。

3. 交流伺服电机控制方式

伺服电机对其伺服性以及转速方向控制要求较高。下面对交流伺服电机的控制方式进行简单介绍。

一般来说将控制电压 $\dot{U}_c$ 的相位改变 $180°$，则控制绕组的电流及其磁动势在时间上也会改变 $180°$。若控制绕组超前励磁绕组，当进行 $180°$ 改变后，则会出现滞后。对于磁场旋转来说，只要将控制信号电压的相位改变 $180°$，从而改变控制绕组与励磁绕组中电流的相位关系，原来的超前相变为滞后相，原来的滞后相变为超前相，电机旋转方向就会发生改变，因此可以通过相位改变来实现转向改变。当控制电压 $\dot{U}_c$ 的大小改变，则气隙旋转磁场幅值大小改变。通过公式 $T_e = C_T \Phi_m I_2 \cos\varphi_2$ 来看，其转矩也会发生变化，因此可以通过幅值控制来改变电磁转矩，同时转速也会产生相应的变化。可以通过改变控制电压 $\dot{U}_c$ 的大小以及相位来实现电动机的转速、力矩和转向控制。因此交流伺服电机的控制方法分为以下 3 种：

(1) 幅值控制。通过控制电压 $\dot{U}_c$ 的幅值变化来实现交流伺服电机的控制，与此同时保证控制电压 $\dot{U}_c$ 的相位不变，通常保证控制电压 $\dot{U}_c$ 滞后于励磁电压 $\dot{U}_f$，而当控制电压 $\dot{U}_c$ 为 0 时，电机停止转动。

(2) 相位控制。通过控制电压 $\dot{U}_c$ 的相位变化来实现交流伺服电机的控制，与此同时保证控制电压 $\dot{U}_c$ 的幅值不变，而当其相位差为 0 时，能够使电机停止转动。

(3) 幅值相位控制。幅值相位控制也称为电容移相控制，相对于前两种控制方式来说将更加复杂，通过同时改变控制电压的相位和幅值来实现。通过电容来实现相移，当控制电压 $\dot{U}_c$ 幅值发生改变时，电机转速发生变化，励磁绕组中的电流同时也会产生改变，而这里的励磁绕组中一般通有电容 C，因此当电流发生变化时，励磁绕组中的电压也会发生改变，从而产生相位差。上述仅是幅值相位控制中的一种方式，因其设备简单、成本低廉，故作为一种常用的控制方式。

4. 机械特性和调节特性

在机器人的控制中，通过电机的机械特性以及调节特性来预估整个机器人的可控性、精度以及多方面性能。在机械特性的描述中，主要通过有效信号系数来进行各种情况对比分析，以下为各种控制方式中有效信号系数的求解方法。

(1) 幅值控制方式，通过控制电压 $\dot{U}_c$ 与控制绕组电源电压 $\dot{U}_s'$ 之比来计算有效信号系数 α_e，对于这种控制方式来说，电源电压与励磁电压相等同，即可得到关系式 $U_s' = U_f'$，故也可得到 $\alpha_e = U_c/U_s' = U_c/U_f'$。

(2) 相位控制方式，在这种控制方式中，控制电压与电源电压以及励磁电压相等，即有 $U_c = U_s' = U_f'$，但在相位上控制电压与电源电压之间存在滞后，即在幅值控制时 $\dot{U}_c$ 滞后于 $\dot{U}_s$ 90°，故在计算有效信号系数中，需要取控制电压滞后 $\dot{U}_s$ 的 90° 分量 $U_c\sin\beta$ 与电源电压 $\dot{U}_s'$ 之比作为有效信号系数，又由于控制电压与电源电压以及励磁电压相等，即有 $\alpha_e = \sin\beta$，其中 β 为相位上控制电压滞后于电源电压的角度。

(3) 幅值-相位控制方式，这种控制方式中电源电压 $\dot{U}_s$ 与控制电压相位相同，大小不一，其在励磁绕组中串有电容，故励磁绕组电压与电源电压不相等。当改变控制电压幅值时，如上文所述，$\dot{U}_c$ 与 $\dot{U}_f$ 的大小及其相位会发生相应的改变，故为了提高动态性能，通常需选用合适的电容使电动机启动气隙磁场为圆形旋转磁场，而满足这一要求的控制电压为 $\dot{U}_{c0}$，而在这种控制方式中，有效信号系数一般为控制电压 $\dot{U}_{c0}$ 与控制绕组电源电压 $\dot{U}'_s$ 之比，即 $\alpha_0 = U_{c0}/U'_s$。

如图 6-19 所示，为不同有效信号系数下电机的机械特性曲线，图中为控制电压 $\dot{U}_c$ 不变时，电磁转矩与转速之间的关系，其中 m 为输出转矩与启动转矩之间的相对值，v 为转速相对于同步转速的值。

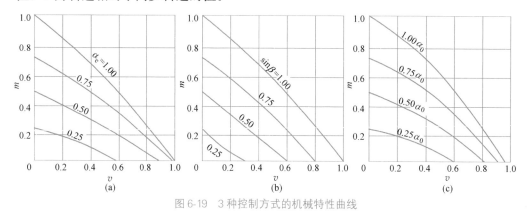

图 6-19　3 种控制方式的机械特性曲线

（a）幅值控制；（b）相位控制；（c）幅值-相位控制

从图 6-19 的机械特性可以得知，3 种控制方式的有效信号系数与控制电信号正向相关，机械特性曲线随着有效信号系数的减小而下移，理想空载转速也会减小。

两相交流伺服电机的调节特性一般是指电磁转矩不变下，转速与控制电压变化之间的关系，图 6-20 为在 3 种不同控制方式下，不同输出转矩与启动转矩相对值之间的线性关系。

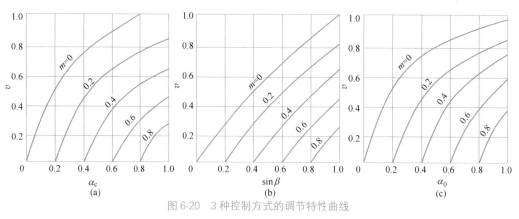

图 6-20　3 种控制方式的调节特性曲线

（a）幅值控制；（b）相位控制；（c）幅值-相位控制

对于图 6-20 所示的调节特性来说，当转速值较小以及有效信号系数不大时整体线性度较好，相位控制的调节特性线性度最优。

以下将直流伺服电机和交流伺服电机在 5 个方面进行对比：

（1）体积、质量和效率。为了满足控制系统中对于电动机的要求即保证气隙磁场形状要求，要求转子电阻较大，这样就存在利用程度差、效率低等问题，且电机通常在椭圆磁场下运转，负序磁场所产生的制动转矩使电动机的有效转矩较小，故交流伺服电机主要适用于小功率下的系统，在较大功率的控制系统中常用直流伺服电机。

（2）"自转"现象。在交流伺服电机选用参数不合适的情况下，单相状态下会存在直流伺服电机中所没有的自转现象。

（3）结构特点。交流伺服电机结构简单、维护方便，常用于检修困难的场所中。直流伺服电机因其存在电刷、换向器等零部件，机构较为复杂，制造麻烦，且在运行过程中，电刷与换向器之间的滑动接触，也会造成电刷的接触电阻波动，运行稳定性相对较差。

（4）机械特性。交流伺服电机的非线性度较为严重，特别是存在电容移相时，机械特性斜率是随着信号系数的变化而变化的，故转矩的变化对于转速影响较大。这一点尤为体现在低速中，较软的机械特性会一定程度上削弱内阻，降低系统的质量，且机械特性斜率变化时，会降低系统的稳定性且给校正带来一定的困难。

（5）放大器。直流伺服电机的控制绕组，是通过放大器供电的，"零点漂移"现象的影响较小，而直流放大器采用直接耦合的形式，"零点漂移"现象严重，对工作系统的稳定性和工作精度会有较大的影响。

6.2.3　无刷直流电机

1. 无刷直流电机简介

机器人中常用的电机主要包括无刷直流电机、直线电机、步进电机、舵机 4 类。无刷直流电机（brushless direct current motor，简称 BLDC）（图 6-21）设有电

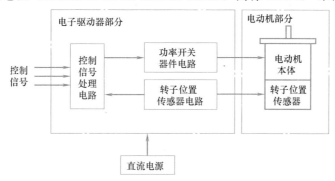

图 6-21　无刷直流电机结构图

刷和换向器（或集电环），又称无换向器电机。早在 19 世纪诞生的电机就是无刷形式，即交流鼠笼式异步电动机。但是，异步电动机有许多无法克服的缺陷，以致电机技术发展缓慢。20 世纪中叶诞生了晶体管，因而采用晶体管换向电路代替电刷与换向器的直流无刷电机就应运而生了。这种新型无刷电机称为电子换向式直流电机，它克服了第一代无刷电机的缺陷，就有刷直流电机来说结构简单，换向时不产生火花、无磨损、低噪声，且运行可靠，维护价格低廉，存在很大的优势。

2. 无刷直流电机工作原理

无刷直流电机由电机与电子驱动器两部分构成，其结构如图 6-21 所示，其电动机结构与传统的交流永磁同步电机类似，定子有多相绕组，转子镶有永磁磁铁。无刷直流电机在转子上配置有转子位置传感器，检测定子绕组轴线以及转子磁场轴线，并决定电子驱动器的功率开关器件的通断和电动机相应相绕组的通断。从本质上讲，无刷直流电机是由电子逆变驱动器驱动且存在位置反馈的交流同步电机，而相对于直流电机来说是以电机换向替代了普通的机械换向，提高了可靠性。

3. 无刷直流电机控制

无刷直流电机在控制方面较为复杂，永磁无刷直流电机，又称永磁同步电机，依电流驱动方式的不同分为无刷直流电机和无刷交流电机，或这两种电机的结构相同，都是由永磁电机和永磁体转子所组成的，但其中的部分细节由其实际的驱动方式决定。

两种电机的区别在于其控制电流驱动方式的不同，无刷直流电机由方波或者梯形波驱动，无刷交流电机则是通过正弦波驱动。相较来说后者因正弦特性在电气和机械方面更加平缓，且无转矩脉动。两种控制方式理想转动下的磁通分布、反动势、相电流以及电磁转矩的波形如图 6-22 所示。

对于两种驱动模式来说，其转矩产生原理相同，利用绕组的轮流通电来保证电磁转矩的恒定值，让其转矩方向与转角位置不相关。但正弦波驱动模式相对来说较为复杂，通过转子传感器定位定转子之间的相对位置，按需控制相电流与相反电动势之间的相位关系。

4. 无刷直流电机控制特性

无刷直流电机的机械特性模型推导较为复杂，为了方便定量分析以及突出要点，一般对无刷直流电机的模型进行简化，其简化模型的等效电路如图 6-23 所示，与此同时还需作出一些基本假设以简化计算过程。

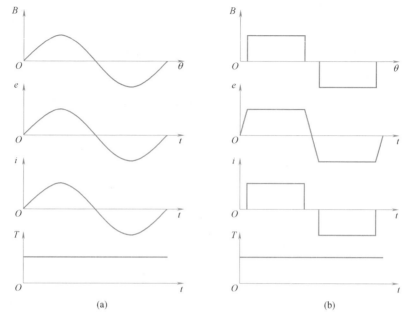

图 6-22　两种电流驱动模式下的理想波形图

（a）正弦波驱动 PMSM（永磁同步电机）；（b）方波驱动 BLDC 电动机

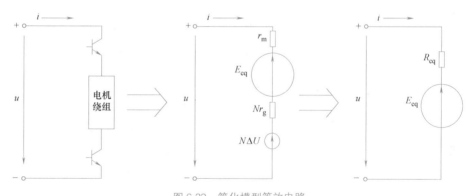

图 6-23　简化模型等效电路

根据上述简化模型，我们可以推导得到其机械特性以及调节特性的通用表达式（限于篇幅，推导过程从略）：

$$T_{av} = K_T U / R_{eq} - K_E K_T \Omega / R_{eq}$$
$$\Omega = U / K_E - T_{av} / D \qquad (6\text{-}4)$$

式中　T_{av}——电磁转矩平均值；

　　　K_T——转矩系数；

　　　K_E——反电动势系数；

　　　U——等效供电电压；

　　　Ω——转子机械角速度；

R_{eq}——多相绕组等效电阻；

D——黏性阻尼系数。

与普通有刷直流电机以及异步电机相比，无刷直流电机具有以下特征：

（1）其控制特性与直流电机相仿，可控性好、调速范围广。

（2）本质上来说也算是交流电机，但可用于高速情况，可靠性高，寿命长。

（3）永磁产生气隙磁场，损耗低、发热低，功率因数高。

（4）电控复杂，成本较传统直流电机高。

6.2.4 直线电机

1. 直线电机简介

直线电机在机器人控制过程中充当着重要的角色，可以认为是旋转电机在结构上的一种转变。将一台旋转电机径向剖分，圆周展开成直线，其中的一端定子作为初级，转子作为次级，在实际情况中次级与初级的长度不一，即为广泛使用的扁平型直线电机。根据实际工况的不同，演变出了许多不同种类的直线电机，如圆筒型（图6-24）、圆弧型以及圆盘型。

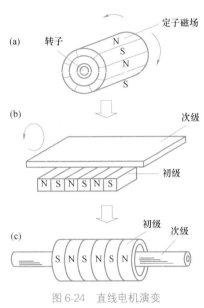

图 6-24 直线电机演变

（a）旋转电机；（b）扁平型单边直线电机；
（c）圆筒型（管型）直线电机

直线电机也可以按照其用途分为功电机、力电机和能电机，按工作原理分为交流直线感应电机、直流直线电机等多种种类。

2. 直线电机基本工作原理

直线电机的工作原理可以认为直线电机是由旋转电机径向剖开，并圆周拉直的，其工作原理图如图6-25所示。与旋转电机相仿的是利用三相绕组通正弦电流，产生气隙磁场。该气隙磁场分布如图6-25所示，按直线方向呈正弦分布，而随着时间变化，磁场按A、B、C三相平移，这种磁场类型又称为行波磁场。以这种方式对次级导条进行磁场切割，以产生感应电流。通过电流与气隙磁场之间的相互作用产生推力，开始运动，这便是直线电机的工作原理。本书所述以单边直线电机为主，且由于直线电机并不像旋转电机呈闭合圆环状，各相之间的互感不相等，并会产生脉振磁场以及反向磁场等现象，被称为静态纵向边端效应，限于篇幅，这里不进行详细介绍，对于次级电阻率进行修正即可改善。

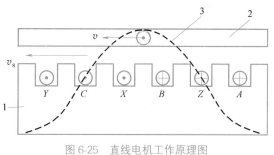

图 6-25 直线电机工作原理图

1—初级；2—次级；3—行波磁场

3. 直线电机特性

图 6-26 所示为转差率 s 以及其推力 F 曲线，表现了直线电机推力-速度特性。

$$s = (v_s - v)/v_s$$

$$F = (F_{st} - F_u)(1 - v/v_f) \tag{6-5}$$

式中　v_s——同步速度；

v——运行速度；

F_{st}——启动推力；

F_u——摩擦力；

v_f——空载速度。

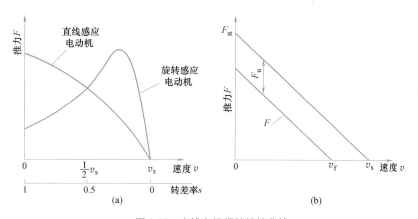

图 6-26 直线电机相关特性曲线

如图 6-26 所示，在转差率为 0.2 左右时推力较大，在高速区域时，可以将其推力-速度曲线近似看成直线，如图 6-26（b）所示。

6.2.5 步进电机

1. 步进电机简介

步进电机在机器人中也应用广泛。通过输入电脉冲信号，并将其转换为角位移或线位移信号，即相当于每输入一个脉冲，步进电机也便会移动一步，其速度以及定位控制较为精准。受到步距角的限制，传统的步进电机分辨率较低，很难实现高精度的控制要求。细分驱动技术与单片机之间的联合控制，为步进电机在机器人中的使用提供了条件。除此之外，步进电机能够快速启动、反动及制动，有较大的调速范围，不受电压、负载以及环境变化的影响，因此相较于传统的直流电机在特殊工况下有着自己独特的优势。

步进电机主要由前后端盖、轴承、中心轴、定转子等多个传统构件组成。其分类按力矩原理分为反应式、激磁式，按输出力矩分为伺服式、功率式，按电子数量分为单、双、三、多电子式等，种类繁多。根据不同工况进行不同的选型即可，其中反应式步进电机使用广泛，具有惯性小、反应迅速和速度快的特点。

2. 步进电机原理与运行方式

本书主要介绍三相反应式步进电机，在结构上与传统电机相仿，分为定、转子。

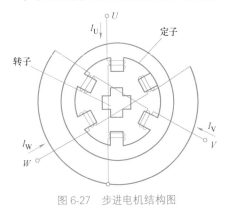

图 6-27　步进电机结构图

定子用硅钢片或其他软磁材料支撑，分 6 个磁极，相对的磁极作为一组，而转子可以看作是四齿，由铁芯做成，如图 6-27 所示。

力矩产生的原理主要是通过磁通变化，产生转动力矩。三相反应式步进电机的运行方式主要分为三相单三拍，三相双三拍，三相单、双六拍 3 种。"三相"指步进电机相数，"单"指每次通电绕组数，而"拍"则是指切换的状态次数，即循环次数。其控制精度与步距角相关，步距角的计算也与运行方式相关。

3. 步进电机控制

步进电机转速取决于脉冲频率、转子齿数以及拍数，输出力矩又随着脉冲频率的上升而下降。启动频率较高会造成其启动力矩较小，导致多种特殊情况，如失步、过冲等。为改善步进电机的运动特性，建立了多种加减速控制模型，如指数模型、线性模型等，也开发了多种控制电路，但随着电机负载变化，难以实现不因电源电压以及环境变化的线性加减速，且在高速中容易产生失步现象。通过步进电机与单片机结合，利用如下控制策略对步进电机进行控制。

首先是 PID 控制，作为一种常用控制策略被广泛运用，但无法针对不确定的信息；其次是自适应控制，依赖电机模型参数提高控制精度，也与其他控制策略相结合；再就是矢量控制，有利于电机转矩控制性能的改善；最后是模糊控制以及神经网络控制。后两类控制方式都是近年来兴起的智能控制方式，利用实际效果进行详细控制，有着较大的控制优势。

6.2.6　舵机

1. 舵机简介

舵机是指在自动驾驶仪中操纵飞机舵面（操纵面）转动的一种执行部件，也即一种位置（角度）伺服器，适用于角度快速变化的闭环控制模块，在机器人中广泛应用，主要由外壳、电路板、驱动马达、减速器等构成。通过接收器的信号收发传递给舵机，借由驱动马达，通过减速齿轮传递动力，并通过位置检测器回传信号进行反馈，这只是部分舵机的工作原理。为了适应不同工作环境和不同工作要求，舵机又可以通过电动、液压两种方式驱动，除此之外还有电液舵机。这里主要介绍电动舵机。

电动舵机为了适应多种情况，对于舵机本身的选材也会有不同的选择，如考虑防水、防尘材料的选择以及塑胶、金属材料的选择等。较为高级的电机甚至选用滚珠轴承装置，提高转动精度。电动舵机按控制电路的不同分为数字式和模拟式，按控制方式的不同分为间接式和直接控制式，按动力源的不同分为电磁式和电动式等，都是依赖于其中的驱动马达作为原动件，其原理与普通电机无差别，故舵机更多被视为伺服器。

2. 舵机控制

电动舵机系统的基本要求为稳定、精准、快速且与机器人控制要求相吻合。一般讨论的舵机系统控制性能指标，主要有一般性能、静态性能、动态性能、力学性能以及其可靠性，其各项性能参数受到舵机控制方式、环境等多项因素的影响，没有固定的曲线参数，主要考虑其在实际情况中的工作状况。这里主要介绍电动舵机常用的 PID 控制方式。

舵机控制器一般采用 PID 控制，通过 PWM（脉宽调制）调制器以及开关控制器组成伺服功率放大器，为电机提供所需电压以及其功率。一般采用直流伺服电机作为执行元件，减速机构采用蜗轮蜗杆或者滚珠丝杠实现，其工作原理框图如图 6-28 所示，其控制曲线受到舵机本身以及控制方式的影响。

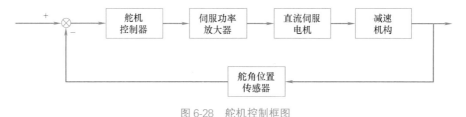

图 6-28　舵机控制框图

6.3　机器人装备液压传动技术

液压传动是以流体作为工作介质对能量进行传递和控制的一种传动形式。1648年法国人帕斯卡提出静压传递原理，奠定了流体静力学和液压传动技术的发展基础。1795年英国人约瑟夫用水作为工作介质发明了世界上第一台水压机并应用于工业领域。1883年英国人雷诺发现了液体流动中存在层流和湍流两种状态。自 16～19 世纪，欧洲人对流体力学和液压传动技术做出了主要贡献，为 20 世纪流体传动控制技术飞速发展提供了科学与工艺基础。1905 年美国人首先将矿物油作为传动介质引入液体传动，设计研制了世界上第一台轴向柱塞泵。液压油的引入，改善了液压元件摩擦件的润滑和泄漏问题，为提供液压系统工作压力创造了条件。1913 年美国福特汽车建成了世界上第一条汽车装配线。20 世纪 50 年代数控机床、加工中心相继问世，在建造生产自动化设备技术需求刺激下，自 20 世纪 30 年代起，液压传动控制技术迅速得到发展。近几十年来，快速发展的微电子和计算机技术，渗透到液压技术中并与之精密结合，使其应用领域遍及各个工业部门，成为建造生产过程自动化和智能化必不可少的重要手段之一。

6.3.1　液压传动工作原理

液压传动系统是一种由功能多样的液压元件组成的传动装置，它利用液体的压力能在密闭回路中传递能量，通过调控液体的压力、流量等参数，由工作装置以合适的形式对外输出机械能。液压传动系统种类丰富、应用广泛，下面以图 6-29 所示的液压千斤顶为例来说明其工作原理。

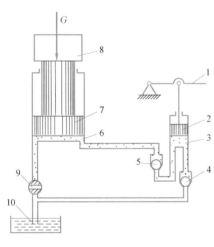

图 6-29　液压千斤顶工作

1—杠杆；2—小活塞；3—小缸；
4、5—单向阀；6—大缸；7—大活塞；
8—重物；9—截止阀；10—油箱

液压千斤顶的工作过程可分为两步。初始状态时，小活塞 2 位于小缸 3 最底部，截止阀 9 关闭。首先杠杆 1 的右端抬高，通过连杆带动小缸 3 内部小活塞 2 向上运动，小活塞 2 下方的无杆腔体积增大，产生的真空与大气压之间存在的压力差推动油箱 10 内的油液打开并经过单向阀 4 进入小缸 3 的无杆腔，过程中单向阀 5 处于关闭状态。待压力平衡后，杠杆 1 的右端下降，带动小活塞 2

向下运动，无杆腔体积减小，腔内压力逐渐增大。过程中单向阀 4 关闭，当腔内压力增加到一定值时，腔内油液打开单向阀 5 流入大缸 6 中大活塞 7 的下方腔体，随着油液的不断流入，大活塞 7 被抬升从而顶起重物 8。通过控制杠杆右端的上升和下降，将油液从油箱压入小缸再压入大缸，如此往复，逐渐顶起重物。

液压传动系统主要由能源装置、执行元件、控制元件和辅助元件等组成。

能源装置亦称动力元件，负责将原动机的机械能转化为液体的压力能。通常指液压泵，作用是将液压油泵入液压系统。

执行元件同样具有能量转换功能，不同于动力元件的是，它将液体的压力能转变为机械能对外做功。执行元件一般指液压缸或液压马达，前者实现直线运动而后者实现旋转运动。

控制元件的功能是对液压系统中流体的相关参数（如油压、流量和运动方向等）进行控制和调节。控制元件种类丰富，代表性元件包括节流阀、溢流阀、换向阀等。将不同的控制元件按一定方式组合并应用于液压系统，能够实现不同的效果。

辅助元件指不属于上述三种元件的其他各类组件，包括管路、接头、油箱、滤油器、密封装置和压力表等。这些元件为液压系统的正常工作提供必要条件，还有助于提高液压系统的工作性能、方便液压系统的监测控制。

液压传动的优点包括：

（1）承载能力强。相比电气装置，液压装置的结构紧凑，具有更大的功率密度，能够以同样的体积输出更大动力。

（2）传动平稳，易于实现装置的快速启动、制动和频繁换向。

（3）操作控制简单，可在液压系统运行过程中实现大范围的无级调速。

（4）液压系统中流体的相关参数（压力、流量等）调控方便，自动化程度高。采用电液联合控制或气液联合控制方法时，可以实现高复杂度的顺序动作和远程遥控功能。

（5）安全性能好，易于实现过载保护。

（6）易于实现"三化"。得益于液压元件的标准化、系列化和通用化，液压系统的布局灵活、使用方便。

（7）较之机械传动，易于实现直线运动。

液压传动的缺点包括：

（1）液压传动由于泄漏等因素的影响，较难实现严格的传动比。

（2）液压传动对油温变化比较敏感，液压油的黏度变化会影响到液压系统的工作稳定性。因此，极端环境下液压元件的特性一直是航空航天领域研究的重点。

（3）液压元件在制造精度上的要求较高，尤其是液压比例、液压伺服系统，对精度的要求更高，因此它的造价较高，而且对工作介质的污染比较敏感。

（4）液压传动出现故障时不易检查与排除，一旦工作介质被污染，会造成液压元件阀芯卡死等问题，使系统不能正常工作。

液压传动技术在工业领域的各个部门得到了广泛的应用，其受青睐的主要原因不尽相同。例如在工程、建筑机械领域，液压传动技术的简单结构与高功率密度是其显著优势。而在机械加工领域的数控机床、加工中心等机械设备上采用液压传动，是因为液压传动易于实现频繁换向且自动化程度高。近年来，先进制造技术与机械智能化技术日渐成熟，使得液压传动技术在相关领域的应用更加普遍。

6.3.2 液压能源装置

液压能源装置是液压系统的核心组成部分，液压泵通过将原动机的机械能转化为工作介质的压力能，为液压传动输入工作介质。液压系统运行的可靠性与稳定性直接取决于液压泵的性能优劣。

目前应用在液压系统中的各类液压泵都属于容积式泵，因为它们的吸油和压油过程都通过泵内密闭工作容积大小的交替变化来完成。以图 6-30 所示的单柱塞式液压泵为例，对其工作原理进行说明。凸轮 1 旋转时，其左侧的柱塞 2 在凸轮 1 的压力和弹簧 3 的恢复力作用下在缸体中做左右往复运动。当柱塞 2 向右移动时，其左侧的密封工作腔 4 容积增大，腔内压力降低，在压力差作用下油箱内的油液打开吸油阀 5 被吸入密封工作腔 4。当柱塞 2 左

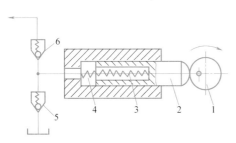

图 6-30 单柱塞式液压泵工作原理
1—凸轮；2—柱塞；3—弹簧；4—密封工作腔；5—吸油阀；6—压油阀

移时，密封工作腔 4 容积减小，腔内压力增加，油液打开压油阀 6 流出柱塞泵，过程中吸油阀 5 保持关闭。由此，柱塞泵实现完整的吸油与压油过程。

因此，构成液压泵的基本条件是：

（1）具有密闭的工作容积。

（2）密闭工作容积大小交替变化。

（3）吸油腔和压油腔不能连通。

液压泵种类繁多，按其排量是否可调分为定量泵和变量泵。按结构形式又可分为齿轮泵、叶片泵和柱塞泵等。

图 6-31 所示为外啮合齿轮泵的工作原理。泵壳内的一对外啮合齿轮两侧有端盖包裹，因此齿轮泵的密闭工作容积由外啮合齿轮、端盖与外部的泵壳围成。当齿轮

的旋转方式如图 6-31 所示时，以两齿轮中心的连线作为中心线，右侧相互啮合的轮齿因齿轮旋转而逐渐脱开，使密闭吸油腔的容积逐渐增大，腔内压力减小，与大气压间的压力差将油箱内的油液压入吸油腔并充满齿槽。伴随齿轮的旋转，齿槽内的油液被运送到压油腔并释放。而左侧的轮齿随齿轮转动开始相互啮合，导致压油腔密闭工作容积逐渐减小，腔内压力增加，向泵外排出油液。齿轮泵的吸油腔和压油腔被轮齿和泵体隔开，不相连通。

叶片泵分为单作用叶片泵和双作用叶片泵两种，下面以单作用叶片泵（图 6-32）为例描述工作原理。

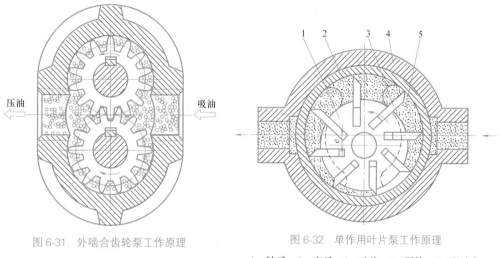

图 6-31　外啮合齿轮泵工作原理　　　　图 6-32　单作用叶片泵工作原理

1—转子；2—定子；3—叶片；4—泵体；5—配油盘

图 6-32 为单作用叶片泵的工作原理。泵体内部的转子相对于定子偏心安装，叶片相对于转子圆周式均匀分布，叶片顶部与定子内壁紧贴，叶身可在转子槽内滑动，密封工作腔由两相邻叶片、定子、转子和配油盘围成，各个工作腔之间不连通。当转子按图 6-32 所示方向转动时，右侧与进油口相通的密封工作腔成为吸油腔，两根叶片随着转子的旋转不断伸长，使得密封工作腔容积增大，腔内压力降低，实现吸油。而左侧与出油口相通的腔成为压油腔，构成腔体的叶片不断缩短，腔内容积减小、压力增大，实现压油。转子每旋转一周，每个工作腔分别完成一次吸油和压油过程，如此便为单作用泵。而调节转子与定子的偏心距，可以实现泵排量大小的变化，因此这种泵属于变量泵。

柱塞泵密闭工作容积大小的交替变化与柱塞在缸体内的往复运动有关。根据柱塞的排列方式差异，柱塞泵可分为轴向和径向两类，其中轴向柱塞泵按照柱塞运动方向与传动轴轴线的关系，进一步分为直轴式（斜盘式）和斜轴式两类。图 6-33 展现了斜盘式轴向柱塞泵的工作原理。

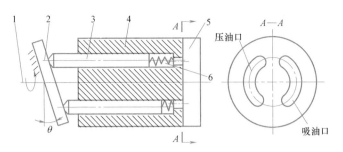

图 6-33 斜盘式轴向柱塞泵工作原理

1—传动轴；2—斜盘；3—柱塞；4—缸体；5—配油盘；6—弹簧

图 6-33 为斜盘式轴向柱塞泵的工作原理图。斜盘式轴向柱塞泵的盘与传动轴间存在一定夹角，而在缸体上呈圆周式均匀分布的各柱塞的轴线与传动轴轴线平行，柱塞顶部与斜盘贴紧。缸体旋转时，各柱塞受斜盘限制，加以弹簧恢复力的作用，在柱塞孔内进行直线往复运动。当柱塞泵采用图 6-33 所示的旋转方式时，在柱塞旋转经过配油盘上吸油口的过程中，柱塞逐渐伸出柱塞孔，柱塞孔底部的密闭工作腔容积增大，腔内压力减小，油液通过吸油口进入柱塞孔；而柱塞旋转经过压油口的过程中，柱塞在孔中逐渐缩回，密闭工作腔容积减小，腔内压力增加，将油液经过压油口压出。

6.3.3 液压执行元件

液压执行元件通常指液压马达和液压缸。虽然前者通过连续旋转输出扭矩和转速，后者通过完成往复直线运动输出力和速度，但二者在工作过程中都将工作介质的压力能转化为机械能对外做功。

与液压泵类似，液压马达根据结构形式可划分为齿轮式、叶片式和柱塞式等。同时，依照液压马达的额定转速是否高于 500r/min 又划分为高速和低速液压马达。但无论何种液压马达，其工作原理都是基于密封工作腔容积大小的交替变化。

从结构和工作原理上看，液压马达与液压泵相似；但就能量形式的转变而言，二者恰恰相反，是一对可逆的液压元件。

图 6-34 展示的齿轮式液压马达多用于驱动农用机械传送带或构成智能行走机械液压系统等场合，一般属于高速马达。若在实际设计中面临低速的应用系统，可直接使用低速马达或以高速马达配合减速箱的组合等效替代。

液压缸根据不同的结构形式有摆动缸、活塞缸、柱塞缸和伸缩缸四类。其中摆动缸可完成摆动角度小于 360° 的来回摆动，输出扭矩和转速；剩余三类液压缸能实现往复直线运动，输出力和速度。

单杆活塞缸典型结构如图 6-35 所示。活塞和活塞杆之间、前后法兰和缸筒之间

图6-34　齿轮马达

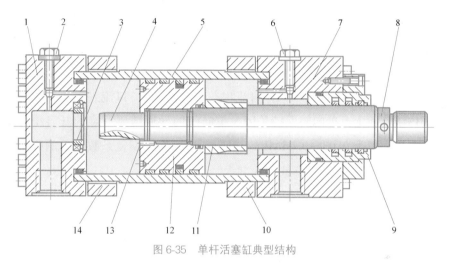

图6-35　单杆活塞缸典型结构

1—前缸盖；2、6—可调锥阀；3—前缓冲套；4、11—前后缓冲柱塞；5—缸筒；7—后缸盖；

8—活塞杆；9—活塞杆导向装置；10—后法兰；12—活塞；13—止动销；14—前法兰

均采用螺纹连接。前后缸盖使用前后法兰进行轴向定位，并用螺钉紧固在缸筒两端。止动销起固定活塞的作用。活塞缸在活塞与缸筒间、前后缸盖与缸筒间等多处安装有动、静密封圈，用以减少泄漏和摩擦损失。活塞缸还具有制动缓冲保护功能，若活塞运动至靠近行程边界，缸内油液回流油箱的路径只有两侧的可调锥阀，以及缓冲柱塞上通流面积逐渐缩小的轴向三角槽。

6.3.4　液压控制元件

　　一个完整的液压系统，不仅需要能源装置和执行元件来完成能量转换过程，也需要按照工作需求引入液压控制元件，通过调控油液的相关参数（压力、流量、运动方向等）对系统的能量转换过程进行控制。

　　液压控制元件一般指液压阀。液压阀的种类繁多，论用途包括控制压力、控制流量或控制方向，论操纵方式包括人工操纵、机械操纵、电动操纵，论连接方式包括管式、板式、叠加式、插装式。各式液压阀虽然结构有别，且功能不尽相同，但仍有共性存在：液压阀的结构组成相同，都包括阀体、阀芯（座阀或滑阀）和弹簧或电磁铁等驱动阀芯运动的元件；所有液压阀都适用孔口流量公式，对于不同的液压阀只是公式的各项参数有所区别。通常，应用于液压系统的液压阀应符合以下几点：

(1) 动作快速灵敏、使用安全可靠，工作运行平稳，使用寿命长。

(2) 密封性能好，尽可能避免内泄漏和油液经过的压力损失。

(3) 结构简单，组件紧凑，通用性强，易于安装维护。

方向控制阀负责控制液压系统油液的流动方向，进而改变执行元件的启停状态，其中以单向阀和换向阀使用最多。

普通直通式单向阀如图 6-36 所示，其中图（a）和（b）展示了单向阀不同的连接方式，图（c）是普通单向阀的职能符号。当油液从 P_1 口流入时，油压使阀芯弹簧缩短，单向阀被打开，油液从 P_2 口流出。若油液从 P_2 口流入，油压将阀芯锥面紧压在阀体结合面上，单向阀保持关闭。单向阀的导通需要一定的开启压力来打开阀芯，一般压力值为 0.03～0.05MPa。单向阀还可换用恢复系数更大的弹簧作背压阀用，此时开启压力为 0.2～0.6MPa。

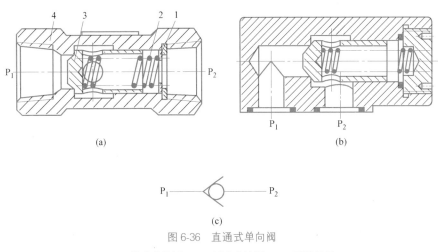

图 6-36　直通式单向阀

(a) 管式连接阀；(b) 板式连接阀；(c) 职能符号

1—挡圈；2—弹簧；3—阀芯；4—阀体

单向阀能够防止液压系统的压力骤增对液压泵产生危害，正常使用时安装在泵的出口处；作背压阀时一般安装在回油管路中，能够缓解负载骤减时液压缸的前冲现象，保证液压系统平稳运行。

换向阀依靠阀芯与阀体的相对运动，完成油液在管路中流动方向的变换。换向阀的类型由阀的位和通的数量决定，位指阀芯的工作位置，通常指主油路，如二位二通阀、三位四通阀等。

滑阀式换向阀的结构原理如图 6-37 所示。阀芯上有 2 个环槽，阀体孔内则有若干与主油路相通的沉割槽，4 条主油路中，P 为进油路，T 为回油路，A、B 管路分别通向液压缸的左右腔。当阀芯处于左位时，油路中 P 和 B 相通、A 和 T 相通，活塞缸右腔进油、左腔回油，活塞杆左移；反之，阀芯处于右位时，P 与 A、B 与 T 分别连通，活塞缸左腔进油、右腔回油，活塞杆右移。

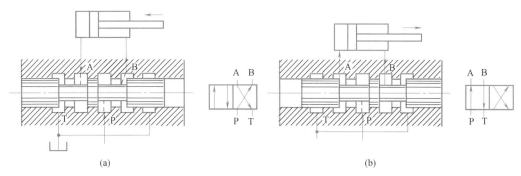

(a)　　　　　　　　　　　　　　(b)

图 6-37　滑阀式换向阀结构原理

（a）阀芯左位；（b）阀芯右位

流量控制阀的代表有节流阀和调速阀，它们都是依靠节流口面积大小的改变来控制阀口流量，进而控制执行元件的运动速度。

普通节流阀的结构原理如图 6-38（a）所示，其职能符号如图 6-38（b）所示。普通节流阀拥有轴向呈三角槽形的节流通道，节流口面积通过旋转调节手轮 4 控制推杆 3 的伸缩，再利用推杆 3 和弹簧 1 联合作用使阀芯 2 沿轴向运动进行改变。油液流经节流阀时，依次经过进油口 P_1、孔道 a、节流口、孔道 b，最后从出油口 P_2 流出。

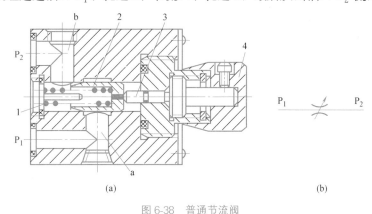

(a)　　　　　　　　　　　　　　(b)

图 6-38　普通节流阀

（a）结构原理图；（b）职能符号图

1—弹簧；2—阀芯；3—推杆；4—调节手轮；a、b—孔道

节流阀与定量泵和溢流阀在液压系统中组合使用，可构成节流调速回路。按照节流阀安装位置的不同，可分为进油节流调速回路、回油节流调速回路和旁路节流调速回路。

根据阀的流量公式，节流阀进油口与出油口的压力差是阀口流量的影响因素之一。在液压系统中，执行元件连接的负载大小会影响系统压力，从而改变节流阀进出口压力差，而节流阀的流量变化会导致执行元件的运动速度变化。因此，为节流阀加装压力补偿装置，使阀两端压力差维持不变，即可在负载变化时稳定节流阀的流量，从而使执行元件的运动速度不随负载变化改变。这种阀即为调速阀。正如图 6-39 所示的调速阀，它由节流阀和定差减压阀构成。

图 6-39　调速阀

压力控制阀的工作原理是阀芯所受液压力与阀芯弹簧的恢复力相平衡，其职能是控制油压，根据功能的差别有溢流阀、顺序阀、减压阀等种类。下面以溢流阀为例说明其工作原理。

溢流阀的主要用途是将液压系统的压力维持在特定值，也可作为安全阀实现过载保护。溢流阀需要满足定压精度条件和灵敏度条件，同时在阀关闭时要保证良好的密封性。

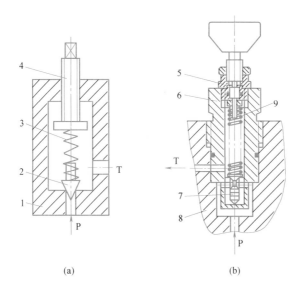

(a)　　　　　　　　(b)

图 6-40　直动式溢流阀

（a）结构原理图；（b）直动式溢流阀的结构原理图

1—阀体；2—锥阀芯；3、9—弹簧；4—调节螺钉；

5—上盖；6—阀套；7—阀芯；8—插块阀体

直动式溢流阀的结构原理如图 6-40 所示。当进油口 P 的油压较小时，锥阀芯 2 受弹簧 3 的恢复力作用紧紧顶在阀体 1 的进油口处，此时溢流阀关闭。当进油口 P 的油压增大到一定值时，油液压力大于弹簧恢复力，此时油液压缩弹簧，打开阀体 1 处的进油口，溢流阀打开。流入阀体腔内的油液经出油口 T 逐渐流回油箱，即为溢流，过程中进油口 P 处的油压不再升高。若此时减小 P 处压力，降至一定值时，油液将不足以顶开弹簧，此时溢流阀关闭。溢流阀的溢流压力可通过调整调节螺钉 4 改变弹簧 3 的预压缩量进行调节。直动式溢流阀采用大刚度弹簧时，阀口开度造成的压力波动较大且弹簧调节困难，故其适用于低压、小流量环境。对于高压环境，采用先导式溢流阀为宜。

图 6-41 所示为先导式溢流阀典型结构。主阀阀芯上存在一个阻尼孔，遥控口 K 一般堵塞。当进油口 P 处油压较小时，油液经过阻尼孔和主阀芯流入柱塞 11，但此时油液压力小于先导阀弹簧恢复力，无法打开先导阀形成通畅的油路，故油压处处相等，主阀口保持关闭。当 P 处油压增大到一定值时，油液压力大于先导阀弹簧恢复力，先导阀口打开，少量油液经此处与主阀体上通道至回油口 T 流回油箱。在此油路中，经过阻尼孔后的油液压力由于压力损失低于进油口 P 处的油液压力，当主阀芯两端的压力差足够克服主阀芯弹簧的恢复力时，主阀芯被顶起，进油口与回油口通过主阀连通，油液沿此路径流回油箱直至系统压力降回一定值，实现溢流。溢流压力可通过先导阀的调节螺钉进行改变，调压范围则与先导阀弹簧的刚度有关。

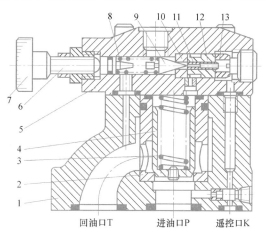

图 6-41　先导式溢流阀典型结构

1—阀体；2—主阀套；3—弹簧；4—主阀芯；5—先导阀阀体；6—调节螺钉；7—调节手轮；
8—弹簧；9—先导阀阀芯；10—先导阀阀座；11—柱塞；12—导套；13—消振垫

先导式溢流阀的遥控口 K 具有重要作用。将遥控口 K 经过二位二通阀连接油箱，则主阀芯上端油压趋于零。此时，进油口处以极小的油压即可获得最大的主阀阀口开度，使油液在极低压力下完成平稳卸荷。或将 K 口接通同样结构的另一先导式溢流阀，设定另一阀的压力低于该先导阀的溢流压力，如此主阀芯上端油压等于另一阀压力，即可对当前系统的溢流压力进行遥控。

6.3.5　变负载下变增益控制方法

目前，液压比例伺服系统在工程领域应用广泛，液压控制元件常常会使用到伺服阀等精密控制元件。例如，在大型冷连轧机组液压推上伺服系统中，通常把推上缸的工作状态分为加载状态和卸载状态。当伺服阀进油节流口与供油口和推上缸的控制压力口沟通时，推上缸的控制压力上升，伺服阀的负载压力上升，当控制压力达到控制系统所设定的期望值后，伺服阀进油节流口关闭，这个过程称为加载状态。当伺服阀回油节流口与推上缸的控制压力口沟通时，推上缸控制压力下降，伺服阀的负载压力下降，当控制压力达到控制系统所设定的期望值后，伺服阀回油节流口关闭，这个过程称为卸载状态。如图 6-42 所示。

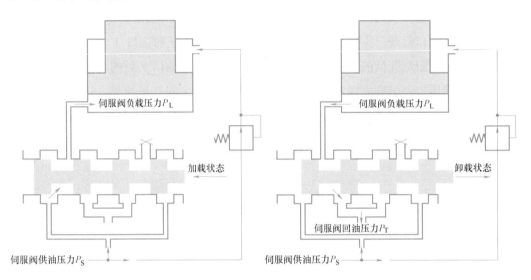

图 6-42　液压推上伺服系统加载状态和卸载状态示意图

加载状态时，伺服阀压降 P_{V1} 为：

$$P_{V1} = P_S - P_L \tag{6-6}$$

式中　P_S——伺服阀供油压力；

　　　P_L——伺服阀负载压力。

卸载状态时，伺服阀压降 P_{V2} 为：

$$P_{V2} = P_L - P_T \tag{6-7}$$

式中　P_T——伺服阀回油压力。

对于伺服阀来说，它的负载流量不仅与伺服阀的控制电流呈正比，还与伺服阀压降有关，其负载流量 Q_L 为：

$$Q_L = KI_C\sqrt{P_V} \tag{6-8}$$

式中 K——伺服阀设计参数；

I_C——伺服阀控制电流；

P_V——伺服阀压降。

在液压推上伺服系统中，无论是加载状态还是卸载状态，都期望推上缸的运动速度能够保持恒定，以保持推上系统调速特性恒定。由式（6-8）可知，在控制电流恒定的前提下，伺服阀负载流量与负载压降的平方根呈正比，随负载压力的变化是非线性的。

如果忽略回油压力，再令加载状态和卸载状态的阀压降相等，则有：

$$P_L = 0.5P_S \tag{6-9}$$

可知，只有当伺服阀负载压力为供油压力的一半时，推上缸加载状态和卸载状态的负载流量才相等，伺服阀负载流量又对应着推上缸的运动速度，这样一来，推上缸的调速特性也就恒定了。然而，对推上缸来说，能接受这样的设定吗？显然不能，因为这将极大地限制推上缸所能输出的最大轧制力。

因此，为了使液压推上伺服系统加载状态和卸载状态调速特性尽量保持恒定，就必须要采取有效的流量补偿措施，研究变轧制力下系统变增益调节方法，最终使伺服阀的输出流量与负载压力无关，实现恒流量控制。

由于现场测试需要投入大量人力资源、占用大量工时，故本研究依旧借助基于AMESim平台的液压推上伺服系统模型进行虚拟试验研究。在本次研究中，做了如下简化：

（1）取操作侧液压推上伺服系统进行模拟，则有效轧制力为25～650t，是总轧制力的1/2。

（2）虚拟试验中，由于控制电流与负载流量呈正比，因此仅考虑控制电流等于额定电流的情况，在加载状态时，控制电流 $I_C = 10\text{mA}$；在卸载状态时，控制电流 $I_C = -10\text{mA}$。

（3）轧辊辊径均设定为最大值，无磨损状态，折算成推上缸油柱高度为40mm。

（4）省略液压推上伺服系统位置控制阶段，将模型中弹性负载元件中的参数项"Gap or clearance with both displacements zero"设置为0，这样虚拟试验开始时系统可以马上建立起轧制力。

在加载状态下，将轧制力划分为21个阶段（0t，32.5t，65t，…，650t），在卸载状态下，将轧制力划分为20个阶段（650t，617.5t，585t，…，32.5t）。仿真时，观察轧制力从阶段 T_1 向阶段 T_2 变化过程中负载流量的（推上缸运动速度）变化，并记录下当前工作点对应的最大负载流量值。同时，取PI控制中的比

例环节 $K_p=5$、积分环节 $K_i=0.1$。仿真起始时间 0s，仿真结束时间 10s，仿真间隔 0.001s。

以卸载过程中最后一阶段轧制力为 32.5t 时的工作点（轧制力从 32.5t→0t）为例，首先将期望轧制力设定为 32.5t，待轧制力稳定后，2s 后控制系统主动将期望轧制力降为 0t，观察在这个过程中推上缸的运动速度。图 6-43 为这一过程中的轧制力曲线和推上缸运动速度曲线，并记录下推上缸的最大运动速度值—1.12mm/s。

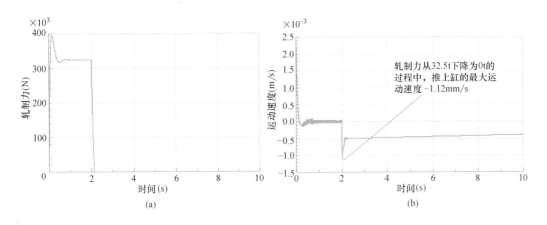

图 6-43　卸载状态下位于 32.5t 工作点

（a）轧制力曲线；（b）推上缸运动速度曲线

表 6-1 所示为加载过程和卸载过程中不同轧制力下的推上缸运动速度。由于伺服阀负载流量和推上缸运动速度是线性关系，推上缸控制压力和轧制力也是线性关系，因此，将表 6-1 中的数据换算成不同轧制压力下的伺服阀负载流量，如表 6-2 所示。

不同轧制力下的推上缸运动速度　　　　　　　　　　　　　表 6-1

轧制力 F_L(kN)		0	325	650	975	1300	1625	1950
推上速度 V_L(mm/s)	加载	7.55	7.31	7.01	6.89	6.83	6.63	6.52
	卸载	—	1.12	2.26	3.30	3.62	3.89	4.13
轧制力 F_L(kN)		2275	2600	2925	3250	3575	3900	4225
推上速度 V_L(mm/s)	加载	6.38	6.22	6.07	5.85	5.63	5.4	5.24
	卸载	4.37	4.59	4.82	4.99	5.15	5.31	5.51
轧制力 F_L(kN)		4550	4875	5200	5525	5850	6175	6500
推上速度 V_L(mm/s)	加载	5.09	4.86	4.65	4.37	4.2	3.4	2.13
	卸载	5.66	5.85	5.99	6.12	6.27	6.46	6.62

不同轧制压力下的伺服阀负载流量   表 6-2

控制压力 P_L(bar)	24.316	32.931	41.621	50.301	59.010	67.651	76.354	85.064	93.738	102.523	111.176
加载压降 $P_{V1}=P_S-P_L$	235.684	227.069	218.379	209.699	200.990	192.349	183.646	174.936	166.262	157.477	148.824
卸载压降 $P_{V2}=P_L$	—	32.933	41.622	50.301	59.072	67.690	76.404	85.078	93.772	102.428	111.096
负载流量 Q_L(L/min) 加载	169.396	164.012	157.281	154.588	153.242	148.755	146.286	143.146	139.556	136.190	131.254
负载流量 Q_L(L/min) 卸载	—	25.129	50.707	74.041	81.221	87.278	92.663	98.048	102.984	108.145	111.959

控制压力 P_L(bar)	119.916	128.592	137.308	145.963	154.592	163.265	172.002	180.695	189.387	198.029
加载压降 $P_{V1}=P_S-P_L$	140.084	131.408	122.692	114.037	105.408	96.735	87.998	79.305	70.613	61.971
卸载压降 $P_{V2}=P_L$	119.849	128.502	137.206	145.938	154.615	163.403	172.116	180.672	189.322	198.048
负载流量 Q_L(L/min) 加载	126.318	121.158	117.568	114.202	109.042	104.330	98.048	94.234	76.285	47.790
负载流量 Q_L(L/min) 卸载	115.549	119.138	123.626	126.991	131.254	134.395	137.312	140.678	144.941	148.530

根据表 6-2,将加载过程和卸载过程中的轧制力和推上缸运动速度关系曲线绘制于图 6-44。从图中可知,加载曲线和卸载曲线存在一个交点($X=393.8$,$Y=5.432$),这表明,当液压推上伺服系统的轧制力为 393.8t 时,加载状态和卸载状态具有的调速特性是相同的。因此,将这一点称为最佳匹配点,并以此点所对应的伺服阀控制参数 I_{cb} 作为基点,流量补偿增益 Q_{comp} 为:

$$Q_{comp}=\frac{I_{cb}}{I_{ct}} \tag{6-10}$$

式中 I_{cb}——最佳匹配点处的伺服阀控制电流;

         I_{ct}——任意时刻的伺服阀控制电流。

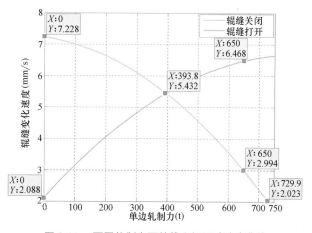

图 6-44   彩图

图 6-44   不同轧制力下的推上缸运动速度曲线

表6-3为液压推上伺服系统在不同轧制力下的流量补偿增益表。变轧制力下系统变增益调节方法就是用流量补偿增益去修正液压推上系统某一环节的增益，使得伺服阀输出流量只与控制电流呈正比，而与轧制力无关，故而，就可以使系统在任何时刻都具备最佳匹配点处的调速性能。将表6-3中的流量补偿增益和轧制力的关系绘制在图6-45中就得到了流量补偿增益曲线。

不同轧制力下的流量补偿增益　　　　　　　　　　表 6-3

轧制力 F_L(t)		0	32.5	65	97.5	130	162.5	195
推上速度 V_L(mm/s)	加载	7.55	7.31	7.01	6.89	6.83	6.63	6.52
	卸载	—	1.12	2.26	3.30	3.62	3.89	4.13
流量补偿增益	加载	0.719	0.743	0.775	0.788	0.795	0.819	0.833
	卸载	—	4.850	2.404	1.646	1.501	1.396	1.315
轧制力 F_L(t)		227.5	260	292.5	325	357.5	393.8	422.5
推上速度 V_L(mm/s)	加载	6.38	6.22	6.07	5.85	5.63	5.432	5.24
	卸载	4.37	4.59	4.82	4.99	5.15	5.432	5.51
流量补偿增益	加载	0.851	0.873	0.895	0.929	0.965	1.000	1.037
	卸载	1.243	1.183	1.127	1.089	1.055	1.000	0.986
轧制力 F_L(t)		455	487.5	520	552.5	585	617.5	650
推上速度 V_L(mm/s)	加载	5.09	4.86	4.65	4.37	4.2	3.4	2.13
	卸载	5.66	5.85	5.99	6.12	6.27	6.46	6.62
流量补偿增益	加载	1.067	1.118	1.168	1.243	1.293	1.598	2.550
	卸载	0.960	0.929	0.907	0.888	0.866	0.841	0.821

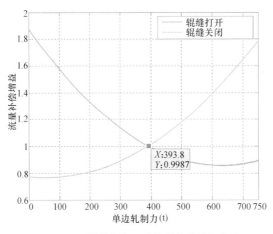

图 6-45　彩图

图 6-45　不同轧制力下的流量补偿增益曲线

在液压推上伺服系统中，为了解决伺服阀负载流量和轧制力的非线性关系，一般都在控制系统中设有补偿环节。从控制理论角度出发，这种补偿措施实际上通过修正伺服阀放大器前面的增益，来达到改变伺服阀输出电流的目的，实际上修正的是伺服阀的阀芯位移。同时应该注意到,这种增益补偿措施也直接影响到了系统的开环放大倍数,如果补偿值过大,可能会引起系统震荡,过小又会使系统响应过慢。

因此,在工程中通常是这样处理的,当轧制力低于系统最大轧制力的 20%,或者高于系统最大轧制力的 80% 时,就不再按照增益补偿曲线进行修正,而是按照 20% 或 80% 这点的增益补偿值进行补偿。在本系统中,20% 和 80% 处对应的轧制力分别为 145.5t 和 584.4t,因此可以对补偿增益进行如下修改:当轧制力小于 145.5t 时,增益由 145.5t 处的增益代替;当轧制力大于 584.4t 时,增益由 584.4t 处的增益代替。图 6-46 所示为修改后的流量补偿增益曲线。

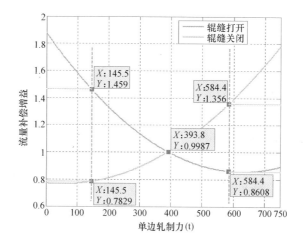

图 6-46 彩图

图 6-46 修改后的不同轧制力下流量补偿增益曲线

另外,当液压推上系统从卸载状态突然转变为加载状态,或者从加载状态突然转变为卸载状态时,增益补偿值的突变会对系统产生较大的冲击,因此,虽然已经对补偿增益作出了限制,在控制上仍需要引入斜波控制进行过渡。

同时,注意到在液压推上伺服系统中,一般都同时使用了两个伺服阀,这不仅是因为前文所提到的冗余设计的原因,还有一个原因在于,当系统只使用一个大流量伺服阀时,由于长时间在小行程范围内工作,伺服阀的全行程得不到充分的磨合,当出现需要伺服阀阀芯作大行程调节时(如在伺服阀的控制增益需求较大的情况下),容易产生伺服阀阀芯运行不畅的问题,降低了系统的动态响应,这也是为什么要对增益曲线进行修正的另一个原因。

系统同时使用两个伺服阀,其中一个处于持续长时间工作模式,另一个处于短暂间断式的工作模式,当系统需要大流量通过时,才打开另一个伺服阀的控制油路,由两个伺服阀同时对推上缸供油。这种配置方式,能够有效地避免伺服阀流量饱和现象的出现,有利于系统的快速响应。

6.4 机器人协同与定位技术

6.4.1 多机器人协同工作

在大多数情况下，单一的机器人很难独自完成如建造等复杂任务，大多以多机器人系统（multiple robot system，简写为 MRS）也即一种多智能体系系统来高效率且精准地完成任务。因此在机器人研究过程中，不仅对更智能、更高效的单一机器人进行了相关研究，也对机器人协同工作来处理更为复杂的任务进行研究。

相对于单一机器人来说，多机器人工作存在着如下优势：

（1）处理的工作更加复杂，且在处理过程中资源信息共享，能够完成单一机器人所不能够完成的任务。

（2）多机器工作，工作更加高效、精准，不需要单一机器人具有更多的功能，能够协同工作从而提高工作的准确性。

（3）环境适应能力更强，容错率高，多机器人互相工作中能够进行相互替代。

在机器人协同工作的过程中，所需要考虑的问题也远多于单机器人工作，除了要考虑控制系统、传感系统、运动学等在单机器人控制中也存在的问题外，还要针对多机器人的体系结构、系统规划、协作机制、通信等多方面进行研究。

自 20 世纪 80 年代以来多机器人协同研究受到人们的关注，至今多机器人系统工作已经衍生出多种工作类型。其中比较有代表性的便是集群智能机器人系统、自重构机器人系统、协作机器人系统三种。集群智能机器人系统是根据自然界蚂蚁等动物群体衍生而来的协同工作方式，由许多同一机器人来组成分布式工作系统，从而产生单一机器人所没有的、由组织与协作而产生的智能性。自重构机器人是按照不同的目标任务自我组成不同结构的功能系统而产生的协作方式。协作机器人系统是人们所熟知的以单一智能机器人组成的、通过通信而构成的工作系统。

机器人协同工作按其群体结构体系划分为集中式、分布式、分层式三类。集中式是由主控单元负责对多机器人进行工作规划与协同，分配任务。相对于集中式来说，分布式则是通过各个机器人之间的信息传递来实现，各自按其系统规则来进行工作。分层式则是介于这两种之间的控制方式。除了上述所说的机器间的协同工作之外，人机之间的协同工作也同样重要，限于篇幅，这里不再作介绍。

就建造机器人来说，面向的领域不同、工况不同、任务不同，就决定了单一的机器人很难完成所有的工作任务，故在建造机器人中多为多机器人协作。早期单工种的建造机器人即使在人的操作下，也仍然工作缓慢，近年来，工程师们对于建造机器人的协同工作尤为重视。如德国斯图加特大学计算机设计学院（ICD）与建筑结构与结构设计学院（ITKE）所建造的研究展厅，正是采用了机械臂与无人机共同协作的建造系统，而在工作过程中，无人机主要提供信息交流，为机械臂工作提供工作信息，且协作机械臂将纤维传递。其实无人机在协同工作当中，工作空间远远优于传统的数控机器，为数字建模的规模以及机器人的工作方式提供了较多的选择方式。

6.4.2 多机器人定位

在多机器人协同工作的过程中，机器人自身的定位是不可或缺的，高精度的定位以及移动也是研究热点之一。本节将对机器人定位技术原理进行介绍，即机器人确定自身方式的原理。

机器人主要依靠定位与感知系统进行自身定位，该系统主要由传感器构成。内部位置传感器也即机器人自身系统定位用来确定内坐标系，而外部传感器定位是对于环境地图进行构造，确定机器人本身相对于外部环境的位置。

实现机器人定位的方式及其原理也多种多样，按定位技术的原理可以分为绝对定位、相对定位以及组合定位几种方式。

绝对定位，即通过已经建立的地图模型进行机器人自身定位，主要通过地图标识、导航信标这种方式进行定位。与 AGV（自动导引运输车）定位中通过二维码等方式进行定位一样，移动机器人通过工作环境中人为所设定的标识来确定自身位置。还有一种方法则是通过地图对比来实现自身定位，即通过内部储存的地图与所感测到的地图进行对比来实现。在这种绝对式定位方式中，GPS 定位也发挥着相应的作用，特别是在智能交通系统中，虽然受到环境的影响较大，但是通过将 GPS 定位系统与其他定位系统相结合，如惯性导航系统等，能够实现高精度的导航定位，也即通过组合定位方式来实现。

相对定位，是通过一定方式对于机器人本身的位置进行计算推导来确定位置信息，主要包括惯性导航以及测程法这两种类型。其中惯性导航方式通过加速度计、陀螺仪等传感器，对机器人自身的加速度、位移等多种信息进行采集，同时也通过积分等环节进行相关计算来进行机器人定位，而测程法的定位原理与上述方法相同，主要通过编码器以及外部传感器，推算机器人位移。

上述绝对定位法和相对定位法，在单独应用中，在存在着优点的同时也有着其所不能弥补的缺点，比如相对定位法，能够自我推测运动轨迹，但不可避免地存在着时间以及测量上的误差，相对来说，绝对定位法能够实现更加精准的定位，但对于环境要求较高，且对某些需要进行地图匹配的数据来说处理速度较慢。当两者共同使用时，例如通过惯性导航进行轨迹分析，而通过二维码等方式实现误差消除，能够提高机器人控制的精度以及稳定性，在机器人的位置定位中有着其独特的优势，也为机器人控制精度的提高提供了方向。

习题

6-1 简述机器人控制系统的特点。

6-2 简述机器人控制系统的基本要求（4～5条即可）。

6-3 简述建造机器人控制任务中所需具有的共性特点。

6-4 简述建造机器人的控制技术。

6-5 简述伺服电机特点。

6-6 简述伺服驱动器控制模式种类及其简介。

6-7 简述直流电机传递函数或方块图。

6-8 简述交流伺服电机控制方式。

6-9 简述直线电机的工作原理。

6-10 简述多机器人协作的工作优势。

参 考 文 献

［1］ 魏世宏，程艳玲，林华泰. 机器人控制系统相关概述［J］. 中国新通信，2018，20（06）：105.

［2］ 李卫国. 工业机器人基础［M］. 北京：北京理工大学出版社，2018.

［3］ WIĘCKOWSKI A. "JA-WA"—A wall construction system using unilateral material application with a mobile robot［J］. Automation in Construction，2017，83（Nov.）：19-28.

［4］ CHO J W，LEE J H，KIM Y S，SHIN K C. An analysis model for wind resistance performance of automated exterior wall painting robots in apartment buildings［J］. KSCE Journal of Civil Engineering，2014，18（4）：909-919.

［5］ MICHAEL N，SHEN S，MOHTA K，et al. Collaborative mapping of an earthquake damaged building via ground and aerial robots［J］. Springer Tracts in Advanced Robotics，2014，92（1）：33-47.

［6］ STEVEN J K，JULIAN C L，LEVI C，et al. Toward site-specific and self-sufficient robotic fabrication on architectural scales［J］. Science Robotics，2017，2（5）：eaam8986.

［7］ 黄俊杰，张元良，闫勇刚. 机器人技术基础［M］. 武汉：华中科技大学出版社，2018.

［8］ 孙志峻，黄卫清. 超声电机驱动多关节机器人的类PID小波神经网络控制［J］. 机械工程学报，2009，45（03）：215-221.

[9]　余跃庆，梁浩，张卓. 平面 4 自由度欠驱动机器人的位置和姿态控制 [J]. 机械工程学报，2015，51（13）：203-211.

[10]　崔旭东，邓少丰，王平江. 面向六关节机器人的位置域控制 [J]. 工程科学学报，2022，第 44（2）：244-253.

[11]　OUYANG P R，PANO V，ACOB J. Position domain contour control for multi-DOF robotic system [J]. Mechatronics，2013，23（8）：1061-1071.

[12]　汪世鹏，解仑，李连鹏，孟盛，王志良. 基于 EtherCAT 总线的七自由度机械臂的隐蔽攻击技术 [J]. 工程科学学报，2020，42（12）：1653-1663.

[13]　OUYANG P R，PANO V，TANG J，et al. Position domain nonlinear PD control for contour tracking of robotic manipulator [J]. Robotics and Computer-Integrated Manufacturing，2018，51：14-24.

[14]　YUE W H，PANO V，OUYANG P R，et al. Model-independent position domain sliding mode control for contour tracking of robotic manipulator [J]. International Journal of Systems Science，2017，48（1）：190-199.

[15]　OUYANG P. Hybrid intelligent machine systems：design，modeling and control [D]. Saskatchewan：The University of Saskatchewan，2005.

[16]　蒋刚，龚迪琛，蔡勇，等. 工业机器人 [M]. 成都：西南交通大学出版社，2011.

[17]　诸静. 模糊控制理论与系统原理 [M]. 北京：机械工业出版社，2005.

[18]　石晨迪，张语迟. 基于模糊自适应 PID 控制器的液压驱动主轴速度控制的研究 [J]. 中国工程机械学报，2020，18（06）：516-520.

[19]　王志军，武东杰，赵震. 机器人力控制研究表述 [J]. 机械工程与自动化，2018，（02）：223-224.

[20]　汤天浩，谢卫. 电机与拖动基础 [M]. 3 版. 北京：机械工业出版社，2018.

[21]　陈仕龙，单节杉，晏妮，等. 电力拖动与控制技术 [M]. 成都：四川大学出版社，2018.

[22]　董景新，赵长德，郭美凤，等. 控制工程基础 [M]. 4 版. 北京：清华大学出版社，2015.

[23]　方涛. 电机控制与调速技术 [M]. 北京：北京理工大学出版社，2020.

[24]　谭建成. 永磁无刷直流电机技术 [M]. 北京：机械工业出版社，2011.

[25]　李益民. 直线电机与磁浮驱动 [M]. 成都：西南交通大学出版社，2018.

[26]　罗会彬. 深水炸弹技术 [M]. 北京：国防工业出版社，2016.

[27]　SCHWINN T，MENGES A. Fabrication agency：landesgartenschau exhibition hall [J]. Architectural Design，2015，85（5）：92-99.

[28]　路甬祥. 流体传动与控制技术的历史进展与展望 [J]. 机械工程学报，2001，37（10）：1-9.

[29]　王积伟. 液压与气压传动 [M]. 北京：机械工业出版社，2018.

[30]　杨晓宇. 液压与气压传动控制技术 [M]. 北京：机械工业出版社，2018.

[31]　左健民. 液压与气压传动 [M]. 北京：机械工业出版社，2016.

第 **7** 章

机器人感知系统

● **本章学习目标** ●

1. 熟练掌握机器人常用的外部信息传感器和内部信息传感器的工作
   原理，以及常见传感器类型。
2. 了解机器人人机交互技术的发展趋势。

机器人感知系统一般由各种传感器组成，传感器能够按一定规律实现信号检测并将被测量（物理的、化学的和生物的信息）通过变送器变换为另一种物理量（通常是电压或电流量）。它既能把非电量变换为电量，也能实现电量之间或非电量之间的互相转换。其作用为获取机器人内、外环境的信息，并反馈给控制系统。对于一些特殊的信息，传感器比人类的感受系统更有效。智能传感器的使用提高了机器人的机动性、适应性和智能化的水准。

传感器可按不同方式分类，常见的传感器功能可以类比于人类的五大感觉器官，即作出以下分类：光敏传感器，如同人类的视觉器官。声敏传感器，如同人类的听觉器官。气敏传感器，如同人类的嗅觉器官。化学传感器，如同人类的味觉器官。压敏、温度、流体传感器，如同人类的触觉器官。也可以按被测物理量、传感器的工作原理、传感器转换能量的情况、传感器的工作机理、传感器输出信号的形式（模拟信号、数字信号）等分类。

7.1 机器人传感器

常见的工业机器人传感器按照功能可分为外部信息传感器和内部信息传感器两大类。外部信息传感器用来检测机器人所处环境（如是什么物体，离物体的距离有多远等）及状况（如抓取的物体是否滑落）。具有多种外部信息传感器是先进机器人的重要标志，如物体识别传感器、物体探伤传感器、接近觉传感器、距离传感器、力觉传感器、听觉传感器等。内部信息传感器用来检测机器人本身状态（如手臂间角度），多为检测位置和角度的传感器。

7.1.1 外部信息传感器

1. 视觉传感器

视觉传感器是整个机器视觉系统信息的直接来源，它同时集成软硬件，能够自动地从所采集到的图像中获取信息或者产生控制动作。目前，视觉传感器广泛地应用于汽车、船舶和管道等制造业的测量、加工和装配过程。通常，视觉传感器采用结构光作为光源，并以平面阵列的光学器件进行接收。计算对象物的特征量（面积、重心、长度、位置等），并输出数据和判断结果。视觉传感器可以从一整幅图像捕获光线的数以千计的像素。图像的清晰和细腻程度通常用分辨率来衡量，以像素数量表示。在捕获图像之后，视觉传感器将其与内存中存储的基准图像进行比较，以作出分析。

下面介绍几种常用的视觉传感器（这里将激光雷达也归入此类）。

（1）CCD（电荷耦合器件）

CCD 的基本结构由光敏元阵列（MOS）和读出移位寄存器组成。一个 MOS 结构元素称为 MOS 光敏元或一个像素，其中一个势阱收集的光生电子称为一个电荷包。CCD 是在硅片上制作成百上千的 MOS 元，每个金属电极加电压，就形成成百上千个势阱，照射在这些光敏元上形成一幅明暗起伏的图像，这些光敏元就感生出一幅与光照度响应的光生电荷图像。这就是电荷耦合器件的光电物理效应基本原理。

（2）CMOS（互补金属氧化物半导体）

CMOS（互补金属氧化物半导体）是电压控制的一种放大器件，是组成 CMOS 数字集成电路的基本单元。它的主要组成部分是像敏单元阵列和输出及信号处理电路，这两部分是集成在同一硅片上的。像敏单元阵列由光电二极管阵列构成。像敏单元阵列按 X 和 Y 方向排列成方阵，方阵中的每一个像敏单元都有它在 X，Y 各方向上的地址，并可分别由两个方向的地址译码器进行选择；输出信号送 A/D 转换器进行模数转换变成数字信号输出。

（3）激光雷达

激光雷达是激光技术与现代光电探测技术结合的先进探测方式。基本原理为以激光作为信号源，激光光束发射后若触碰到物体，将反馈反射光和散射光到激光接收器中，扫描器按照激光反馈用时与激光发射的传播速度计算出物体与激光雷达的间距，依据激光光束发射位置的角度感知环境信息，计算出物体与激光雷达的角度。

激光雷达由发射系统、接收系统、信息处理等部分组成。激光雷达是用激光器作为发射光源，采用光电探测技术手段的主动遥感设备。发射系统为各种形式的激光器，如二氧化碳激光器、掺钕钇铝石榴石激光器、半导体激光器、波长可调谐的固体激光器以及光学扩束单元等；接收系统采用望远镜和各种形式的光电探测器，如光电倍增管、半导体光电二极管、雪崩光电二极管、红外和可见光多元探测器件等。激光雷达采用脉冲或连续波两种工作方式，探测方法按照探测的原理可以分为直接探测和相干探测。

目前的激光雷达系统存在着分辨率（即我们通常所说的像素数）和成像速率的矛盾。比如通常采用的扫描成像系统，可以达到很高的分辨率，但分辨率越高，所需要的成像时间就越长，即系统的成像速率就越慢，非常不适于实时应用的场合，如制导和导航等；而实时应用要求高成像速率，但高成像速率势必以牺牲分辨率为代价，成像视场非常小，对提供目标的图像特征非常不利。因此由于重复频率、扫描技术等的限制，成像速率和分辨率的矛盾非常突出。

为了解决激光雷达在结构紧凑性、高分辨率性和适应性等方面的种种问题，我们首次将级联棱镜多模式光束扫描原理应用于激光雷达三维成像，通过级联棱镜旋转运动控制多光束遍历扫描目标区域，结合多重点云滤波算法和全局点云配准算法，

图 7-1 彩图

获取远距离、高精度、高分辨率的三维目标场景信息。图 7-1 所示为一种结合 Risley 棱镜多光束转向与 FMCW（调频连续波）相干检测的均方根激光雷达的理论。通过光线追踪方法对多光束扫描机制进行研究，通过棱镜运动和同时的距离和速度测量，得到了多通道点云采集的数学模型。

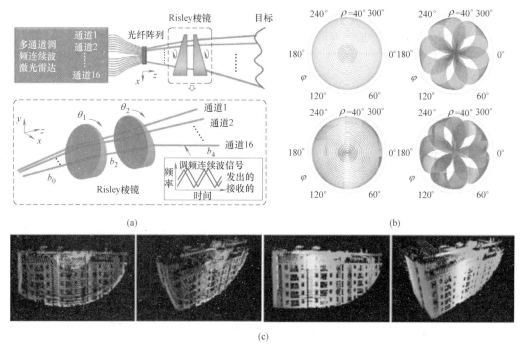

图 7-1 激光雷达多模式扫描成像系统

（a）激光雷达扫描成像原理；（b）级联棱镜多模式扫描轨迹；（c）级联棱镜多光束扫描三维成像点云融合

采用参数分析的方法来研究基于 Risley 棱镜的多波束扫描，以提高均方根激光雷达的扩展和分辨率。为了提高物体识别和环境感知的三维成像性能，研究人员开发了具有基本框架和技术实现的均方根激光雷达的多通道点云处理技术。每个通道中的点云滤波可以通过一种多模集成方法有效地完成。利用基于统计建模的 NDT（正态分布变换）算法和基于迭代优化的 ICP 算法（迭代最近点算法），研究人员提出了在多通道点云中进行成对对齐和全局配准的粗精耦合方法。

此外，在室外条件下，研究人员利用均方根激光雷达进行了远程三维成像实验。除了显示激光雷达架构可以提供优越的检测灵敏度和增强采样密度外，实验结果证明，多通道配准点云可以在保留局部边和详细信息的同时，呈现出感兴趣对象的空间形式和三维结构。

2. 触觉传感器

触觉传感器能够用于检测与外部环境接触时的位置、力、纹理、质感、温度等信息，是实现安全人机交互的重要信息来源之一。触觉传感器按照结构形式可以分为阵列和非阵列结构。随着 MEMS（微电子机械系统）技术的不断发展，以及新材料的不断涌现，阵列结构的触觉传感器逐步形成了压阻、电容、压电、磁阻、光学等多种检测原理的触觉传感器。图 7-2 所示为一新型非阵列结构的触觉传感器。当外力作用于传感器表面时，在接触点位置处，上层 L1 发生形变，透过中层 L2 内的网格，与下层 L3 接触。此时，下层 L3 的电势值与上层 L1 接触点处的电势值相同，通过提取下层 L3 的电势信息便可以计算出接触点在传感器表面的位置信息。

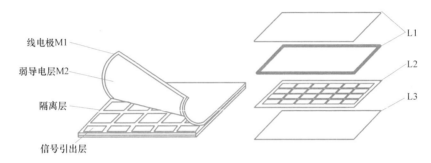

图 7-2　触觉传感器结构模型

3. 滑觉传感器

滑觉传感器是检测垂直加压方向力和位移的传感器。滑觉信息的可靠感知是机器人在复杂多元环境下完成预定抓取功能的可靠保障，在机器人实现软抓取作业中起着非常关键的作用，它的性能好坏直接决定了机械手能否顺利完成软抓取任务。图 7-3 所示为光纤布拉格光栅滑觉感知单元，该感知单元合理应用差动感知原理，补

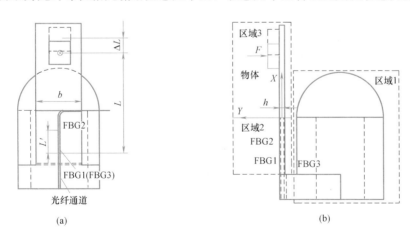

图 7-3　光纤布拉格光栅滑觉感知单元

（a）前视图；（b）侧视图

偿温度对光纤布拉格传感单元的影响。当物体在悬臂梁上滑动时，FBG（光纤布拉格光栅）传感器的中心波长会发生偏移，通过波长差的方差分析和波长偏移的方向、大小、速率检测物体滑动的方向、距离和速率。

4. 力觉传感器

力觉传感器用于工业机器人的指、肢和关节等运动中所受力或力矩的感知。工业机器人在进行装配、搬运、研磨等作业时需要对工作力或力矩进行控制。力觉传感器一般安装在机器人手腕上，测量作用在机器人手爪上的负载大小。压力是多种刺激信号中的重要参数之一，以压阻传感为典型压力敏感机制的压力传感器应用最为广泛。

图 7-4 为 Y 形横梁六维力/力矩传感器。在 Y 形横梁六维力/力矩传感器中，受载圆台和外法兰环之间通过三根互呈 120°夹角的弹性横梁相连接。图 7-4 右侧给出了传感器的局部放大图，以清楚显示弹性横梁及板簧结构的几何尺寸，其中弹性横梁的长宽高为 $l_1 \times b_1 \times h_1$，柔性板簧的长宽高为 $l_2 \times b_2 \times h_2$，受载圆台的半径为 r。电阻应变片分别被贴置在三根弹性横梁的四个侧面（共 12 个），用以测量弹性横梁在多轴载荷下的应变变化。六维力/力矩传感器由于可同时测量三个轴向力和三个力矩，在智能机器人（特别是需要精确力控制的工业机器人）领域展现了广阔的市场应用前景。

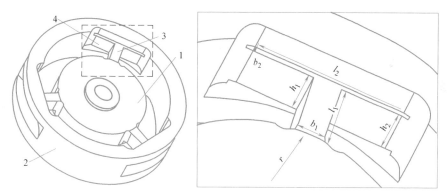

图 7-4 Y 形横梁六维力/力矩传感器

1—受载圆台；2—外法兰环；3—弹性横梁；4—板簧结构

7.1.2 内部信息传感器

1. 位移传感器

位移传感器又称为线性传感器，是一种属于金属感应的线性器件，传感器的作用是把各种被测物理量转换为电量。在生产过程中，位移的测量一般分为测量实物尺寸和机械位移两种。按被测变量变换的形式不同，位移传感器可分为模拟式和数字式两种。模拟式又可分为物性型和结构型两种。常用位移传感器以模拟式结构型居多，包括电位器式位移传感器、电感式位移传感器、自整角机、电容式位移传感器、电涡流式位移传感器、霍尔式位移传感器等。数字式位移传感器的一个重要优点是便于将信号直接送入计算机系统，这种传感器发展迅速，应用日益广泛。

下面介绍 3 种常用的位移传感器。

(1) 电位器式位移传感器

电位器式位移传感器由一个绕线电阻（或薄膜电阻）和一个滑动触点组成。滑动触点通过机械装置受被检测量的控制，当被检测的位置量发生变化时，滑动触点也发生位移，从而改变滑动触点与电位器各端之间的电阻值和输出电压值。传感器根据这种输出电压值的变化，可以检测出机器人各关节的位置和位移量。按照传感器的结构，电位器式位移传感器可分为两大类，即直线型电位器式位移传感器和旋转型电位器式位移传感器，如图 7-5 所示。

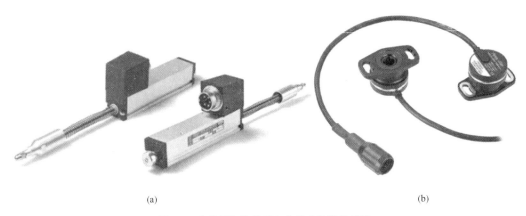

(a)   (b)

图 7-5　直线型和旋转型电位器式位移传感器

(a) 直线型电位器式位移传感器；(b) 旋转型电位器式位移传感器

电位器式位移传感器的优点是结构简单，获得信号大，易操作，价格实惠。缺点是施加较大的阶跃电压会使系统发生振荡，且装置易磨损。

(2) 霍尔式位移传感器

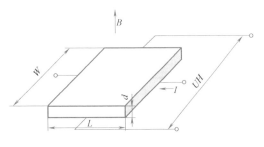

图 7-6　霍尔效应原理图

霍尔式位移传感器的测量原理是保持霍尔元件的激励电流不变，并使其在一个梯度均匀的磁场中移动，则所移动的位移正比于输出的霍尔电势，如图 7-6 所示。该传感器灵敏度与磁场梯度大小呈正比；梯度变化的均匀程度可以反映出霍尔输出电动势与位移的线性关系。该传感器因其精度高、寿命长等优点，通常用于将各种非电量转换成可测位移量的领域。

（3）光纤位移传感器

光纤位移传感器用于将被测量的信息转变为可测的光信号，其基本结构由光源、敏感元件、光纤和光检测器及信号处理系统组成。光纤位移传感器具有信息调制和解调功能。被测量对光纤传感器中光波参量进行调制的部位称为调制区，光检测器及信号处理部分称为解调区。当光源所发出的光耦合进光纤，经光纤进入调制区后，在调制区内受被测量影响，其光学性质发生改变（如光的强度、频率、波长、相位、偏振态等发生改变），成为被调制的信号光，经过光纤传输到光检测器，光检测器接收光信号并进行光电转换，输出电信号。

根据被外界信号调制的光波物理特征参量的变化情况，光纤位移传感器可分为强度调制型光纤传感器、相位调制型光纤传感器、频率调制型光纤传感器、波长调制型光纤传感器以及偏振态调制型光纤传感器等 5 种。

如图 7-7 所示为 Mach-Zehnder 干涉仪型相位调制型光纤传感器，其基本原理是在被测参量对敏感元件的作用下，敏感元件的折射率或者传播常数发生变化，导致传输光的相位发生改变，再用干涉仪检测这种相位变化得出被测参量。此类传感器具有高灵敏度、快响应、动态测量范围大等优点，但是对光源和检测系统的精密度要求高。

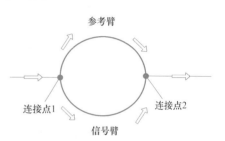

图 7-7　Mach-Zehnder 干涉仪型相位调制型光纤传感器

2. 速度传感器

速度传感器是工业机器人中较重要的内部传感器之一。速度包括线速度和角速度，与之相对应的就有线速度传感器和角速度传感器，统称为速度传感器。在机器人自动化技术中，旋转运动速度测量较多，而且直线运动速度也经常通过旋转速度间接测量。因此下面主要介绍旋转式速度传感器。

旋转式速度传感器按安装形式分为接触式和非接触式两类。

（1）接触式旋转速度传感器

当运动物体与旋转式速度传感器接触时，摩擦力带动传感器的滚轮转动。装在滚轮上的转动脉冲传感器，发送出一连串的脉冲。每个脉冲代表着一定的距离值，从而测出线速度。接触式旋转速度传感器结构简单，使用方便。但是接触滚轮的直径与运动物体始终接触，滚轮的外周将磨损，从而影响滚轮的周长，而脉冲数对每个传感器是固定的，故会影响传感器的测量精度。要提高测量精度必须在二次仪表

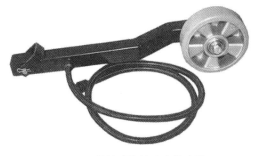

图 7-8　接触式旋转速度传感器

中增加补偿电路。另外接触式难免产生滑差，滑差的存在也将影响测量的准确性。因此传感器使用中必须施加一定的正压力或者滚轮表面采用摩擦力系数大的材料，尽可能减小滑差。接触式旋转速度传感器如图 7-8 所示。

（2）非接触式旋转速度传感器

非接触式旋转速度传感器测量原理很多，例如，光电流速传感器叶轮的叶片边缘贴有反射膜，流体流动时带动叶轮旋转，叶轮每转动一周光纤传输反光一次，产生一个电脉冲信号，可由检测到的脉冲数计算出流速。光电风速传感器中风带动风速计旋转，经齿轮传动后带动凸轮呈比例旋转。光纤被凸轮轮番遮断形成一串光脉冲，经光电管转换成定信号，经计算可检测出风速。非接触式旋转速度传感器寿命长，无需增加补偿电路，但脉冲当量不是距离的整数倍，速度运算相对比较复杂。非接触式旋转速度传感器如图 7-9 所示。

图 7-9　非接触式旋转速度传感器

3. 加速度传感器

加速度传感器是能感受加速度并转换成可用输出信号的传感器。根据牛顿第二定律——$a = \dfrac{F}{m}$，只需测量作用力 F 就可以得到已知质量物体的加速度。利用电磁力平衡这个力，就可以得到作用力与电流（电压）的对应关系，通过这个简单的原理来设计加速度传感器。本质是通过作用力造成传感器内部敏感部件发生变形，通过测量其变形并用相关电路转化成电压输出，得到相应的加速度信号。

（1）压电式加速度传感器

压电式加速度传感器是基于压电晶体的压电效应工作的。某些晶体在一定方向上受力变形时，其内部会产生极化现象，同时在它的两个表面上产生符号相反的电荷；当外力去除后，又重新恢复到不带电状态，这种现象称为"压电效应"。具有"压电效应"的晶体称为压电晶体。常用的压电晶体有石英、压电陶瓷等。压电式加速度传感器如图 7-10 所示。

它的优点是频带宽、灵敏度高、信噪比高、结构简单、工作可靠和重量轻等。缺点是某些压电材料需要采取防潮措施，而且输出的直流响应差，需要采用高输入阻抗电路或电荷放大器来克服这一缺陷。此外，常见的压电式传感器尽管能够满足应用实际中的性能要求，但在体积、集成性和成本方面的不足限制了其在智能化装备的进一步应用。

（2）压阻式加速度传感器

压阻式加速度传感器是利用材料的压阻效应将物理量转换为电学量的方式来实现信号测量。当压阻材料受到应力作用时，其电阻将发生明显变化，引起测量电桥输出电压变化，以实现对加速度的测量。压阻式加速度传感器如图 7-11 所示。

图 7-10　压电式加速度传感器　　　　　　　图 7-11　压阻式加速度传感器

压阻式加速度传感器体积小、频率范围宽、测量加速度的范围宽，直接输出电压信号，不需要复杂的电路接口，大批量生产时价格低廉，可重复生产性好，可直接测量连续的加速度和稳态加速度。但其对温度的漂移较大，对安装应力和其他应力也较敏感。

7.2　多传感器融合

在多传感器系统中，由于信息表现形式的多样性，巨大的信息数量，信息关系的复杂性，以及要求信息处理的实时性、准确性和可靠性，都已大大超出了人脑的信息综合处理能力，在这种情况下，多传感器信息融合技术便应运而生。

7.2.1 多传感器信息融合基本概念

多传感器信息融合（multi-sensor information fusion，MSIF）的概念出现于 20 世纪 70 年代初期，指采集并集成各种信息源、多媒体和多格式信息，生成完整、准确、及时和有效的综合信息的过程。多传感器信息融合在目标跟踪、位姿检测等军事领域最早得到应用，随着信息融合理论、统计学理论以及人工智能技术的不断发展，其在复杂工业工程监控、设备服役故障诊断、机器人和智能仪器系统等领域逐渐成为研究热点。

1. 硬件同步

使用同一种硬件同时发布触发采集命令，实现各传感器采集、测量的时间同步，做到同一时刻采集相同的信息。

2. 软件同步

（1）时间同步：通过统一的主机给各个传感器提供基准时间，各传感器根据已经校准后各自的时间为各自独立采集的数据加上时间戳信息，可以做到所有传感器时间戳同步，但由于各个传感器各自采集周期相互独立，无法保证同一时刻采集相同的信息。

（2）空间同步：将不同传感器坐标系的测量值转换到同一个坐标系中，其中激光传感器在高速移动的情况下需要考虑当前速度下的帧内位移校准。

3. 多传感器信息融合基本原理

多传感器信息融合技术的基本原理就像人脑综合处理信息一样，充分利用多传感器资源。通过对各种传感器及其观测信息的合理支配与使用，将各传感器在时间上的互补与冗余信息依据某种优化准则组合起来，产生对被测环境的一致性解释和描述。

信息融合的核心是充分地利用多源数据进行合理支配与使用，最终目标则是基于各传感器获得的分离观测信息，通过对信息多级别、多方面组合导出更多有用信息。这不仅是利用了多个传感器相互协同操作的优势，而且也综合处理了其他信息源的数据来提高整个传感器系统的智能化。

多传感器信息融合的结构模型一般有以下几种基本形式：集中式、分散式和分级式结构，分级式又分为有反馈结构和无反馈结构。

（1）集中式结构：在系统融合中心采用集中卡尔曼滤波融合技术，可以得到系统的全局状态估计信息。在集中式结构中，各传感器信息的流向是自低层向融合中心单方向流动，各传感器之间缺乏必要的联系。

（2）分散式结构：结构没有中央处理单元，每个传感器都要求作出全局估计，采用分散卡尔曼滤波技术来实现多传感器信息的融合。

（3）分级式结构：它有两种形式——无反馈的分级结构和有反馈的分级结构，分级结构采取的是由低层向高层逐层融合的思想，信息从低层向高层逐层流动。

7.2.2　多传感器数据融合算法

对于多传感器系统而言，信息具有多样性和复杂性，因此对信息融合算法的基本要求包括具有鲁棒性和并行处理能力、算法的运算速度和精度以及对信息样本的要求等。一般地，多传感器数据融合的常用方法基本上可分为两大类：信号处理类和人工智能类。

1. 信号处理算法

（1）加权平均法：信号级融合方法最简单直观的是加权平均法，将一组传感器提供的冗余信息进行加权平均，其结果作为融合值。该方法是一种直接对数据源进行操作的方法。

（2）卡尔曼滤波法：该方法主要用于融合低层次实时动态多传感器冗余数据，其用测量模型的统计特性递推，决定统计意义下的最优融合和数据估计。如果系统具有线性动力学模型，且系统与传感器的误差符合高斯白噪声模型，则卡尔曼滤波将为融合数据提供唯一统计意义下的最优估计。

卡尔曼滤波的递推特性使系统处理无需大量的数据存储和计算。采用单一的卡尔曼滤波器对多传感器组合系统进行数据统计时，存在很多严重问题，例如：在组合信息大量冗余情况下，计算量将以滤波器维数的三次方剧增，实时性难以满足；传感器子系统的增加使故障概率增加，在某一系统出现故障而没有来得及被检测出时，故障会污染整个系统，使可靠性降低。

（3）多贝叶斯估计法：将每一个传感器作为一个贝叶斯估计，把各单独物体的关联概率分布合成一个联合的后验概率分布函数，通过使联合分布函数的似然函数为最小，提供多传感器信息的最终融合值，即利用先验概率和观测数据来计算后验概率，从而实现对感兴趣参数或状态的估计。

2. 人工智能算法

（1）模糊逻辑推理。模糊逻辑是多值逻辑，通过指定一个 0 到 1 之间的实数表示真实度（相当于隐含算子的前提），允许将多个传感器信息融合过程中的不确定性直接表示在推理过程中。如果采用某种系统化的方法对融合过程中的不确定性进行推理建模，则可以产生一致性模糊推理。

与概率统计方法相比，逻辑推理存在许多优点，它在一定程度上克服了概率论所面临的问题，对信息的表示和处理更加接近人类的思维方式，一般比较适合于在高层次上的应用（如决策）。但是逻辑推理本身还不够成熟和系统化。此外由于逻辑推理对信息的描述存在很多的主观因素，所以信息的表示和处理缺乏客观性。模糊集合理论对于数据融合的实际价值在于它外延到模糊逻辑，模糊逻辑是一种多值逻辑，隶属度可视为一个数据真值的不精确表示。在 MSF（多传感器融合）过程中，存在的不确定性可以直接用模糊逻辑表示，然后使用多值逻辑推理，根据模糊集合理论的各种演算对各种命题进行合并，进而实现数据融合。

（2）神经网络。神经网络具有很强的容错性以及自学习、自组织及自适应能力，能够模拟复杂的非线性映射。神经网络的这些特性和强大的非线性处理能力，恰好满足多传感器数据融合技术处理的要求。在多传感器系统中，各信息源所提供的环境信息都具有一定程度的不确定性，对这些不确定信息的融合过程实际上是一个不确定性推理过程。神经网络根据当前系统所接受的样本相似性确定分类标准，这种确定方法主要表现在网络的权值分布上，同时可以采用学习算法来获取知识，得到不确定性推理机制。利用神经网络的信号处理能力和自动推理功能，即实现了多传感器数据融合。

7.3 机器人人机交互技术

人机交互（human robot interactions，HRI）是未来机器人的关键构成部分，在许多领域有着广泛的应用，如制造业、交通运输业、服务业以及娱乐业。

工业制造商引入协作机器人，把生产线向柔性生产过渡，这样的人机生产单位可以有效地将人类的灵活性和机器人的高效性结合。医疗康复领域的外骨骼机器人常被用来帮助中风患者重新行走，患者和机器人之间存在密切的物理接触和交互。随着自动驾驶汽车的发展，自动驾驶汽车在公路上与人类驾驶的车辆有着道路交通问题的交互。其他如护理机器人或机器人导盲犬等应用，这些场景的实现都涉及人机交互。

7.3.1 人机交互基本概念

人机交互是指研究出一定的开发原理及方法，让人们可以方便地使用机器系统（包括计算机、设备、工具等）。人机交互关注使用者或操作者与机器系统之间的交互过程，来设计评估操作者使用机器的方便程度。让机器人逐渐具备人类感知、学习、思考、自适应及决策能力，通过与人类大脑逻辑思维及应变能力的结合，使机器人充分发挥其快速、准确、耐疲劳等机械性能；人与机器人两者之间优势互补，自然安全地进行交互，共同协作完成设定的目标方案，实现人机融合。

7.3.2 人机交互发展趋势

（1）多模态人机交互：多模态人机交互的方式及其融合深度决定了未来人机共融系统的效率。目前传统单一化的交互方式仍存在不足，因此人机交互的未来发展趋势之一是告别单一模式，发展多模态人机交互。

（2）感知交互：通过对用户行为、表情、姿态等识别以及环境变化来主动感知预测用户下一步行为需求，实现由被动接受用户输入操作向主动感知用户需求的转变。

（3）安全交互：完善人体伤害评价标准，评估复杂多层安全系统有效性，包含各种场景和测试用例，衡量相关有效性指标，构建统一人机交互安全评价准则；考虑人性、伦理等概念，规范相关行业法律法规，打造未来机器人与大众生活和谐蓝图。

7.4 机器人感知应用案例

1. 无人驾驶建造机器人

建筑行业具有"危、繁、脏、重"的特点。数据显示，目前我国建筑工人平均年龄已接近 50 岁，比 2007 年增长了 10 余岁。建筑工人工作条件差、劳动强度大、安全事故高发及建筑工人老龄化问题逐渐凸显。由于缺少年轻工人，人工成本升高，未来建筑行业或将陷入劳动力不足的窘境。

2021 年，广西柳工机械股份有限公司（简称柳工）发布了 3 款无人驾驶工程机械。其中，基于 922F 挖掘机、856HMAX 装载机的两款无人驾驶设备，是国内首辆无人驾驶挖掘机、装载机，如图 7-12 所示。

图 7-12　无人驾驶工程机械

此次发布的基于 922F 挖掘机、856HMAX 装载机、6626E 压路机

的 3 款设备，是柳工自主研发制造的智能无人驾驶设备。其采用了柳工自主创新开发的慧眼系统和智行控制系统，并配备了 GPS 导航系统、避障雷达，能够实现精准定位、智能操作、智能派工、数据可视等复杂操作。柳工无人驾驶设备采用环境感知系统、智能运动控制系统、智能产品云控平台等技术，通过云平台下达指令，设备会根据图像识别判断物料的方位自主完成作业。无人驾驶设备对工作时长没有限制，能够全天候 24h 作业。

这 3 款设备适用于港口、矿区、车站转运等多个场景，可提供替代人工驾驶、协同关联设备、整体安全工作的整机及云平台解决方案，实现环境感知、路径规划、主动避障、自主作业等功能。换句话说，在施工条件恶劣的特殊工况下，无人驾驶工程机械将解放工人双手，不再需要施工人员亲身试验，这也意味着告别一些特殊工种职业病。此外，规范化操作还可大大降低成本、提升效率。

2. 测量机器人

测量机器人是一种能代替人进行自动搜索、跟踪、辨识和精确瞄准目标并获取角度、距离、三维坐标以及影像等信息的智能型电子全站仪，可以代替人完成许多测量任务。

图 7-13 测量机器人

中建三局自主研发的道路工程移动式高精度测量机器人如图 7-13 所示，在武汉四环线工程完成 20 余千米测试应用，标志着机器人完成阶段性测试，具备工程应用条件。道路工程移动式高精度测量机器人，是一种集自动行驶、自动调平、自动设站、自动测量等功能于一身的机器人系统，综合测量精度在 2mm 内，突破了国内外移动测量厘米级精度限制，综合测量速度达 8s/点，比传统测量方式提高效率 10 倍以上。

这款高精度测量机器人通过激光无接触测量方式，准确找到所需测量断面的测点进行测量，直接生成满足工程质量控制与验收要求的测量数据及表单。此外机器人可实现 24h 不间断测量，有效解决传统路面施工，依靠人工逐点测量问题，减少 80% 人员投入，并且在高温、极寒、低氧环境下可正常作业。

习题

7-1 简要说明一个完整的机器视觉系统的主要工作步骤是什么。

7-2 在设计视觉机器人时应考虑哪些问题？

7-3 选择一种你了解的传感器装置，介绍其工作特点和主要应用。

7-4 多传感器信息融合有几种不同的结构模型，其各自有哪些特点？

7-5 机器人人机交互环境主要存在哪些问题，设计时应怎样考虑？

7-6 机器人感知系统在现代建造机器人中主要有哪些应用？

参 考 文 献

[1] 唐文彦，张晓琳. 传感器 [M]. 北京：机械工业出版社，2021.

[2] 李雁斌，刘常杰，邾继贵，等. 一种直线轨迹跟踪的视觉传感器 [J]. 光电子.激光，2007，18 (12)：1414-1417.

[3] 曾夏明，何家雄，曹林根，等. 基于激光雷达车检器的车型识别研究 [J]. 中国工程机械学报，2021，19 (4)：324-330.

[4] LI A，LIU X，SUN J，LU Z. Risley-prism-based multi-beam scanning LiDAR for high-resolution three-dimensional imaging [J]. Optics and Lasers in Engineering，2021，150 (Mar.)：106836.1-106836.11.

[5] ALEX C，LIU J，BAO Z. Pursuing prosthetic electronic skin [J]. Nature Materials，2016，15 (9)：937-950.

[6] RAVINDER S，MAUIUZIO V，GORDON C，et al. Directions toward effective utilization of tactile skin：a review [J]. IEEE Sensors Journal，2013，13 (11)：4121-4138.

[7] 曹建国，周建辉，缪存孝，等. 电子皮肤触觉传感器研究进展与发展趋势 [J]. 哈尔滨工业大学学报，2017，49 (1)：1-13.

[8] 张友志，吴海彬，何可耀，等. 基于双对角匀强电场的柔性触觉传感器研究 [J]. 机械工程学报，2019，55 (10)：17-26.

[9] 朱海荣，李奇，顾菊平. 扰动补偿的陀螺稳定平台单神经元自适应 PI 控制 [J]. 电机与控制学报，2012，16 (3)：34-36.

[10] 冯艳，王飞文，张华，等. 光纤布拉格光栅滑觉感知单元 [J]. 光子学报，2019，48 (09)：56-63.

[11] 罗毅辉，彭倩倩，朱宇超，等. 喷印柔性压力传感器试验研究 [J]. 机械工程学报，2019，55 (11)：90-97.

[12] 左盟，陈伟球，杨明，等. Y 形横梁六维力/力矩传感器的应变分析 [J]. 机械工程学报，2020，56 (12)：1-8.

[13] 高国富，谢少荣，罗均. 机器人传感器及其应用 [M]. 北京：化学工业出版社，2005.

[14] 钦志伟. 霍尔效应式位移传感器系统的研究 [D]. 上海：东华大学，2020.

[15] 林金梅，潘锋，李茂东，等. 光纤传感器研究 [J]. 自动化仪表，2020，41 (1)：37-41.

[16] 曾光宇. 现代传感器技术与应用基础 [M]. 北京：北京理工大学出版社，2006.

[17] 肖胜武. 多参数智能电子测试仪的研究 [D]. 山西：中北大学，2009.

[18] ALBARBAR A，MEKID S，STARR A，et al. Suitability of MEMS accelerometers for condition monitoring：an experimental study [J]. Sensors，2008，8 (2)：784-799.

[19] 赵玉龙，刘岩，孙禄，等. 孔缝双桥结构高性能压阻式加速度传感器 [J]. 机械工程学报，2013，49 (6)：198-204.

[20] 简小刚，贾鸿盛，石来德. 多传感器信息融合技术的研究进展 [J]. 中国工程机械学报，2009，7 (2)：227-232.

[21] 郁文贤，雍少为，郭桂蓉. 多传感器信息融合技术述评 [J]. 国防科技大学学报，1994，16 (3)：1-11.

[22] 赵望达，段方英，徐志胜. 基于信息融合的智能安全监控自动化系统 [J]. 中国安全科学学报，2005，15 (4)：106-108，114.

[23] 刘强，卓洁，郎自强，等. 数据驱动的工业过程运行监控与自优化研究展望 [J]. 自动化学报，2018，44 (11)：1944-1956.

[24] JI H Y, YUAN Y H, CHAO Z G. Rotor unbalance fault diagnosis using DBN based on multi-source heterogeneous information fusion [J]. Procedia Manufacturing，2019，35：1184-1189.

[25] 沈长青，汤盛浩，江星星，等. 独立自适应学习率优化深度信念网络在轴承故障诊断中的应用研究 [J]. 机械工程学报，2019，55 (7)：81-88.

[26] 毕盛，刘皓熙，闵华清，等. 基于多传感器信息融合的仿人机器人跌倒检测及控制 [J]. 华南理工大学学报，2017，45 (1)：95-101.

[27] 王昕煜，平雪良. 基于多传感器融合信息的移动机器人速度控制方法 [J]. 工程设计学报，2021，28 (1)：13-21.

[28] 何友，关欣，王国宏. 多传感器信息融合研究进展与展望 [J]. 宇航学报，2005，26 (4)：524-530.

[29] 高青. 多传感器数据融合算法研究 [D]. 西安：西安电子科技大学，2008.

[30] 朱先秋. 基于神经网络的多传感器融合方法研究 [D]. 南京：南京理工大学，2019.

[31] 贾计东，张明路. 人机安全交互技术研究进展及发展趋势 [J]. 机械工程学报，2020，56 (3)：16-30.

[32] 中国建筑. 中建三局首创高精度测量机器人 [EB/OL]. [2022-9-1]. https：//www.cscec.com.cn/ztzl_new/ggsnxd/ggzs/202103/3286559.html.

第 8 章

机器人视觉技术

● 本章学习目标 ●

1. 了解摄像机成像原理以及双目立体视觉成像原理。
2. 掌握单目相机标定和双目相机标定方法。
3. 熟知常用的图像预处理和特征提取技术，如灰度变换、空间滤波方法以及颜色特征提取、纹理特征提取和边缘特征提取方法。
4. 了解基于视觉系统的机器人控制工作原理以及动态虚拟相机感知技术。

机器人视觉技术是将真实空间中的三维物体通过摄像头等图像采集设备转化为二维投影的机器语言，并经过上位机系统处理，根据二维投影图像去重建三维客观世界的过程。机器人的视觉技术一般由如下部分组成：相机、镜头、光源、图像采集卡、视觉处理器，其是现代机器人不可或缺的一部分。机器人在执行相关任务过程中，传统的机器人应用方法可能不能很好地满足实际生产需求，例如建筑行业的断面焊接、墙面施工等工程，其工作精准度很大程度上取决于人工机器操作的熟练度，且工作效率较低。

随着智能建造与机器视觉技术的不断发展，为减少人工并一定程度上提高建造精度和效率，在传统机器人的基础上引入视觉技术，在机器人上安装工业摄像头，使工业机器人视觉系统能够实现机器人"眼睛"的功能。例如在现代化施工中的隔墙板自动化建造，可通过计算机视觉系统，能够在最低程度人工介入的情况下，自动化分析建筑构件的几何信息，生成机械臂运动代码，同时实现履带式移动平台、机械臂和末端执行器之间的通信，精准组装墙板并通过实时计算机视觉技术，实时纠正机器人末端工作装置的空间姿态。

8.1 相机视觉系统

相机视觉系统集成了机械、电子、光学、计算机等软硬件技术，由硬件系统（相机、镜头和光源）采集图像，并将光信号转化为电信号，传输给图像处理软件进行相关处理。相机视觉系统为机器人提供了人眼一样的视觉功能，能够通过获取的图像代替人工完成识别、定位、测量和检测等工作，实现生产建造的智能化和高自动化，大幅度提高生产效率。常见的相机视觉系统有单目视觉、双目视觉以及多目视觉系统。

8.1.1 透视变换

透视变换是指利用透视中心、像点、目标点三点共线的条件，按透视旋转定律使承影面（透视面）绕迹线（透视轴）旋转某一角度，破坏原有的投影光线束，仍能保持承影面上投影几何图形不变的变换。

透视变换是中心投影的射影变换，在用非齐次射影坐标表达时是平面的分式线性变换。透视变换常用于机器人视觉研究中，由于摄像机与地面之间有一倾斜角，而不是直接垂直朝下（正投影），有时希望将图像校正成正投影的形式，就需要利用透视变换。把空间坐标系中的三维物体或对象转变为二维图像表示的过程称为投影变换。根据视点（投影中心）与投影平面之间距离的不同，投影可分为平行投影和透视投影,透视投影即透视变换。平行投影的视点(投影中心)与投影平面之间的距离为无穷大,而对透视投影(变换),此距离是有限的。

图 8-1　透视变换

透视投影具有透视缩小效应的特点,即三维物体或对象透视投影的大小与形体到视点(投影中心)的距离呈反比。如图 8-1 所示,等长的两直线段都平行于投影面,但离投影中心近的线段透视投影大,而离投影中心远的线段透视投影小。该效应所产生的视觉效果与人的视觉系统类似。与平行投影相比,透视投影的深度感更强,看上去更真实,但透视投影图不能真实地反映物体的精确尺寸和形状。以矩形为例,透视变换可能要移动矩形的全部顶点,且同一边上两个顶点的移动方向相反。事实上,在对象作透视变换时,其限制框的 4 个角点不一定非要限制在它们的边长方向,4 个角点也可发生移动,从而获得更复杂的透视变换效果。

透视变换中线性变换的最一般形式,其特点为直线经变换后仍然是直线,但平行的直线经变换后却可能相交。透视变换主要用在以下方面:点源与物体作用,在一个平面上产生投影图像的放射成像;对于照片,采集光线全部通过透镜的焦点的情况。

8.1.2　成像模型

1. 摄像机成像模型

摄像机成像模型一般分为 3 种:针孔成像模型、透视投影模型和正交投影模型。一般情况下摄像机成像模型工作距离远大于摄像机焦距,可以用理想的小孔成像原理来分析摄像机的成像模型。

摄像机采集的图像是以标准电视信号的形式经高速图像采集系统变换为数字图像，并输入计算机。每幅数字图像在计算机内表示为 $M \times N$ 数组，M 行 N 列的图像中的每一个元素称为像素。因此在图像上定义直角坐标系 u、v，每一个像素的坐标 (u, v) 分别是该像素在数组中的列数和行数，即为以像素为单位的像素坐标系坐标。

计算机视觉中，一般在相机的成像平面上定义了用 x-y 表示的以图像中心为原点的图像坐标系，以更好地表达点像素坐标 (u, v)。建立以物理单位（mm）表示的图像坐标系（一般以图像中心为原点），x 轴与 y 轴分别与 u、v 轴平行，(x, y) 表示以"mm"为单位的图像坐标系的坐标，如图 8-2 所示。成像平面与相机视轴的交点定义为图像坐标系的原点 o，又称为主点，一般位于图像的中心位置，也会有些偏离。图像坐标系的 x、y 轴分别与像素坐标系的 u、v 轴平行。假设每个像素沿 x 轴与沿 y 轴的实际尺寸为 $\mathrm{d}x$ 与 $\mathrm{d}y$，图像坐标系的原点 o 在像素坐标系中的位置为 $(u_0, v_0)^\mathrm{T}$，那么图像坐标系中的任一点 $(x, y)^\mathrm{T}$ 在像素坐标系中的对应坐标 $(u, v)^\mathrm{T}$ 可以以齐次坐标表示为：

$$
\begin{bmatrix} u \\ v \\ 1 \end{bmatrix} = \begin{bmatrix} 1/\mathrm{d}x & 0 & u_0 \\ 0 & 1/\mathrm{d}y & v_0 \\ 0 & 0 & 1 \end{bmatrix} \begin{bmatrix} x \\ y \\ 1 \end{bmatrix} \tag{8-1}
$$

由此，为了表示空间点的位置信息以及摄像机的空间位置，需要在环境中选择一个基准坐标系来描述摄像机的位置，并用它描述环境中任何物体的位置，该坐标系即为世界坐标系 O_w-$X_\mathrm{w}Y_\mathrm{w}Z_\mathrm{w}$。设摄像机坐标系为 O_c-$X_\mathrm{c}Y_\mathrm{c}Z_\mathrm{c}$，其坐标原点为摄像机光心 O_c，X_c、Y_c 轴分别平行于图像坐标系的 X、Y 轴，Z_c 轴为相机光轴，图像坐标系、摄像机坐标系和世界坐标系如图 8-3 所示。

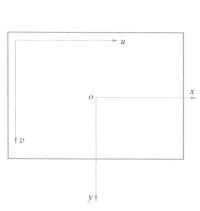

图 8-2　像素坐标系与图像坐标系

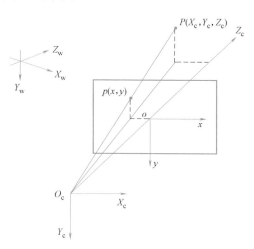

图 8-3　相机透视投影模型

摄像机坐标系和世界坐标系的关系可以用正交单位旋转矩阵 $\boldsymbol{R}$ 与三维平移向量 $\boldsymbol{T}$ 来描述，则令已知空间某点 P 在世界坐标系和摄像机坐标系下的齐次坐标分别为 $(X_w, Y_w, Z_w, 1)^T$ 和 $(X_c, Y_c, Z_c, 1)^T$，有如下变换关系：

$$
\begin{bmatrix} X_c \\ Y_c \\ Z_c \\ 1 \end{bmatrix} = \begin{bmatrix} \boldsymbol{R} & \boldsymbol{T} \\ 0 & 1 \end{bmatrix} \begin{bmatrix} X_w \\ Y_w \\ Z_w \\ 1 \end{bmatrix} \tag{8-2}
$$

其中 $\boldsymbol{R}$ 是一个 3×3 的旋转矩阵；$\boldsymbol{T}$ 是一个 3×1 的平移矩阵。

根据小孔成像原理，空间点 P 在摄像机坐标系中的坐标 (X_c, Y_c, Z_c) 与其投影点 p 在成像平面坐标系的坐标 (x, y) 的关系有：

$$
\begin{cases} x = f\dfrac{X_c}{Z_c} \\[2mm] y = f\dfrac{Y_c}{Z_c} \end{cases} \tag{8-3}
$$

用齐次坐标与矩阵形式将上式表示为：

$$
\boldsymbol{Z}_c \begin{bmatrix} x \\ y \\ 1 \end{bmatrix} = \begin{bmatrix} f & 0 & 0 & 0 \\ 0 & f & 0 & 0 \\ 0 & 0 & 1 & 0 \end{bmatrix} \begin{bmatrix} X_c \\ Y_c \\ Z_c \\ 1 \end{bmatrix} \tag{8-4}
$$

由上式可得以世界坐标系表示的 P 点坐标与其投影点 p 的坐标 (u, v) 的关系为：

$$
\begin{aligned}
\boldsymbol{Z}_c \begin{bmatrix} u \\ v \\ 1 \end{bmatrix} &= \begin{bmatrix} \dfrac{1}{\mathrm{d}x} & 0 & u_0 \\[2mm] 0 & \dfrac{1}{\mathrm{d}y} & v_0 \\[2mm] 0 & 0 & 1 \end{bmatrix} \begin{bmatrix} f & 0 & 0 & 0 \\ 0 & f & 0 & 0 \\ 0 & 0 & 1 & 0 \end{bmatrix} \begin{bmatrix} \boldsymbol{R} & \boldsymbol{T} \\ 0 & 1 \end{bmatrix} \begin{bmatrix} X_w \\ Y_w \\ Z_w \\ 1 \end{bmatrix} \\[2mm]
&= \begin{bmatrix} \dfrac{f}{\mathrm{d}x} & 0 & u_0 & 0 \\[2mm] 0 & \dfrac{f}{\mathrm{d}y} & v_0 & 0 \\[2mm] 0 & 0 & 1 & 0 \end{bmatrix} \begin{bmatrix} \boldsymbol{R} & \boldsymbol{T} \\ 0 & 1 \end{bmatrix} \begin{bmatrix} X_w \\ Y_w \\ Z_w \\ 1 \end{bmatrix} = \boldsymbol{M}_1 \boldsymbol{M}_2 \begin{bmatrix} X_w \\ Y_w \\ Z_w \\ 1 \end{bmatrix} = \boldsymbol{M} \begin{bmatrix} X_w \\ Y_w \\ Z_w \\ 1 \end{bmatrix}
\end{aligned} \tag{8-5}
$$

由上式可知，$\boldsymbol{M}_1$ 只与 u_0、v_0、$\mathrm{d}x$、$\mathrm{d}y$、f 等摄像机的内部参数有关，为摄像机内部参数，$\boldsymbol{M}_2$ 与摄像机相对于世界坐标系的方位（旋转和平移）有关，称为摄像机外部参数。确定某一摄像机的内外参数，即称为摄像机的标定，标定内容将会在

8.1.3 节中详细介绍。

2. 双目立体视觉成像模型

根据 8.1.2 节中对摄像机透视投影模型的介绍，在相机的内外参数都已经标定后，整个方程组就存在 X_w、Y_w 和 Z_w 三个未知数。若只有单相机成像，且已知某点的像素坐标为 (u, v)，由于参数不足只能求出该点的投影射线而不能获得该点的深度信息，此时引入另外一个相机共同构建双目立体视觉模型。

双目立体视觉三维测量是基于视差原理，如图 8-4 所示为简单的平视双目立体成像原理图，两摄像机的投影中心连线的距离，即为基线距 b。空间点 $P(x_c, y_c, z_c)$ 在左、右摄像机图像平面上的投影点分别为 $p_l(x_l, y_l)$、$p_r(x_r, y_r)$。

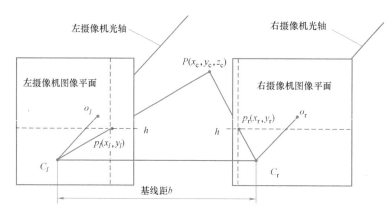

图 8-4　平视双目立体成像原理图

假定两摄像机的图像在同一平面上，则特征点 P 的图像坐标的 y 坐标相同，即 $y_l = y_r = y$，由三角几何关系可得：

$$\begin{cases} x_l = f\dfrac{x_c}{z_c} \\[2mm] x_r = f\dfrac{(x_c - b)}{z_c} \\[2mm] y = f\dfrac{y_c}{z_c} \end{cases} \tag{8-6}$$

则视差 $d = x_l - x_r$，由此可计算出特征点 P 在摄像机坐标系下的三维坐标为：

$$\begin{cases} x_c = \dfrac{b \cdot x_l}{d} \\[2mm] y_c = \dfrac{b \cdot y}{d} \\[2mm] z_c = \dfrac{b \cdot f}{d} \end{cases} \tag{8-7}$$

因此，在左摄像机图像平面上的任意一点只要能在右摄像机图像平面上找到对应的匹配点，再根据摄像机的标定参数，就可以确定出该点的三维坐标。

上述为左右相机光轴平行时三维坐标的计算公式，现对一般情况进行分析。双目相机空间位置如图 8-5 所示，设左摄像机 $O\text{-}xyz$ 位于世界坐标系的原点处且无旋转，图像坐标系为 $O_l\text{-}X_lY_l$，有效焦距为 f_l；右摄像机坐标系为 $o_r\text{-}x_ry_rz_r$，图像坐标系为 $O_r\text{-}X_rY_r$，有效焦距为 f_r。

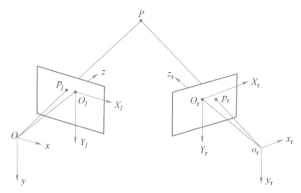

图 8-5　双目立体视觉测量中空间点三维重建

则摄像机透视变换模型有：

$$z\begin{bmatrix} X_l \\ Y_l \\ 1 \end{bmatrix} = \begin{bmatrix} f_l & 0 & 0 \\ 0 & f_l & 0 \\ 0 & 0 & 1 \end{bmatrix} \begin{bmatrix} x \\ y \\ z \end{bmatrix} \tag{8-8}$$

$$z_r\begin{bmatrix} X_r \\ Y_r \\ 1 \end{bmatrix} = \begin{bmatrix} f_r & 0 & 0 \\ 0 & f_r & 0 \\ 0 & 0 & 1 \end{bmatrix} \begin{bmatrix} x_r \\ y_r \\ z_r \end{bmatrix} \tag{8-9}$$

坐标系 $O\text{-}xyz$ 和坐标系 $o_r\text{-}x_ry_rz_r$ 之间的相互位置关系可通过空间转换矩阵 $\boldsymbol{M}_{lr}$ 表示为：

$$\begin{bmatrix} X_r \\ Y_r \\ Z_r \end{bmatrix} = \boldsymbol{M}_{lr}\begin{bmatrix} x \\ y \\ z \\ 1 \end{bmatrix} = \begin{bmatrix} R_1 & R_2 & R_3 & T_x \\ R_4 & R_5 & R_6 & T_y \\ R_7 & R_8 & R_9 & T_z \end{bmatrix}\begin{bmatrix} x \\ y \\ z \\ 1 \end{bmatrix}, \boldsymbol{M}_{lr} = [\boldsymbol{R}\quad\boldsymbol{T}] \tag{8-10}$$

其中 $\boldsymbol{R} = \begin{bmatrix} R_1 & R_2 & R_3 \\ R_4 & R_5 & R_6 \\ R_7 & R_8 & R_9 \end{bmatrix}$，$\boldsymbol{T} = \begin{bmatrix} T_x \\ T_y \\ T_z \end{bmatrix}$ 分别是坐标系 $O\text{-}xyz$ 和坐标系 $o_r\text{-}x_ry_rz_r$ 之间的旋转矩阵和原点之间的平移变换向量。

由式（8-10）可知，对于 $O\text{-}xyz$ 坐标系中的空间点，两摄像机图像坐标之间的对应关系为：

$$
z_r \begin{bmatrix} X_r \\ Y_r \\ 1 \end{bmatrix} = \begin{bmatrix} f_r R_1 & f_r R_2 & f_r R_3 & f_r T_x \\ f_r R_4 & f_r R_5 & f_r R_6 & f_r T_y \\ R_7 & R_8 & R_9 & T_z \end{bmatrix} \begin{bmatrix} \dfrac{zX_l}{f_l} \\ \dfrac{zY_l}{f_l} \\ z \\ 1 \end{bmatrix} \tag{8-11}
$$

于是，空间点 P 的三维坐标可以表示为：

$$
\begin{cases}
x = \dfrac{zX_l}{f_l} \\[2mm]
y = \dfrac{zY_l}{f_l} \\[2mm]
z = \dfrac{f_l(f_r T_x - X_r T_z)}{X_r(R_7 X_l + R_8 Y_l + R_9 f_l) - f_r(R_1 X_l + R_2 Y_l + R_3 f_l)}
\end{cases} \tag{8-12}
$$

因此，已知两摄像机的焦距 f_l、f_r 和空间点在左、右摄像机中的图像坐标，只要求出旋转矩阵 $\boldsymbol{R}$ 和平移向量 $\boldsymbol{T}$，就可以得到被测物体点的三维空间坐标。

8.1.3 相机标定

在视觉成像中，相机的系统标定和畸变校正是影响拍摄图像精度、立体匹配效果和三维信息获取的关键因素。相机的标定方法主要分为传统相机标定方法、自标定法以及主动视觉标定法等。其中，传统相机标定方法又被称为强标定，根据不同标定方法需要使用二维或三维标定块，适用于任何相机模型且具有较高的精度。

（1）传统相机标定方法。该方法主要利用参照物已知的结构尺寸信息，结合摄像机成像模型，经过图像处理、成像投影、数值计算等过程求解摄像机的内外参数。现在最为流行的标定方法是张正友提出的一种灵活的相机标定方法，该标定方法只需要相机采集不同视角方向的平面标定板就能标定出相机参数。平面标定板价格低廉，精度较高，且在标定时标定板的移动量无需提前获知，方法较为灵活。

（2）自标定法。摄像机自标定法不需要标定参照物，该方法假定已知图像点之间的对应关系，且摄像机在拍摄不同视角下的图像时不会改变参数。该方法应用场景灵活，标定比较方便。但是相对应地，其标定算法鲁棒性不足、精度较低。

（3）主动视觉标定法。主动视觉标定法也不需要标定参照物，但是需要控制系统主动地控制相机作精度非常高的特定轨迹运动。该标定方法算法很简单且鲁棒性较高，但是高精度控制设备带来的后果是标定成本会比较高昂。

1. 单目相机标定

单目相机标定的最终结果是得到如式（8-5）所示的摄像机投影矩阵 $\boldsymbol{M}$，它是一个如式（8-13）所示的 3×4 矩阵，这其中包含相机的内参数矩阵 $\boldsymbol{M}_i$ 和相机的外参数矩阵 $\boldsymbol{M}_o$。单目相机标定假设足够数量的多组特征点（假定为 n 个）的像素坐标和世界坐标已知。一般情况下像素坐标通过图像处理的方法获得，世界坐标则从尺寸精度很高的标定板上读取。

一般情况下可采用棋盘格标定板，如图 8-6 所示。定义棋盘格角点的像素坐标和世界坐标分别为 (u_i, v_i)，(X_{wi}, Y_{wi}, Z_{wi})，将每个点的坐标代入式（8-14）中联立即可求解投影矩阵 $\boldsymbol{M}$。

图 8-6 棋盘格标定板

$$\boldsymbol{M} = \begin{bmatrix} m_{11} & m_{12} & m_{13} & m_{14} \\ m_{21} & m_{22} & m_{23} & m_{24} \\ m_{31} & m_{32} & m_{33} & m_{34} \end{bmatrix} \tag{8-13}$$

$$Z_{ci} \begin{bmatrix} u_i \\ v_i \\ 1 \end{bmatrix} = \begin{bmatrix} m_{11} & m_{12} & m_{13} & m_{14} \\ m_{21} & m_{22} & m_{23} & m_{24} \\ m_{31} & m_{32} & m_{33} & m_{34} \end{bmatrix} \begin{bmatrix} X_{wi} \\ Y_{wi} \\ Z_{wi} \\ 1 \end{bmatrix} \tag{8-14}$$

由式（8-14）可得式（8-15）：

$$\begin{cases} Z_{ci} u_i = m_{11} X_{wi} + m_{12} Y_{wi} + m_{13} Z_{wi} + m_{14} \\ Z_{ci} v_i = m_{21} X_{wi} + m_{22} Y_{wi} + m_{23} Z_{wi} + m_{24} \\ Z_{ci} = m_{31} X_{wi} + m_{32} Y_{wi} + m_{33} Z_{wi} + m_{34} \end{cases} \tag{8-15}$$

方程组中的第一行和第二行可以根据第三行消去尺寸因子 Z_{ci}：

$$\begin{cases} m_{11} X_{wi} + m_{12} Y_{wi} + m_{13} Z_{wi} + m_{14} - m_{31} X_{wi} u_i - m_{32} Y_{wi} u_i - m_{33} Z_{wi} u_i = m_{34} u_i \\ m_{21} X_{wi} + m_{22} Y_{wi} + m_{23} Z_{wi} + m_{24} - m_{31} X_{wi} v_i - m_{32} Y_{wi} v_i - m_{33} Z_{wi} v_i = m_{34} v_i \end{cases}$$
$$\tag{8-16}$$

令 $m_{34} = 1$，所有的 n 个点组成的方程组如式（8-17）所示。其中 $\boldsymbol{m}_1$ 为投影矩阵的第一行，$\boldsymbol{m}_2$ 为第二行，$\boldsymbol{m}_3$ 为除了 m_{34} 的第三行。

$$\begin{bmatrix} X_{w1} & Y_{w1} & Z_{w1} & 1 & 0 & 0 & 0 & 0 & -X_{w1}u_1 & -Y_{w1}u_1 & -Z_{w1}u_1 \\ 0 & 0 & 0 & 0 & X_{w1} & Y_{w1} & Z_{w1} & 1 & -X_{w1}v_1 & -Y_{w1}v_1 & -Z_{w1}v_1 \\ \cdots & \cdots & \cdots & \cdots & \cdots & \cdots & \cdots & \cdots & \cdots & \cdots & \cdots \\ X_{wn} & Y_{wn} & Z_{wn} & 1 & 0 & 0 & 0 & 0 & -X_{wn}u_n & -Y_{wn}u_n & -Z_{wn}u_n \\ 0 & 0 & 0 & 0 & X_{wn} & X_{wn} & Z_{wn} & 1 & -X_{wn}v_n & -Y_{wn}v_n & -Z_{wn}v_n \end{bmatrix} \begin{bmatrix} \boldsymbol{m}_1^T \\ \boldsymbol{m}_2^T \\ \boldsymbol{m}_3^T \end{bmatrix} = \begin{bmatrix} u_1 \\ v_1 \\ \cdots \\ u_n \\ v_n \end{bmatrix}$$
$$\tag{8-17}$$

以 m 表达投影矩阵的向量的形式，大小为 11×1；A 表示 n 个点的图像坐标和世界坐标组成的矩阵，大小为 $2n \times 11$；b 表示 n 个点的图像坐标列向量，大小为 $2n \times 1$，则有：

$$Am = b \tag{8-18}$$

投影向量 m 可以由式（8-19）求出：

$$m = (A^{\mathrm{T}} A^{-1})^{-1} A^{\mathrm{T}} b \tag{8-19}$$

因为投影向量 m 中共有 11 个未知数，每个点的坐标对能组成如式（8-16）所示的两个方程，所以至少需要 $n = 11/2$（约等于 6）组坐标对才能解出相机的投影向量。

此处求出的投影向量 m 是在 $m_{34} = 1$ 的条件下得出的，其他的元素大小相比实际元素减小为原来的 $1/m_{34}$。实际上，如式（8-5）所示，投影向量 m 是由内参矩阵 M_{i} 和外参矩阵 M_{o} 组成的，它们分别有 4 个独立变量和 6 个独立变量。这表明向量 m 中的元素之间存在一定的约束关系，m_{34} 可以通过变量之间的约束关系求出。一般情况下为防止出现图像畸变、算法误差以及操作不当等造成的随机误差，实际上用于标定的标志点数量 n 一般会多于 6 个，然后通过最小二乘优化等算法来降低误差。

2. 双目相机标定

双目相机标定是为了得到两台相机之间的相对位置关系，标定过程需要利用上节所述的原理标定出左右相机的投影矩阵 M_l 和 m_r，它们分别由旋转矩阵 R_l，R_r 和平移向量 T_l，T_r 组成。假设某空间点世界坐标 P_{w} 在左右相机坐标系下分别为 P_{cl} 和 P_{cr}，可得：

$$\begin{cases} P_{cl} = R_l P_{\mathrm{w}} + T_l \\ P_{cr} = P_r P_{\mathrm{w}} + T_r \end{cases} \tag{8-20}$$

定义右相机坐标系相对于左相机坐标系的旋转矩阵和平移向量为 (R_r^l, T_r^l)，有：

$$P_{cl} = R_r^l P_{cr} + T_r^l \tag{8-21}$$

结合式（8-20）和式（8-21），可以得到 (R_r^l, T_r^l) 的值为：

$$\begin{cases} R_r^l = R_r^{-\mathrm{T}} R_l^{\mathrm{T}} \\ T_r^l = T_r - R_r^{-\mathrm{T}} R_l^{\mathrm{T}} T_l \end{cases} \tag{8-22}$$

由单目标定结果旋转矩阵 R_l，R_r 和平移向量 T_l，T_r 已知，则根据式（8-22）可得到左右相机的旋转矩阵和平移向量 (R_r^l, T_r^l)。根据拍摄的多张图片，利用最小二乘法优化误差，即可得到最佳估计的空间变换矩阵。

3. Matlab 双目标定案例

常用的标定方法有透视变换法、张正友平面模板法、直接线性变换法、Tsai 两步标定法和双平面法等。其中张正友平面模板法相比于成本较高、受加工精度影响的 3D 靶标法，其具有操作简单、结果稳定等优点。通过左右相机拍摄不同视点的二维平面标靶图像，计算出相机的内外参数，实现相机的标定。这里以基于 Matlab 标定工具包的双目标定实验为例，简要介绍双目视觉左右相机的标定过程和标定结果。

实验过程中将两个工业相机放置于工作台上，通过改变标定靶的位置姿态，左右相机分别拍摄 16 幅用于标定的棋盘格左右图像。如图 8-7 所示，实验用 20×18 棋盘格标定板，其最小正方形边长为 7.5mm。

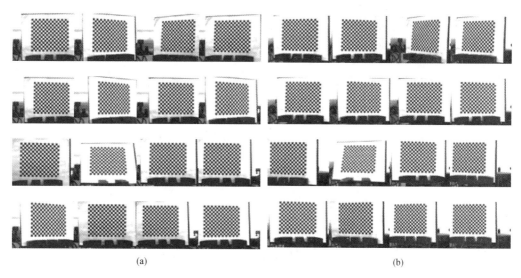

(a)   (b)

图 8-7　左右相机采集到的棋盘格标定板图像

（a）左相机拍摄标定板图像；（b）右相机拍摄标定板图像

这里我们使用 Matlab 的 Stereo Camera Calibrator 工具箱对上述拍摄的 16 对左右图像进行标定，剔除掉误差较大的左右图像并重新标定，可获得如图 8-8 所示的左右图像标定误差，根据条形图可知标定误差的平均值为 0.6 个像素。

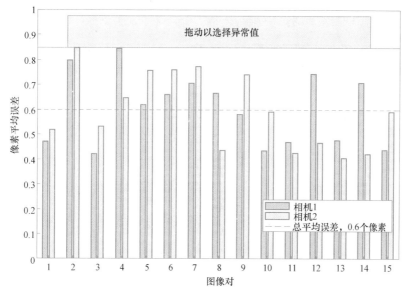

图 8-8 彩图

图 8-8　左右相机标定误差条形图

同时标定结果给出了左右相机与 15 个（剔除掉一对图像）不同位姿的棋盘格标定板之间的相对空间关系，如图 8-9 所示。

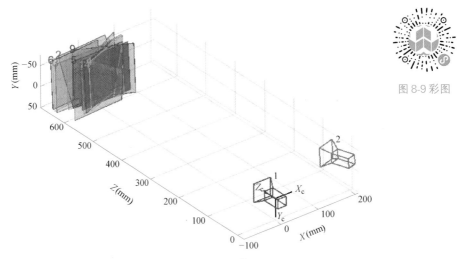

图 8-9 彩图

图 8-9　相机、标定板空间位置图

将标定结束后获得的参数导出，得到标定参数，如图 8-10 所示。

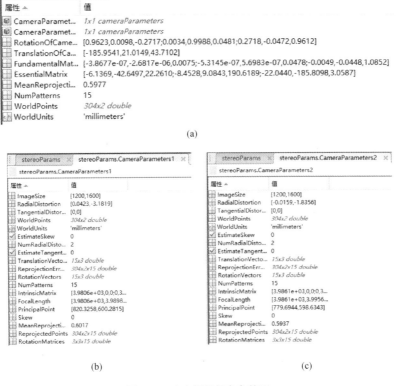

图 8-10　左右相机标定参数图

（a）系统标定参数；（b）左相机标定参数；（c）右相机标定参数

8.2 图像处理技术

为了获得图像中我们所感兴趣的区域图像，需要通过一系列的图像处理流程筛选出感兴趣区域，再通过特征提取技术获得具体的图像像素坐标。但是由于建造机器人工作时视觉系统获得的信息量较大，且根据不同应用场景，所需要提取的目标信息差别较大，因此在针对特定对象的特征处理时需要拟定合适的图像处理流程。常见的图像处理流程有图像滤波、图像灰度化、图像二值化、直方图均衡化、团块分析、形态学操作、边缘检测、几何变换等诸多操作。

8.2.1 图像预处理

常用空间域处理对一幅图像进行预处理，改变图像中的灰度信息。空间域即指图像平面本身，在进行空间域处理时，先把目标图像变换到变换域，在变换域中进行处理，然后通过反变换将处理结果返回到空间域中。空间域处理主要分为灰度变换和空间滤波两种。

1. 灰度变换

灰度变换是在图像的单个像素上进行操作，主要以对比度和阈值处理为目的。常见的灰度变换函数有图像反转、对数变换、幂律（伽马）变换以及分段线性变换函数等，通过变换对原图像各个像素的灰度值进行调整。经过直方图处理后，能够有效改善输出图像的亮度、对比度等性能，处理效果如图 8-11 所示。

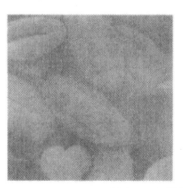

图 8-11　灰度变换处理对比图

2. 空间滤波

空间滤波是由一个领域以及将该领域包围的图像像素执行的预定义操作组成。由滤波产生一个新的像素，将新像素的坐标等于领域中心的坐标，像素的值是滤波操作的结果。空间滤波主要有平滑空间滤波器和锐化空间滤波器。

在处理效果上，平滑空间滤波器用于模糊处理和降低噪声，常用于去除较大目标图像中的一些琐碎细节；锐化空间滤波器的主要目的则是突出灰度的过渡部分，增强特征边缘和其他突变，从而削弱灰度变化缓慢的区域。图像经滤波器处理后的结果如图 8-12 所示。

(a)   (b)

图 8-12　空间滤波处理对比图

（a）平滑空间滤波处理效果；（b）锐化空间滤波处理效果

8.2.2　图像特征提取

在一幅图像中，目标图像的特征可以分为颜色特征、形状特征、纹理特征等。为了获取图像中目标的信息，我们需要去除无关的图像信息，将感兴趣的图像区域提取出来。计算机图形学中发展了许多特征描述算子，常用的有 Harris 角点检测算子、SIFT（尺度不变特征变换）算子、SURF（加速稳健特征）算子、FAST（来自加速段测试的特征）算子等。

1. 颜色特征提取

颜色特征是一种全局特征，与其图像上的每一个像素点息息相关，所有属于图像的像素都会对颜色特征造成影响。颜色对图像或图像区域的方向、大小等变化不敏感，对图像进行颜色特征提取可以忽略图像的形状方向等因素。常用的颜色特征提取方法有：

（1）颜色直方图

直方图是一种基于统计特性的特征描述方法，在视觉领域得到广泛使用。直方图本身具备一定的旋转不变性，特征提取过程简单方便，且直方图能够体现图像区域各方面的统计特性，表示多模态的特征分布。在计算机视觉领域，常见的基于不同底层特征的直方图有灰度直方图、颜色直方图、方向梯度直方图等。

颜色直方图用 R、G、B 三个量来描述图像的颜色特征信息，注重于图像的全局特征描述，无法较好地描绘出图像的一些局部特征。因此颜色直方图适用于色彩分明、不注重局部特征的场合，在体现颜色在整体图像中所占的比例，以及全局的颜色特征信息方面，其具有较大的优势。如图 8-13 所示为通过视觉系统识别多层不同颜色的礼品盒的颜色特征，生成机械臂抓取策略，引导机器人依次抓取礼品盒。

（2）颜色矩和颜色集

颜色矩是一种有效的颜色特征，由 Stricker 和 Orengo 提出。该方法利用线性代数中矩的概念，将图像中的颜色分布用其矩表示。利用颜色一阶矩（平均值 Average）、颜色二阶矩（方差 Variance）和颜色三阶矩（偏斜度 Skewness）来描述颜色分布。与颜色直方图不同，利用颜色矩进行图像描述无需量化图像特征。由于每个像素具有颜色空间的 3 个颜色通道，因此图像的颜色矩有 9 个分量来描述。由于颜色矩的维度较少，因此常将颜色矩与其他图像特征综合使用。

颜色集与颜色直方图类似，其首先将 RGB 颜色空间转化成视觉均衡的颜色空间［图 8-14 所示 HSV（色调、饱和度、亮度）空间］，并将颜色空间量化成若干个 bin。用色彩自动分割技术将图像分为若干区域，每个区域用量化颜色空间的某个颜色分量来索引，从而将图像表达为一个二进制的颜色索引集。在图像匹配中，比较不同图像颜色集之间的距离和色彩区域的空间关系（包括区域的分离、包含、交等，每种对应于不同的评分）。

图 8-13、
图 8-14 彩图

图 8-13 视觉系统识别颜色特征信息

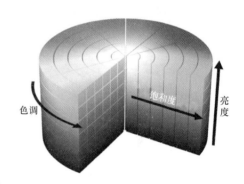

图 8-14 HSV 空间

2. 纹理特征提取

一幅图像的纹理是在图像计算中经过量化的图像特征。图像纹理描述了图像或图像中小块区域的空间颜色分布和光强分布，是一种物体表面的特性，并不能完全反映出物体的本质属性。相比于颜色特征，纹理特征不是基于像素点的特征，它需要在包含多个像素点的区域中进行统计计算。

纹理特征的提取，一般都是通过设定一定大小的窗口，然后从中取得纹理特征。常见的纹理特征提取方法有模型法、统计数据法、几何法、信号处理法以及结构法等。这里主要介绍局部二值模型（LBP）特征算子以及灰度共生矩阵。

（1）LBP 特征算子

LBP 特征算子在每个像素点都可以得到一个 LBP "编码"，能够得到一幅 LBP

特征谱，采用 LBP 特征谱的统计直方图作为特征向量用于纹理的分类识别。具体方法为：首先将检测窗口划分为 16×16 的小区域（cell），LBP 特征算子定义在 cell 中的每个 3×3 窗口内，以窗口中心像素为阈值，将相邻的 8 个像素的灰度值与其进行比较，若周围像素值大于中心像素值，则该像素点的位置被标记为 1，否则为 0。这样，3×3 邻域内的 8 个点经比较可产生 8 位二进制数（通常转换为十进制数即 LBP 码，共 256 种），即得到该窗口中心像素点的 LBP 值，即可通过该值反映该区域的纹理信息。图 8-15 为 LBP 特征算子处理结果对比图。

 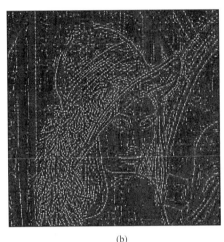

(a)　　　　　　　　　　　　　　　(b)

图 8-15　LBP 特征算子处理结果对比图

(a) 原图；(b) LBP 特征图

进一步地可以从直方图中提取出能够很好地描述直方图的统计特征，将直方图的这些统计特征组合成为样本特征向量，这样做可以大大降低特征向量的维数。

（2）灰度共生矩阵

灰度共生矩阵（GLCM）的统计方法于 20 世纪 70 年代初由 R. Haralick 等人提出。灰度共生矩阵是像素距离和角度的矩阵函数，它通过计算图像中一定距离和一定方向的两点灰度之间的相关性，来反映图像在方向、间隔、变化幅度及快慢上的综合信息。

首先对于一幅图像定义一个方向（orientation）和一个以像素为单位的步长（step），定义 $M(i, j)$ 为灰度级为 i 和 j 的像素同时出现在一个点和沿所定义的方向跨度步长的点上的频率，所有的值可以表示成一个矩阵的形式，即灰度共生矩阵 $T(N×N)$，如图 8-16 所示。

对于纹理变化缓慢的图像，其灰度共生矩阵对角线上的数值较大；而对于纹理变化较快的图像，其灰度共生矩阵对角线上的数值较小，对角线两侧的值较大。由于灰度共生矩阵的数据量较大，一般不直接作为区分纹理的特征，而是基于它构建的一些统计量作为纹理分类特征。Haralick 曾提出了 14 种基于灰度共生矩阵计算出

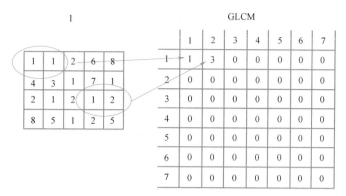

图 8-16　水平方向灰度共生矩阵计算方法

的统计量，即：能量、熵、对比度、均匀性、相关性、方差、和平均、和方差、和熵、差方差、差平均、差熵、相关信息测度以及最大相关系数。

3. 边缘特征提取

边缘特征检测是机器视觉中图像处理的一个基本工具，通常用于特征提取和特征检测，以检测识别出图像中亮度变化剧烈的像素点构成的区域集合。边缘是一幅图像中不同区域之间像素灰度值突然发生变化的边界线，通常一个边缘图像是一个二值图像。边缘检测能够捕捉亮度急剧变化的区域，这些区域通常是我们所关注的。由此可以大大减少初始图像的数据量，剔除与目标不相干的环境信息，保留目标图像重要的结构属性。常见的图像中不连续的区域有：图像深度不连续处、图像梯度朝向不连续处、图像光照强度不连续处、图像纹理变化处。

理想情况下，对所给图像应用边缘检测器可以得到一系列连续的曲线，用于表示对象的边界。因此应用边缘检测算法所得到的结果将会大大减少图像数据量，从而过滤掉很多我们不需要的信息，留下图像的重要结构，所要处理的工作即被大大简化。然而，从普通图片上提取的边缘往往被图像分割而被破坏，也就是说，检测到的曲线通常不是连续的，有一些边缘曲线断开，就会丢失边缘线段，而且会出现一些我们不感兴趣的边缘，这就需要保证边缘检测算法的准确性。下面介绍两种边缘检测算法：Canny 算子和 Sobel 算子。

（1）Canny 算子

Canny 算子边缘检测基于 3 个基本目标：低错误率，所有边缘都应被找到，且没有伪响应；定位的边缘必须尽可能接近真实边缘；单一的边缘点响应，仅存一个单一边缘点的位置，检测器不应指出多个像素边缘。Canny 算子边缘检测步骤如下：

① 高斯模糊。利用高斯函数对图像进行低通滤波，去除噪声，降低伪边缘的识别。

② 计算梯度幅值和方向。对图像中的每个像素进行处理，寻找边缘的位置及在

该位置的边缘法向，这里 Canny 算子边缘检测用了 4 个梯度算子来分别计算水平、垂直和对角线方向梯度的幅度和方向。

③ 非最大值抑制。根据梯度方向，对梯度幅值进行非极大值抑制，在边缘法向寻找局部最大值，即保留梯度变化中最锐利的位置。算法为：比较当前点的梯度强度和正负梯度方向点的梯度强度，如果当前点的梯度强度和同方向的其他点的梯度强度相比是最大，保留其值；否则抑制，即设为 0。比如当前点的方向指向正上方 90°方向，那它需要和垂直方向，即它的正上方和正下方的像素进行比较。

④ 双阈值处理。经过非最大值抑制处理后，边缘宽度已经大大减小。此时 Canny 算子边缘检测应用双阈值，即一个高阈值和一个低阈值来区分边缘像素。如果边缘像素点梯度值大于高阈值，则被认为是强边缘点，如果边缘梯度值小于高阈值，大于低阈值，则标记为弱边缘点，小于低阈值的点则被抑制掉。

⑤ 滞后边界跟踪。检查一个弱边缘点的 8 连通领域像素，只要有强边缘点存在，那么这个弱边缘点被认为是真实边缘而保留。通过搜索所有连通的弱边缘，如果一条连通的弱边缘的任何一个点和强边缘点连通，则保留这条弱边缘，否则抑制这条弱边缘，搜索时可以用广度优先或者深度优先算法。

（2）Sobel 算子

Sobel 算子是一个离散的一阶差分算子，用来计算图像亮度函数一阶梯度的近似值。Sobel 算子包含两组 3×3 的矩阵，分别表示横向及纵向，将之与图像作平面卷积，即可分别得出横向及纵向的亮度差分近似值。将两个方向的亮度近似值进行结合之后，即可得到该点亮度。如果该亮度大于阈值，则这个点就可以被考虑成边缘点。如果以 A 代表原始图像，$sobel_x$ 及 $sobel_y$ 分别代表经横向及纵向边缘检测图像的卷积因子，这里的乘积是将两矩阵相应位置处的值相乘，然后把所有值相加，而不是矩阵的乘法。一个点的 $G = \sqrt{G_x^2 + G_y^2}$ 代表该点的梯度，如果大于某一设定范围则认为该点是边缘点。

$$
\begin{cases}
G_x = sobel_x * A = \begin{bmatrix} -1 & 0 & 1 \\ -2 & 0 & 2 \\ -1 & 0 & 1 \end{bmatrix} * A \\[3mm]
G_y = sobel_y * A = \begin{bmatrix} -1 & 2 & -1 \\ 0 & 0 & 0 \\ 1 & 2 & 1 \end{bmatrix} * A
\end{cases}
\tag{8-23}
$$

Sobel 算子算法的优点是计算简单，速度快。但是由于只采用了 2 个方向的模板，只能检测水平和垂直方向的边缘，因此这种算法对于纹理较为复杂的图像，其边缘检测效果就不是很理想。

8.3 基于视觉系统的机器人控制

对于利用视觉技术感知环境的智能机器人，按照相机与机器人的布置方式，一般分为眼在手系统和眼到手系统。眼在手系统指的是摄像机与机械手末端连接在一起，摄像机相对于机械臂末端的姿态可以由机械臂运动学模型直接求出，缺点是在机械臂运动过程中会产生震动影响视觉测量的精度。眼到手系统指的是摄像机安装在机械臂外，且安装位置一般情况下固定不变，相机视场没有眼在手系统那么灵活多变。通过视觉系统获得的图像信息，会自动或主动地引导机器人进行一系列动作。

8.3.1 机械臂位置标定

根据建造机器人的实际应用情况选择合适的手眼配置模型，需要进行合适的手眼标定。眼在手配置方式可以在标定物不变的情况下采集不同视角的标定图片执行标定，按照相机与机械臂的安装关系可以标定出标定物坐标系在机械臂坐标系下的位姿。而眼到手布置方式相机位置不变，将标定物和机械臂固连在一起并随着机械臂一起运动，最终得到的是相机坐标系相对于机械臂坐标系的位姿。

1. 眼在手视觉系统

对于眼在手视觉系统，工业相机（camera）安装在机械臂末端（end）上，其位姿关系不变且未知。其中机械臂底座（base）固定，如图 8-17 所示。在这种关系下，在空间中放置一块位置固定的棋盘格标定板（object），则机械臂底座与标定板的关系始终不变。通过控制机械臂进行两次位姿的变化，并用末端的相机拍摄标定板，则根据两次运动中标定板（object）和机械臂底座（base）之间的位姿关系不变，有以下公式：

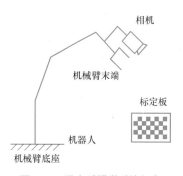

图 8-17　眼在手视觉系统标定

$$^{\text{base}}\boldsymbol{T}_{\text{end2}} \times {}^{\text{end2}}\boldsymbol{T}_{\text{camera2}} \times {}^{\text{camera2}}\boldsymbol{T}_{\text{object}} = {}^{\text{base}}\boldsymbol{T}_{\text{end1}} \times {}^{\text{end1}}\boldsymbol{T}_{\text{camera1}} \times {}^{\text{camera1}}\boldsymbol{T}_{\text{object}} \quad (8\text{-}24)$$

将上式左右移项后，可得：

$$^{\text{base}}\boldsymbol{T}_{\text{end1}}{}^{-1} \times {}^{\text{base}}\boldsymbol{T}_{\text{end2}} \times {}^{\text{end2}}\boldsymbol{T}_{\text{camera2}} = {}^{\text{end1}}\boldsymbol{T}_{\text{camera1}} \times {}^{\text{camera1}}\boldsymbol{T}_{\text{object}} \times {}^{\text{camera2}}\boldsymbol{T}_{\text{object}}{}^{-1}$$

$$(8\text{-}25)$$

则令：

$$\begin{cases} \boldsymbol{A} = {}^{\text{base}}\boldsymbol{T}_{\text{end1}}{}^{-1} \times {}^{\text{base}}\boldsymbol{T}_{\text{end2}} \\ \boldsymbol{B} = {}^{\text{camera1}}\boldsymbol{T}_{\text{object}} \times {}^{\text{camera2}}\boldsymbol{T}_{\text{object}}{}^{-1} \\ \boldsymbol{X} = {}^{\text{end2}}\boldsymbol{T}_{\text{camera2}} = {}^{\text{end1}}\boldsymbol{T}_{\text{camera1}} \end{cases} \tag{8-26}$$

将上式化简为：

$$\boldsymbol{AX} = \boldsymbol{XB} \tag{8-27}$$

由此可以根据两次机械臂位姿变化中的已知参数求解相机（camera）与机械臂末端（end）之间的位姿关系。

2. 眼看手视觉系统

对于眼看手视觉系统，相机安装在固定位置，可以观察机械手末端，此时相机（camera）与机械臂底座（base）之间的位姿关系不变且未知，如图 8-18 所示。在此关系下，在机械臂末端固定一块棋盘格标定板（object），则机械臂末端和标定板的位姿关系始终不变。同样地控制机械臂进行两次位姿变化，同时由相机拍摄两次棋盘格标定板，则根据两次运动中标定板（object）和

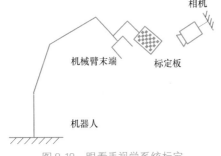

图 8-18　眼看手视觉系统标定

机械臂末端（end）之间的位姿关系不变，有以下公式：

$${}^{\text{end}}\boldsymbol{T}_{\text{base2}} \times {}^{\text{base2}}\boldsymbol{T}_{\text{camera2}} \times {}^{\text{camera2}}\boldsymbol{T}_{\text{object}} = {}^{\text{end}}\boldsymbol{T}_{\text{base1}} \times {}^{\text{base1}}\boldsymbol{T}_{\text{camera1}} \times {}^{\text{camera1}}\boldsymbol{T}_{\text{object}}$$

$$\tag{8-28}$$

将上式左右移项后，可得：

$${}^{\text{end}}\boldsymbol{T}_{\text{base1}}{}^{-1} \times {}^{\text{end}}\boldsymbol{T}_{\text{base2}} \times {}^{\text{base2}}\boldsymbol{T}_{\text{camera2}} = {}^{\text{base1}}\boldsymbol{T}_{\text{camera1}} \times {}^{\text{camera1}}\boldsymbol{T}_{\text{object}} \times {}^{\text{camera2}}\boldsymbol{T}_{\text{object}}{}^{-1}$$

$$\tag{8-29}$$

则令：

$$\begin{cases} \boldsymbol{A} = {}^{\text{end}}\boldsymbol{T}_{\text{base1}}{}^{-1} \times {}^{\text{end}}\boldsymbol{T}_{\text{base2}} \\ \boldsymbol{B} = {}^{\text{camera1}}\boldsymbol{T}_{\text{object}} \times {}^{\text{camera2}}\boldsymbol{T}_{\text{object}}{}^{-1} \\ \boldsymbol{X} = {}^{\text{base2}}\boldsymbol{T}_{\text{camera2}} = {}^{\text{base1}}\boldsymbol{T}_{\text{camera1}} \end{cases} \tag{8-30}$$

将上式化简为：

$$\boldsymbol{AX} = \boldsymbol{XB} \tag{8-31}$$

由此可以根据两次机械臂位姿变化中的已知参数求解相机（camera）与机械臂底座（base）之间的位姿关系，再根据机械臂底座与末端之间的实时参数，即可得到相机与机械臂末端之间的位姿关系。

机械手视觉导引

对于视觉机器人，在视觉系统完成标定后，即可根据相机获得的图像坐标进行坐标变换，得到目标物体在机械臂坐标系下的位置与姿态，通过上位机导引机械臂至正确的作业位置，并控制机械臂末端工作装置作出相应的操作。通常情况下，单个相机只能获得目标所在图像中的二维信息，二维信息只能表示某个平面上的信息，不包含深度信息，且所复现的场景容易受光照不均匀、目标遮挡等周围环境的影响，因此在与机械臂协同工作时一般与目标垂直安装。

8.1.2节中介绍的双目立体视觉属于非接触式三维测量，三维数据存储的是目标场景的空间信息，空间信息不会因为遮蔽、畸变、视角变换而产生数据不精确或缺失的问题，数据的准确性较高。双目视觉装置一般由左右两个工业相机组成，分别拍取照片后基于三角测量原理获取待测目标的三维点云数据。通过计算机技术将点云数据通过场景理解技术计算出工业机器人的运动信息，从而导引工业机器人工作。

1. 点云数据处理

（1）三维重建

在双目视觉中，若左右两相机内参数已知且未经过双目标定获取相机相对位置关系，在找到了左右图像中的匹配点像素坐标之后，可以直接由公式（8-12）获取到匹配点在相机坐标系下的三维坐标；利用这些参数对图像执行双目矫正并立体匹配获得视差图之后，可进一步三维重建出稠密的点云数据。

（2）点云配准

双目相机从单个视角获取到的点云数据不足以重建出目标物体的三维特征时，可转动双目相机或转动目标物体进行不同视角的拍摄，进而获得更为充分的点云数据。如图 8-19 所示，不同视角下获取到的点云集是独立的，经过点云配准（又叫点云拼接、点云注册）技术可以得到不同点云之间的位置转换矩阵，然后再通过刚性变换将不同点云集整合到一起。用到点云配准技术的场景有视觉导

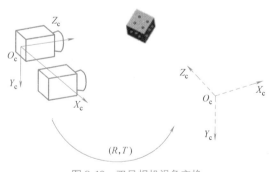

图 8-19　双目相机视角变换

引机器人的目标物体位姿检测、古遗迹的逆向建模、自动驾驶 SLAM（同步定位与建图）技术等等。

因此，为了得到更好的双目相机视场中目标的信息，以及得到精确的位姿关系为后续的目标导引打下基础，下面进行双目视觉点云重建实验。实验保持双目相机固定

不变，将同一个目标物体旋转变换至不同的位置进行三维重建，以获得充分的三维信息。实验第一步分别拍摄了6个不同位置的目标场景，6个位置按逆时针旋转顺序采集；第二步对每个位置的图片执行三维重建；第三步用点云配准方法将不同位置的点云拼接融合到一起。图8-20所示为双目相机拍摄到的3组不同位置的目标图像。

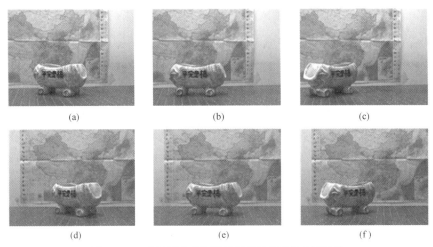

(a)   (b)   (c)

(d)   (e)   (f)

图8-20   三组不同位置下双目相机采集到的目标图片

（a）左图片位置一；（b）左图片位置二；（c）左图片位置三；

（d）右图片位置一；（e）右图片位置二；（f）右图片位置三

基于Halcon软件对图像执行三维重建，根据8.1.2节中图8-4的前向平行双目视觉模型，可以得到所有位置的点云。列出6个位置的点云图如图8-21所示，可以看出不同点云包含目标不同部分的三维信息。

图8-21彩图

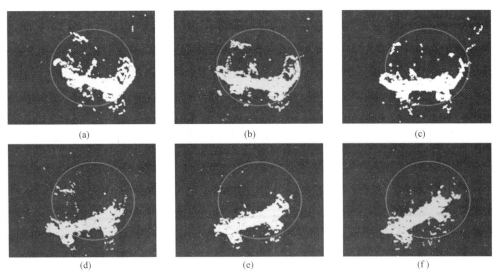

(a)   (b)   (c)

(d)   (e)   (f)

图8-21   6个不同位置下获取到的目标点云图

（a）位置1；（b）位置2；（c）位置3；（d）位置4；（e）位置5；（f）位置6

对两两点云依次配准，并引入点云重合度的概念来评价两两点云之间配准的效果。假设有两组点云 P 和 Q，如果 P 中的其中一点 P_n 在容差范围内有 Q 中的一点 Q_n，那么就认为 P_n 和 Q_n 是重叠点，重叠点的数量占所有点数量的比例即为两组点云的重叠度。图 8-22（a）和图 8-22（b）为所有点云在相机坐标系下配准前的效果。图 8-22（c）和图 8-22（d）为所有点云在相机坐标系下配准后的效果，可以看出所有位置处的点云被很好地配准到了一起。但是由于所有不同部位的三维信息都被叠加到了一起，点云密度过大且不均匀。本实验配准后点的总数达到了 72494 个，数据比较冗余。

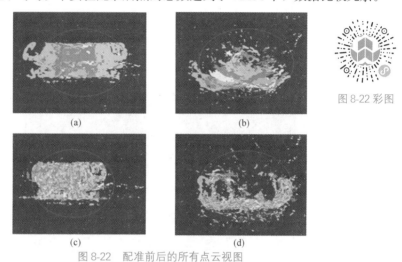

图 8-22 彩图

图 8-22　配准前后的所有点云视图

（a）配准前的所有点云主视图；（b）配准前的所有点云俯视图；
（c）配准后的所有点云主视图；（d）配准后的所有点云俯视图

（3）点云优化

初始三维重建和点云配准后的点云数据一般会出现数据量过大、密度不均匀、点云空洞、存在离群点、背景干扰等问题，这些问题对于后续的点云分割、位姿计算等过程会造成很大的影响。类似于对二维图像的滤波方法，点云滤波技术可以有效地优化三维点云数据。常用的有直通滤波器、体素滤波器、统计滤波器、半径滤波器、高斯滤波器等，各种滤波器具有其特有的过滤规则。在观测点云数据选择合适的滤波算法之后，通过点云降采样可以极大地减少点云数量。点云降采样将所有的点用长 l_x，宽 l_y，高 l_z 的长方体的小体素栅格分割，然后以该体素栅格的重心代表长方体内的所有点，使点云变得均匀，避免点云配准算法向稠密的区域收敛。

经过点云滤波和降采样之后的点云，依然会存在表面凹凸、数据漏洞等测量误差，在需要建立光滑完整模型的情况下，需要对点云进一步执行平滑操作。点云平滑可以通过移动最小二乘法来实现，该方法利用点云的某个局部来建立拟合函数。

对实验中获得的三维点云执行优化，优化步骤依次有点云降采样、点云平滑、三角剖分以及三角分割。其中降采样中的采样使用正方体栅格，边长设置为 3mm，在该栅格内少于 3 个的点云被移除，多于 3 个的则简化为 1 个点。采样效果如图 8-23（a）所示，降采样后的点云数量为 4117 个，点云在采样后可以在保证点云特征的同时加快后续算法的效率。点云平滑采用移动最小二乘法，平滑后的效果如图 8-23（b）所示，平滑后的曲面更加光滑。三角剖分使用贪婪法，效果如图 8-23（c）所示。因为有噪声以及测试台的干扰，除了被测物体的前表面特征，重建出来的表面不止一个。被测物体经过前面的视差空间筛选后，三维重建出来的大部分数据都是被测物体表面的，因此直接使用表面含有的三角面片数量来筛选、分割被测物体，选出数量最多的那一块表面，最终三角分割得到的效果如图 8-23（d）所示，感兴趣的目标前表面的三维特征被很好地还原了出来。因为本实验只针对模型前表面进行了图片采集，如果需要重建出完整的三维表面，需要将目标物体旋转 360°均匀采样。

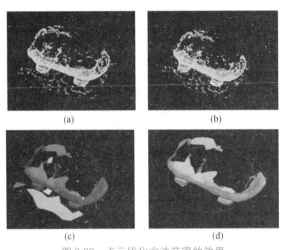

图 8-23 彩图

图 8-23 点云优化方法获得的效果

(a) 点云降采样；(b) 点云平滑；(c) 三角剖分；(d) 三角分割

2. 目标位姿估计

（1）基于特征点的位姿估计

特征点位姿估计主要有 POSIT 位姿估计和 PnP 位姿估计。POSIT，即正交投影迭代变化算法，是一种以少量特征点的坐标对来估计相机位姿的方法。PnP 算法和 POSIT 算法一样，也是通过已知的特征点的坐标对（像素坐标和世界坐标）获取相机或物体的位姿。但是相对于 POSIT 来说，PnP 求得的姿态更为精确，其对应的解法也相对繁杂。PnP 最为经典的解法是如图 8-24 所示的 P3P 求解方式，P3P 假设空间

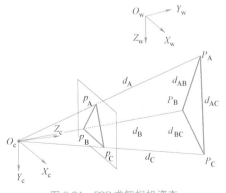

图 8-24 P3P 求解相机姿态

中 A，B，C 3 点的世界坐标 P_A，P_B，P_C 和对应的图像坐标 p_A，p_B，p_C，以及相机的内参数 M_i 都已知，求解这 3 个点在相机坐标系下的位置。定义三棱锥 O_A-$P_AP_BP_C$ 底面的 3 条边边长分别为 d_{AB}，d_{BC}，d_{AC}，侧面的 3 条边边长分别为 d_A，d_B，d_C，且它们对应的夹角分别为 θ_{AB}，θ_{BC}，θ_{AC}。因为 3 点的世界坐标已知，所以底面的 3 条边边长可以直接由两点之间的距离公式求得。根据三角形的余弦定理，侧面的 3 条边边长可以由式（8-32）求得：

$$\begin{cases} d_A^2 + d_B^2 - d_A d_B \cos\theta_{AB} = d_{AB}^2 \\ d_A^2 + d_C^2 - d_A d_C \cos\theta_{AC} = d_{AC}^2 \\ d_B^2 + d_C^2 - d_B d_C \cos\theta_{BC} = d_{BC}^2 \end{cases} \tag{8-32}$$

由相机模型公式推导可知，在图像坐标和相机内参已知的情况下，可以求出图像的投影向量在相机坐标系下的坐标，定义 A，B，C 三点的投影向量分别为 $\overrightarrow{OA}$，$\overrightarrow{OB}$ 和 $\overrightarrow{OC}$，根据空间向量的夹角公式可求得 θ_{AB}，θ_{BC}，θ_{AC} 夹角值，因此式（8-32）中只有 d_A，d_B，d_C 3 个未知量。但是由于式（8-32）是一个二元二次方程组，方程会有关于 d_A，d_B，d_C 不同的 4 组解。至此不仅知道了投影向量的方向，而且求得了投影距离的四组解，可以很容易地得到 A，B，C 三点的相机坐标系坐标。将每组解的相机坐标代入式（8-5）中，可以得到 4 组对应的位姿矩阵。一般情况下，为判断最终的位姿矩阵，会引入第 4 个点 D（对应的图像坐标和世界坐标分别为 p_D 和 P_D）。结合已知的 P_D，将求得的 4 个位姿矩阵依次带入式（8-5），投影映射得到对应的 4 个重投影点 p'_{D1}，p'_{D2}，p'_{D3} 和 p'_{D4}。计算它们和 p_D 的直线距离，得到重投影误差，最小的重投影误差所对应的那组位姿矩阵即为最理想的结果。求解 PnP 问题的方法除了最常用的 P3P 解法外，还有一些比较典型的求解方法，比如 DLT（直接线性变换）、EPnP（非迭代 PnP 算法）、UPnP（未标定 PnP 算法）等。

（2）基于点云的位姿估计

基于点云的位姿估计通过点云的特征来匹配两组点云之间的对应关系，然后再利用配对好的对应点求解两组点云之间的相对位姿，也就是点云配准技术，主要分为全局配准技术和局部配准技术。一方面，局部配准根据局部几何特征和描述符来匹配，最常用的特征有点云的轮廓形状、曲面特征、欧式距离以及法向量等等。基于轮廓形状的位姿估计首先将点云拟合成空间三维物体，然后再进行配对，这样可以加快匹配效率。对于具有规则轮廓形状的点云，可直接根据物体的空间表达式来拟合形状；对于轮廓不规则的点云，一般采用包围盒技术对点云进行简化，包围盒一般包括轴向包围盒、离散方向包围盒、方向包围盒、凸包等。基于曲面特征的点云，通过三角剖分的方法获得点云的曲面，然后根据曲面特征执行匹配。基于欧式距离和法向量的位姿估计一般用到的是 ICP 算法。另一方面，全局配准通过粒子群算法、遗传算法、模拟退火算法等最优化算法来执行所有点的匹配。

3. 末端抓取策略

在利用基于目标的位姿估算方法估算出了管件伸出端的六自由度位姿后，由机械臂的逆运动学模型求出机械臂对应的各个关节转角，通过软件平台驱动电机转动关节即可导引机械臂末端至相应的位置。以利用机械臂实施抓取动作为例，需要安装如图 8-25 所示的机械臂夹具。所采用夹具的宽度 w 一般要大于管件的直径 D，且只要满足抓取中心 $P_{catch}(x, y, z)$ 位于伸出端质心 $P(x_p, y_p, z_p)$ 的邻近区域，就能通过导引机械臂成功地抓取管件伸出端。该区域的长度视具体作业对象所定，将其设为 ε。因此机械臂末端抓取中心 $P_{catch}(x, y, z)$ 在满足式（8-33）的情况下，即可完成对管件的抓取。

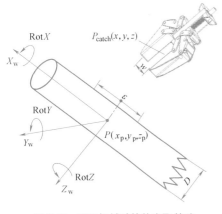

图 8-25　P3P 机械臂管件夹取策略

$$\begin{cases} x_p - \varepsilon/2 \leqslant x \leqslant x_p + \varepsilon/2 \\ y_p - (w-D)/2 \leqslant y \leqslant y_p + (w-D)/2 \\ z_p \leqslant z \leqslant z_p + D/2 \end{cases} \quad (8\text{-}33)$$

8.4　动态虚拟相机感知技术

上述介绍的视觉系统多半由单个或多个相机组成，此类视觉成像技术大多无法兼顾范围、精度、效率等性能指标，而且难以满足集成化、智能化与低成本的应用要求。我们提出一种虚拟相机视觉技术，利用旋转棱镜的结构紧凑、偏转范围大、指向精度高、动态性能好等特性，通过棱镜旋转运动将相机成像视轴调整至不同指向位置，以此产生沿特定路径运动的动态虚拟相机。

如图 8-26 所示，虚拟相机阵列可从无数个不同视点观察和捕获目标场景的全视场、高分辨率图像序列；利用虚拟相机运动规律和位置姿态的可追溯性，可构建同源多视角图像信息的多重几何约束和快速匹配方法；结合反向光线投影方法和三维计算重建方法，即可恢复空间目标场景的三维姿态、轮廓形状和纹理分布等信息，为大尺度目标的几何测量和模型重建提供新的解决途径。

8.4.1　系统成像模型

虚拟相机视觉技术是在传统双目或多目视觉测量技术的基础上创新和发展而来的，

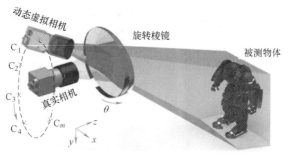

图 8-26　动态虚拟相机成像

相较于主流的转台式或折反射镜式视轴调整机构，旋转棱镜具有结构紧凑、转动惯量小、动态响应快、指向精度高等优点，尤其适用于环境复杂且条件受限的测量场合。

采用旋转棱镜的虚拟相机视觉系统理论模型如图 8-27 所示，主要包括固定相机、旋转棱镜和测量目标三部分，且相机的原始视轴与旋转棱镜的光轴相互对准。通常而言，相机视场的入射光线在棱镜两侧面均发生非线性的折射效应，其直观效果是相机的视轴指向偏转和成像视场移动。当棱镜绕着系统光轴旋转时，相机视轴指向也绕着光轴产生同步旋转运动，以捕获不同视角的测量目标图像。测量目标在不同视角产生的视差信息可为三维测量和立体重建提供必要的基础。

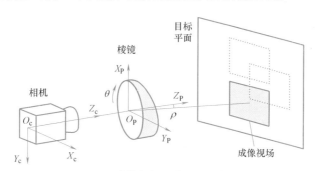

图 8-27　虚拟相机视觉系统理论模型

8.4.2　三维坐标解算

旋转棱镜是动态虚拟相机视觉系统的核心元件，其结构参数对光线传播路径的影响不容忽视，主要包括楔角 α、折射率 n、薄端厚度 d_0 和通光孔径 D_P。在初始状态，棱镜的主截面位置在 $X_P Y_P Z_P$ 平面内，并保持薄端指向 X_P 轴正方向。令棱镜绕 Z_P 轴顺时针旋转的角度为 θ，受到其偏转作用的相机视轴指向可以表示为俯仰角 ρ 和方位角 φ 的组合。俯仰角 ρ 定义为视轴指向与 Z_P 轴正方向的夹角，而方位角 φ 定义为视轴指向在 $X_P Y_P Z_P$ 平面内投影与 X_P 轴正方向的夹角。

任意目标点的散射光线在测量系统内的传播过程如图 8-28 所示，假设来自目标点 M 的散射光线沿着某特定方向入射至测量系统，依次在棱镜的楔面侧和平面侧发生折射效应，并且最终投射至相机的成像平面，从而形成像点 m。根据透视成像原理，形成像点 m 的投射光线必然经过光心 O_c。该性质使逆向光线追迹成为可能，即根据光心位置和像点位置等已知条件依次确定光线矢量 S_0、S_1 和 S_2 的方向，进而结合三角测量原理计算目标点 M 的三维坐标。

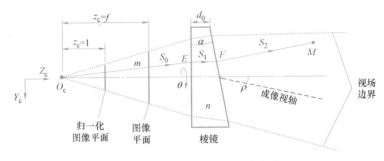

图 8-28　虚拟相机测量模型光路传播图

习题

8-1 透视变换的原理和特点分别是什么？

8-2 相机成像模型中有哪几种坐标系？说明其相互的关系。

8-3 简述单目视觉和双目视觉的区别。

8-4 利用多幅标定板照片，利用 Matlab、OpenCV 或其他软件完成一次单目或双目相机的标定。

8-5 利用 Matlab、OpenCV 或其他软件实现图像去噪声、颜色提取、边缘检测相关算法。

8-6 分析机器人眼在手系统和眼到手系统的特点和应用场景。

8-7 选择一种具有视觉系统的工业建造机器人，根据本章内容简要分析其视觉系统与工作装置的协同施工原理。

参 考 文 献

[1] 邓奕. 工业机器人视觉应用 [M]. 武汉：华中科技大学出版社，2020.

[2] 苏世龙，雷俊，马栓棚，丁沛然，齐株锐. 智能建造机器人应用技术研究 [J]. 施工技术，2019，48（22）：16-18＋25.

[3] 何东健，耿楠，龙满生. 数字图像处理 [M]. 西安：西安电子科技大学出版社，2015.

[4] 姚海根，石利琴. 计算机图形学应用 [M]. 北京：科学出版社，2002.

[5] 张广军. 视觉测量 [M]. 北京：科学出版社，2008.

[6]   高宏伟. 计算机双目立体视觉［M］. 北京：电子工业出版社，2012.

[7]   刘巍，李肖，李辉，潘翼，贾振元. 基于双目视觉的数控机床动态轮廓误差三维测量方法
      ［J］. 机械工程学报，2019，55（10）：1-9.

[8]   徐凯. 基于双目视觉的机械手定位抓取技术的研究：［D］. 杭州：浙江大学，2018.

[9]   RAFAEL C G，RICHARD E W. 数字图像处理［M］. 3 版. 阮秋琦，等译. 北京：电子工
      业出版社，2011.

[10] 郭清达. 机器人智能抓取与可容空间位姿估计研究［D］. 广州：华南理工大学，2018.

[11] 张树臣. 融合颜色和形状特征的图像检索技术［D］. 长春：吉林大学，2012.

[12] 陆聪. 基于灰度 LBP 共生矩阵和空间加权 k-means 的织物图像疵点分割［D］. 杭州：浙江
      大学，2019.

[13] 连静. 图像边缘特征提取算法研究及应用［D］. 长春：吉林大学，2008.

[14] 张云珠. 工业机器人手眼标定技术研究［D］. 哈尔滨：哈尔滨工程大学，2010.

[15] 李乔. 基于视觉点云数据的目标导引技术研究［D］. 上海：同济大学，2020.

[16] 李勇，佟国峰，杨景超，等. 三维点云场景数据获取及其场景理解关键技术综述［J］. 激光
      与光电子学进展，2019，56（04）：21-34.

[17] 曾清红，卢德唐. 基于移动最小二乘法的曲线曲面拟合［J］. 工程图学学报，2004，（01）：
      84-89.

[18] DEMENTHON D F，DAVIS L S. Model-based object pose in 25 lines of code［J］. Interna-
      tional Journal of Computer Vision，1995，15：123-141.

[19]   ABDEL-AZIZ Y I，KARARA H M. Direct linear transformation from comparator coordi-
      nates into object space coordinates in close［J］. Range Photogrammetry，Photogrammetric
      Engineering & Remote Sensing，2015，81（2）：103-107.

[20] VINCENT L T，FRANCESC M N，PASCAL F. EPnP：An accurate o（n）solution to the
      PnP problem［J］. International Journal of Computer Vision，2009，81（2）：155-166.

[21] KNEIP L，LI H，SEO Y. UPnP：An optimal o（n）solution to the absolute pose problem
      with universal applicability［C］. European Conference on Computer Vision. Springer，2014.

[22] 刘兴盛. 可变视轴视觉测量技术研究［D］. 上海：同济大学，2019.

[23] LI A，LIU X，ZHAO Z. Compact three-dimensional computational imaging using a dynamic
      virtual camera［J］Optics Letters，2020，45（13）：3801-3804.

第 9 章

建造机器人装备工程应用案例

● 本章学习目标 ●

1. 了解杭州九堡大桥钢结构顶推工程同步顶推技术工作原理。
2. 了解上海东方明珠广播电视塔钢天线桅杆整体提升工程技术原理。
3. 掌握大型提升支撑结构耦合分析方法。

9.1 杭州九堡大桥钢结构顶推工程

本案例来源于文献 [1]。杭州九堡大桥（图 9-1）位于浙江省杭州市钱塘江河口段，是杭州市城市快速路网系统的主要组成部分。九堡大桥北起东德立交，南至通惠路立交，与杭浦高速公路、杭甬高速公路和海宁东西大道相连接。

图 9-1　杭州九堡大桥

9.1.1　工程概述

杭州九堡大桥属于钱塘江（杭州段）规划建设的十座大桥之一，位于钱江二桥下游 5km，下沙大桥上游 8km。如图 9-2 所示，其引桥上部结构采用大悬臂的组合箱梁结构，箱宽 31.5m，悬臂超过 8m，梁高 4.5m，是国内最宽的单箱组合梁结构。大桥全长 1855m，大桥分主桥和引桥两部分，主桥上部采用跨径布置为 3×210m 三跨钢混凝土组合结构体系连续钢拱桥，支撑净跨径 188m。

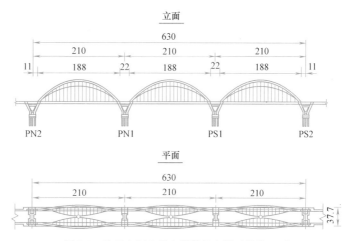

图 9-2　杭州九堡大桥主桥整体布置（单位：m）

杭州九堡大桥210m大跨径多跨钢箱拱桥带拱整体顶推在国内尚属首例，主桥装备使用20套1500t步履式顶推装备、10台液压泵站和1套控制系统；引桥装备使用22套750t步履式顶推装备、11台液压泵站和1套控制系统。施工现场如图9-3所示。

 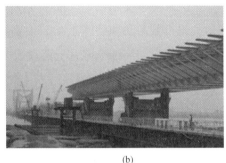

(a)　　　　　　　　　　　　　　　　　　(b)

图9-3　杭州九堡大桥施工顶推

（a）主桥三拱顶推；（b）引桥顶推

图9-3彩图

9.1.2　步履式顶推技术与装备

步履式顶推基本原理是利用竖向千斤顶将钢箱梁多点整体托起，水平千斤顶向前顶推实现拱梁移动，然后下放临时搁置完成钢箱梁的一步移动，循环"顶""推""降""缩"几个步骤逐步完成钢箱梁的顶推，具体步骤如下：

步骤一："顶"（图9-4）。开启支撑顶升油缸，使钢箱梁被顶推装置整体托起，脱离垫梁。

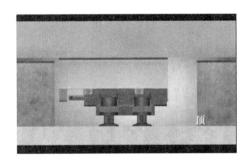 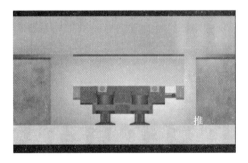

图9-4　步骤一　　　　　　　　　　　　图9-5　步骤二

步骤二："推"（图9-5）。打开顶推油缸，使钢箱梁与顶推装置上部结构一起向前移动。

步骤三："降"（图9-6）。支撑顶升油缸回油下降，钢箱梁整体下降搁置于临时垫梁上。

步骤四："缩"（图9-7）。顶推油缸回缸，顶推装置回到初始顶推状态，完成一个顶推过程，准备下一循环过程。

图9-6　步骤三　　　　　　　　　　　　　　　　图9-7　步骤四

顶推机械结构系统由上部滑移结构、顶升支撑油缸、顶推移动油缸、横向调整油缸和下部支承结构组成。上部滑移结构底面和下部支承结构顶面设置滑移面，上下滑移面之间竖向接触承受竖向力作用。上部滑移结构和下部支承结构之间设置顶推移动油缸和横向调整油缸，顶推滑移或横向调整时，通过油缸在上部滑移结构和下部支承结构之间施加水平推力。下部支承结构由顶升油缸支撑，承受竖向力的作用。顶升油缸支撑于桥墩或临时支墩之上，如图9-8和图9-9所示。

图9-4～
图9-7彩图

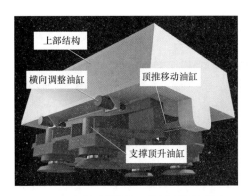

图9-8　步履式顶推施工机械系统组成图

图9-9　步履式顶推施工机械系统实物图

上部滑移结构，如图9-10所示，顶面通过50mm的橡胶垫托住拱梁，支撑接触面应足够大以满足拱梁的局部承压要求。橡胶垫可以使局部承载均衡，保护拱梁底部油漆。

图9-8、
图9-9彩图

上部结构的底部固定一块几毫米厚的不锈钢板，与下部结构的聚四氟乙烯构成滑移面。聚四氟乙烯做成蘑菇头形状，在蘑菇头之间的间隙可藏硅油，以降低滑移面的摩擦阻力。经过多次工程实际的检验，通过这样的处理，滑移面的摩擦系数小于0.025。

在上部结构的滑道两侧布置了两台带导向轮的横向调整油缸（以下简称横向油缸，如图9-11所示）。通过4台油缸，既可以解决上部结构在顺水平前后方向移动时的导向问题，又可以解决拱梁水平横向的调整问题。

图 9-10　顶推装备上部滑移结构

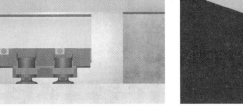

图 9-11　横向调整油缸

上部结构的两端有两个挡块（箱形），是顺水平前后方向移动油缸的反力支座。它与顺前后方向移动油缸端面接触产生顺向移动所需的推力。这样的连接方法可以使上部结构在横向调整时方便自如，不会引起连接干涉。

下部结构（图 9-12）的顶面布置了许许多多的蘑菇头，通过蘑菇头一方面来承受竖向载荷，另一方面减摩，使滑移面具有更小的摩擦阻力。

下部结构的中间内藏有一台顶推移动油缸（以下简称移动油缸，如图 9-13 所示），移动油缸与下部结构通过两端的法兰固定，这样可以通过控制移动油缸的左右伸缩实现上部结构与下部结构顺水平前后方向的移动。

图 9-10～图 9-14 彩图

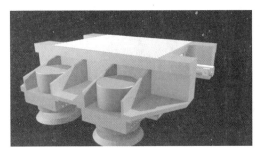

图 9-12　顶推装备下部结构

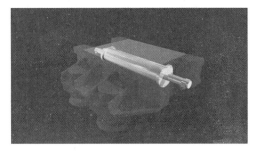

图 9-13　顶推移动油缸

下部结构的四周布置了 4 台顶升支撑油缸（以下简称顶升油缸，如图 9-14 所示）。顶升油缸通过类似牛腿的法兰与下部结构连接，这种连接方式很适合油缸的安

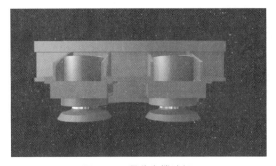

图 9-14　顶升支撑油缸

装与维修（顶推装备不用时，顶升油缸可以移作他用）。通过控制顶升油缸可以实现拱梁的竖向运动，可以通过单独调整 4 台顶升油缸的高度，适应不同的被顶推物的角度。通过液压系统的作用也可以自动适应拱梁的变形要求。

9.1.3　施工工艺

杭州九堡大桥主桥上部为结合梁钢拱组合结构，引桥上部为等截面钢混组合连续梁结构。钢结构选取专业加工厂进行加工后，再陆运至现场桥头处搭设的拱梁拼装平台连接成整体。钢拱梁顶推前，分别在临时顶推墩和结构墩上布设顶推装置，安装后导梁，将三跨钢拱梁整体顶推至桥墩位置，就位后拆除桥后导梁，完成主桥钢拱梁的顶推，待主桥顶推完成后，进行引桥连续梁拼装顶推施工。

顶推设备顶部设有橡胶垫板与钢梁腹板接触，顶推设备内部设有滑移结构来实现滑动。顶推工艺为步履式顶推施工，利用竖向千斤顶将拱梁多点整体托起，水平千斤顶向前顶推实现拱梁移动，然后下放临时搁置完成拱梁的一步移动。顶推设备设有竖向和水平向两个同步感应装置，把数据传回计算机分析后自动调整液压以达到同步工作状态，同步精度为±1mm。循环"顶""推""降""缩"几个步骤逐步完成拱梁的顶推（图 9-4～图 9-7）。

9.1.4　主桥整体顶推结构分析计算及结果

（1）整体结构介绍及计算

顶推主要受力构件为一对梯形大梁，大梁长 3550mm，横截面如图 9-15 所示。

顶推时油缸位置变化，行程为 350mm，如图 9-16、图 9-17 所示。图 9-16 为油缸顶推至最左端，图 9-17 为油缸顶推至中间部位。

（2）计算模型

结构验算运用 ANSYS 软件对其结构进行强度分析，采用 Shell63 板单元模拟结构的钢板，按照实际尺寸定义不同的板厚。计算时取结构 1550mm 的一段，根据设计图几何尺寸，利用 AN-SYS 有限元软件，建立模型，如图 9-18、图 9-19 所示，其余物理参数如下：

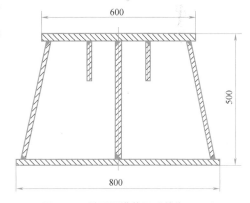

图 9-15　梯形梁横截面（单位：mm）

弹性模量：$E = 2.06 \times 10^{11}$ Pa；

泊松比：$PRXY = 0.3$；

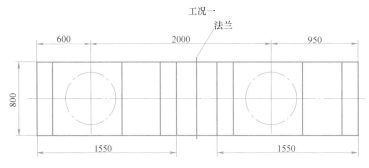

图 9-16　油缸行程在一端时（单位：mm）

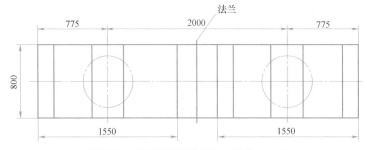

图 9-17　油缸行程在中间时（单位：mm）

图 9-18、
图 9-19 彩图

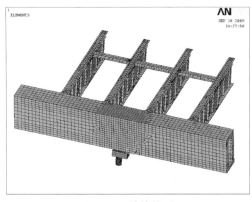

图 9-18　计算模型

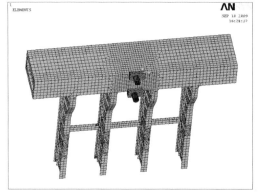

图 9-19　计算模型

密度：$\rho = 7.85 \times 1000 \mathrm{kg/m^3}$。

（3）模型载荷和约束

顶推时采用 4 个油缸同时加载，每个油缸所加极限推力为 4500kN，模型中每个油缸表面施加 4500kN 的竖直压力。约束原结构纵向大梁两端所有方向的线位移，在原结构横向梁处施加对称约束。荷载及边界条件如图 9-20 和图 9-21 所示。

（4）结果分析

1）工况一计算结果

按照图 9-16 进行加载，按照上述边界条件进行计算，应力分布如图 9-22～图 9-24所示。

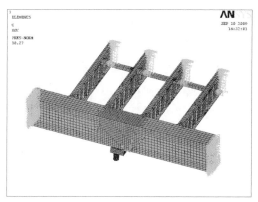

图 9-20　荷载及边界条件图 1

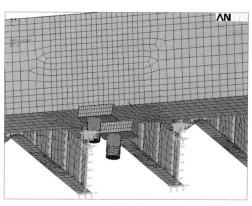

图 9-21　荷载及边界条件图 2

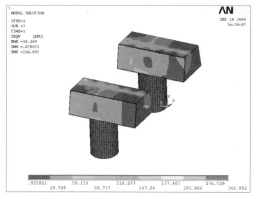

图 9-22　顶推结构应力分布图（MPa）

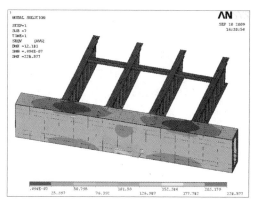

图 9-23　顶推时上部原结构纵梁应力图（MPa）

由图 9-24 可知，在工况一下，顶推结构的最大应力为 266.1MPa，主要集中在顶推结构和原结构接触的个别节点上，由图 9-25 可知最大变形为 14.3mm。

2）工况二计算结果

按照图 9-17 进行模型加载，按照上述模型边界条件进行计算，应力分布如图 9-26～图 9-28 所示。

图 9-20～
图 9-25 彩图

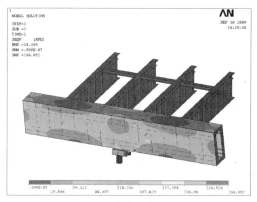

图 9-24　总体应力（MPa）

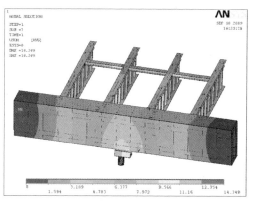

图 9-25　变形图（mm）

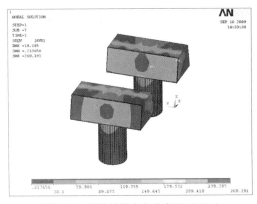

图 9-26　顶推结构应力分布图（MPa）

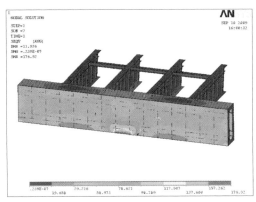

图 9-27　上部纵向大梁应力分布图（MPa）

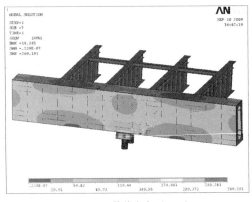

图 9-28　整体应力（MPa）

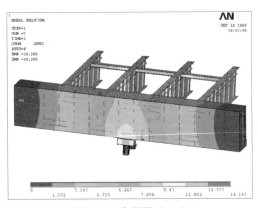

图 9-29　变形图（mm）

图 9-26～
图 9-29 彩图

由图 9-28 看出，顶推结构最大应力为 269.2MPa，主要集中在和原结构接触的个别节点上，由图 9-29 可知最大位移为 14.1mm。

9.1.5　工程总结

本工程根据新型组合结构拱桥的受力特点，专门研发了步履式平移顶推装备，顺利实现了组合拱桥带拱整体顶推，相比原来拖拉式顶推工艺，具有很大的进步。解决了原来顶推中出现的标高不能调节、导向纠偏困难、顶推水平摩擦反力大等问题，实现了设备集成化，顶推控制智能化，对步履式平移顶推工艺的推广起着重要作用，也为类似工程提供借鉴。

9.2　上海东方明珠广播电视塔钢天线桅杆整体提升工程

9.2.1　工程概述

本案例引自文献［2］。上海东方明珠广播电视塔钢天线桅杆全长 118m，总重

450t，属当时世界上最长最重的天线桅杆。将其从地面整体地提升到标高为 350m 的电视塔混凝土单筒体顶部安装就位，是电视塔建造工程的关键技术。在上海石洞口电厂 240m 钢烟囱液压顶升工程取得成功的基础上，提出了柔性钢绞线承重、提升器集群、计算机控制、液压同步整体提升的技术方案，并专门设计、研制了钢天线桅杆液压提升设备，于 1994 年 4 月 20 日～5 月 1 日，将钢天线桅杆整体提升到位，实现了安全、可靠、准确、快捷的预定目标。

国内外电视塔天线桅杆的安装，一般常用的方法有卷扬机滑轮组提升，液压千斤顶顶升。加拿大多伦多电视塔天线桅杆采用直升机分级吊装，每次吊装 1t，但对于上海东方明珠广播电视塔钢天线桅杆，采用上述提升方法，无论从安全性、可靠性、先进性及经济性等角度来看，都不能满足需要，甚至有着难以解决的问题。比如用卷扬机滑轮组提升，势必耗用大量的钢丝绳，受到卷扬机绳容量的限制，且多台卷扬机的同步问题难以解决；再如用液压千斤顶顶升，天线桅杆需空中组装，高空作业非常危险，组装质量也难以保证，而且施工周期长；直升机吊装由于存在着空中定位问题，也难以采用。

与以往的提升方法不同，上海东方明珠广播电视塔钢天线桅杆采用柔性钢绞线承重、提升器集群、计算机控制、液压同步整体提升新原理。该方法的核心是一套液压提升设备，它包括承重钢绞线、提升器、液压动力系统、传感检测系统以及计算机控制系统等。

钢天线桅杆由多段截面形状不同的箱形结构组成，内部为空心。根部段为 3.8m×3.8m 正方形。20 只液压提升器分成东、南、西、北 4 组，每组 5 只，设置在天线桅杆根部段外侧四周。天线桅杆根部段内底层为动力舱，布置 4 套液压动力系统，分别控制四侧的提升器；上层为控制舱，布置 4 台就地控制柜，分别控制 4 套液压动力系统，总控制台则控制和监视整套提升设备。

提升器为穿芯式结构，且上下端各有 6 副楔形夹具；120 根钢绞线从 350m 单筒体混凝土平台挂到地面，上端用天锚锚固；每 6 根钢绞线为一束，从提升器的穿芯孔和上下 6 副夹具中间穿过。为平衡由于钢绞线旋向所产生的附加扭转力矩，这一束 6 根钢绞线须左旋、右旋间隔布置。20 只提升器托着百余米长的钢天线桅杆根部，沿着 120 根钢绞线，通过提升器的伸缩和上下夹具的协调动作，同步地向上攀升。

整套提升设备在计算机控制下，具有同步升降、负载均衡、姿态校正、应力控制、操作闭锁、过程显示以及超限报警等一系列功能。

9.2.2　负载均衡原理

提升器上下各 6 副楔形夹具具有单向自锁性，只能向上运动，而向下运动时，夹片会自动卡紧在钢绞线上，必须依靠夹具油缸来控制夹具的夹紧与松开，这就保证了提升过程的安全性。图 9-30 是多提升器油路并联情况下的一只提升器升降过程。

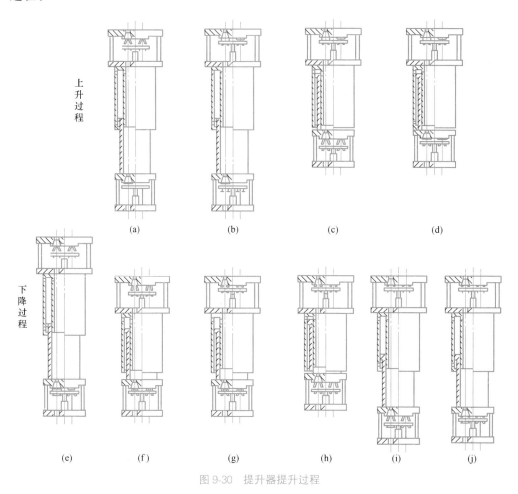

图 9-30　提升器提升过程

上升过程为：

（1）提升器同步伸（上夹具松），任一提升器达到"全伸"，所有提升器都停止（图 9-30a）；

（2）上夹具夹紧，下夹具松开（图 9-30b）；

（3）提升器非同步缩（下夹具松），所有提升器都达到"全缩"、停止（图 9-30c）；

（4）下夹具夹紧，上夹具松开（图 9-30d）。

如此往复，将重物同步提升。

下降过程为：

（1）提升器同步伸（上夹具松），所有提升器都达到"全伸"、停止（图 9-30e）；

（2）提升器同步缩，任一提升器缩到"全缩 $+\Delta$"，所有提升器都停止（图 9-30f）；

（3）上夹具夹紧，下夹具松开（图9-30g）；

（4）提升器非同步缩（下夹具松），所有提升器都达到"全缩"、停止（图9-30h）；

（5）提升器非同步伸，各自伸到"全伸−Δ"，各自停止（图9-30i）；

（6）下夹具夹紧，上夹具松开（图9-30j）。

如此往复，可将重物同步下降。

由于每侧5只提升器通过U形吊杆与天线桅杆根部段刚性连接，且油路并联，各提升器油压必定相等，因此，在上升过程的第(1)步，对应某束较松钢绞线的提升器会首先伸出并首先达到"全伸"，这时，该侧所有提升器都停止，较松的钢绞线便会被张紧，使一侧5束钢绞线张力趋于一致。因此，这一步具有各束钢绞线张力自动调整的功能。同样，下降过程的第(2)步也有类似的"松者紧，紧者松"的自动均衡调整功能。通过自动调整，使东、南、西、北四侧20束钢绞线始终保持张力均衡状态，从而保证了提升的同步性。

9.2.3 工程总结

上海东方明珠广播电视塔钢天线桅杆液压同步整体提升具有以下技术特点：

（1）通过模块化设备的集群组合，使被提升构件的重量、面积、跨度不受限制，实现地面拼装，整体提升，缩短施工周期，保证施工质量。

（2）采用柔性钢绞线作为承重索具，其长度不受限制，只要有合理的承重支点（吊点），就可实现长距离、超高空提升。

（3）提升器夹具的逆向运动自锁性，使提升过程十分安全可靠；并使构件可在提升中的任意位置长期、可靠锁定。

（4）自动均载方法有效地保证了承重钢绞线的张力均衡，使多提升器集群作业成为可能。

（5）双目标同步控制策略合理地解决了构件同步提升过程中姿态与负载之间的矛盾，确保了构件整体提升的平稳性。

（6）设备体积小，自重轻，承载能力大，特别适用于在狭小空间或室内进行大吨位构件提升安装。

（7）设备自动化程度高，操作方便灵活，现场适应性强。

9.3 大型提升支撑结构耦合分析方法

本案例来源于文献［3］。现代桥梁施工对象的重量和面积不断增加，其施工规模越来越大；而施工作业的难度和危险性却越来越高，在高空、水下、水面等恶劣施工条件下风浪潮汐等自然因素对施工产生重大影响，在山区、峡谷等特殊环境下重型施工装备又无法进场；此外，受到主航道施工封航时间严格限制等因素的影响，要求快速完成施工作业。针对以上桥梁主体结构施工的"急难险重（工期紧、难度大、风险高、规模大）"难题，通过综合运用机械、液压、电气和计算机网络控制技术，使超大载荷在有效控制的前提下得以分散驱动，大幅提升桥梁施工手段与能力，促进桥梁工程的机械化和智能化施工。

桥面板海上浮吊均载技术即利用巨型浮式起重机起吊和安装桥面板，该技术已经在东海大桥建设中得到应用。因采用浮式起重机（往往只有1～2个主吊钩）施工，风浪等的作用很容易传递到桥面板上造成结构破坏；风浪的影响也使得安装过程中的定位非常困难。项目中专门针对这种技术研制了一个均载设备，达到了四点起吊三点均衡的吊装要求，保证了施工过程中桥面板始终处于一个平面，满足了均载和定位的要求。承载能力大，均载调整的行程长（约2m），调整的精度可以达到毫米级。控制系统可靠性高，抗高温、高湿和高盐雾，有线、无线两种控制方式可以保证人员安全。这种施工技术在印度尼西亚苏拉马都大桥、我国杭州大桥和东海大桥施工建设中获得成功应用。

9.3.1　耦合分析方法

如图9-31所示，大型同步起重设备主要由执行器、锚固装置、起重卷筒、起重缆索和起吊物组成。钢卷筒将由锚固装置固定的被提升物体从起始位置拉到末端，由执行器的液压驱动。吊装过程的关键问题涉及同步控制和平衡负载两个因素。同步吊装设备一般距离长，吊点分开，耦合作用可能会导致位移量不等，进而载荷将重新分布在各吊点中。因此，应提前考虑同步吊装策略，以安全地控制可调场内各吊装点的载荷和位移。

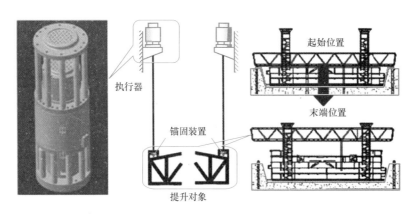

图9-31　提升器提升过程

超大型结构承受外载荷的一种耦合分析方法，主要关注整体结构的变形和应力以及局部结点效应引起的耦合作用。特别是对于同步提升载荷，耦合效应是首要考虑的问题。需要建立上述问题的求解模型并将其引入同步提升载荷领域。这样的模型可以是二维或三维的。然而，不同模型之间的联系以及组合可用性是需要解决的关键问题。因此，从吊装开始到最终结构响应的整体事件分析综合框架的开发理念得到了各级用户的支持。上述研究活动开发的耦合分析方法提供了对暴露于重载的复杂结构进行完整分析的可能性。该流程由以下部分组成：力学模型——它是虚拟仿真的基础，用于解决暴露于外部载荷的结构响应；CAE（计算机辅助工程）模型——包括全局分析和局部分析以及各种模型之间的交互环境和力学响应；结果和优化——特别用于评估承受各种外部载荷的结构，以进一步优化大型结构设计。上述过程如图 9-32 所示。

图 9-32 右侧显示了一个大型设备同步吊装载荷的项目，包括项目设计、虚拟模型构建到全局和局部分析。屋架设置吊点 24 个，由 6 个混凝土芯筒组成，用数字 1～6 表示。字母表示周围的吊点，例如，A、B、C、D 是混凝土芯筒 1 周围的 4 个吊点。

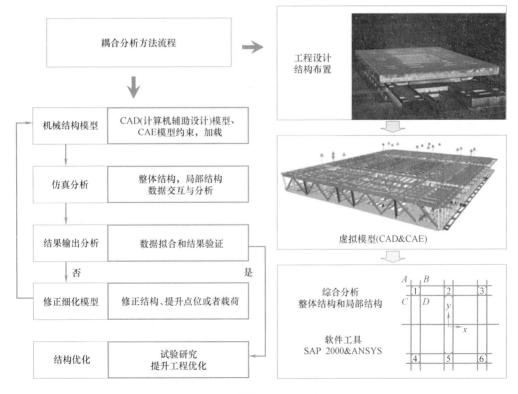

图 9-32　耦合分析方法流程图

大规模结构的耦合分析致力于解决全局结构与局部结构之间的协同关系，以实现系统优化。结构的虚拟模型可以通过 CAD 软件工具建立。然后可以根据虚拟模型使用有限元分析软件工具进行二维和三维结构分析。为实现一体化设计和系统优化，在项目选择、结构设计和力学分析的全过程中均采用全局和局部分析，是一种协同并行的模式，扩大了设计和分析能力。此外，我们可以建立耦合方程来链接不同分析软件工具之间的仿真模型，或者开发一个接口程序作为在 CAD 和 CAE 软件工具之间交换分析模型的桥梁，如图 9-33 所示。

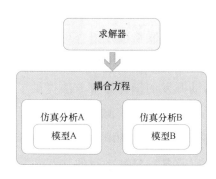

图 9-33　不同模型之间的交互流程

对于大型结构的整体分析，SAP 2000 是一个合适的软件工具，它具有复杂、直观和多功能的用户界面，由先进的分析引擎和设计工具驱动，适用于桥梁、建筑、工业工程、机场和其他设施。先进的分析技术允许逐步大变形分析、仅拉伸或压缩分析、屈曲分析、爆炸分析、非线性分析、漂移控制的能量方法和分段施工分析。SAP 2000 可以快速直观地创建结构模型，既可以从其他交互式软件工具导入分析模型，也可以导出分析模型。

在一般的分析过程中，ANSYS 通常用于局部结构分析，它与多年来流行的 CAD 系统具有原生的、双向的集成，并且还可以直接集成到 CAD 菜单栏中，可以直接使用现有的 CAD 几何图形。我们也可以通过计算机辅助设计过程中经常用到的模型文件将 CAD 模型转换为 CAE 模型，或者通过直接程序接口将 CAD 模型导入 CAE 模型。

如图 9-34 所示的四吊点模型被用来分析载荷与位移之间的关系。F_A、F_B、F_C 和 F_D 是吊点 A、B、C 和 D 的载荷，K 为柔性钢绞线的等效刚度，G 是结构的重力。假定吊点 B、C 和 D 没有位移，在吊点 A 处产生了位移量 Δ_A，则可以得到吊点 A 处的载荷 F_{AA}，同时，吊点 B、C 和 D 处的载荷也可以得到，有如下表达式：

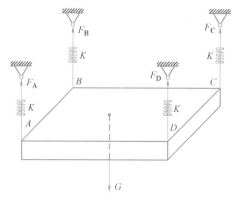

图 9-34　四吊点模型

$$\frac{F_{AA}}{\Delta_A}=K_{AA},\frac{F_{AB}}{\Delta_A}=K_{AB},\frac{F_{AC}}{\Delta_A}=K_{AC},\frac{F_{AD}}{\Delta_A}=K_{AD} \tag{9-1}$$

式（9-1）中，K_{ij} 是吊点 i 处的单位位移在吊点 j 处产生的载荷。

同理可以得到 Δ_B、Δ_C 和 Δ_D：

$$\frac{F_{BA}}{\Delta_B}=K_{BA},\frac{F_{BB}}{\Delta_B}=K_{BB},\frac{F_{BC}}{\Delta_B}=K_{BC},\frac{F_{BD}}{\Delta_B}=K_{BD} \tag{9-2}$$

$$\frac{F_{CA}}{\Delta_C}=K_{CA},\frac{F_{CB}}{\Delta_C}=K_{CB},\frac{F_{CC}}{\Delta_C}=K_{CC},\frac{F_{CD}}{\Delta_C}=K_{CD} \tag{9-3}$$

$$\frac{F_{DA}}{\Delta_D}=K_{DA},\frac{F_{DB}}{\Delta_D}=K_{DB},\frac{F_{DC}}{\Delta_D}=K_{DC},\frac{F_{DD}}{\Delta_D}=K_{DD} \tag{9-4}$$

根据线性叠加原理：

$$F_A=F_{AA}+F_{BA}+F_{CA}+F_{DA} \tag{9-5}$$

$$F_B=F_{AB}+F_{BB}+F_{CB}+F_{DB} \tag{9-6}$$

$$F_C=F_{AC}+F_{BC}+F_{CC}+F_{DC} \tag{9-7}$$

$$F_D=F_{AD}+F_{BD}+F_{CD}+F_{DD} \tag{9-8}$$

则，上述公式可以表达成：

$$\boldsymbol{F}=\boldsymbol{K}\cdot\boldsymbol{\Delta} \tag{9-9}$$

式中　$\boldsymbol{F}$——吊点的载荷矩阵；

　　　$\boldsymbol{K}$——刚度矩阵；

　　　$\boldsymbol{\Delta}$——位移矩阵。

若有：

$$\boldsymbol{K}^*=\begin{bmatrix} K_{AA} & 0 & 0 & 0 \\ 0 & K_{BB} & 0 & 0 \\ 0 & 0 & K_{CC} & 0 \\ 0 & 0 & 0 & K_{DD} \end{bmatrix} \tag{9-10}$$

则表明在提升过程中不存在耦合吊点，即某处吊点的位移仅作用在该吊点本身，对其他吊点不产生影响。很明显，这种情况仅存在于理论中。在实际情况下，刚度矩阵为：

$$\boldsymbol{K}=\begin{bmatrix} K_{AA} & K_{AB} & K_{AC} & K_{AD} \\ K_{BA} & K_{BB} & K_{BC} & K_{BD} \\ K_{CA} & K_{CB} & K_{CC} & K_{CD} \\ K_{DA} & K_{DB} & K_{DC} & K_{DD} \end{bmatrix} \tag{9-11}$$

因此，若存在 n 处吊点，则载荷矩阵为：

$$F = \begin{bmatrix} F_1 \\ F_2 \\ \vdots \\ F_n \end{bmatrix} \qquad (9\text{-}12)$$

位移矩阵为:

$$\Delta = \begin{bmatrix} \Delta_1 \\ \Delta_2 \\ \vdots \\ \Delta_n \end{bmatrix} \qquad (9\text{-}13)$$

刚度矩阵为:

$$K = \begin{bmatrix} K_{11} & K_{12} & \cdots & K_{1n} \\ K_{21} & K_{22} & \cdots & K_{2n} \\ \vdots & \vdots & \ddots & \vdots \\ K_{n1} & K_{n2} & \cdots & K_{nn} \end{bmatrix} \qquad (9\text{-}14)$$

9.3.2 同步吊装结构的整体结构分析

如图 9-35 所示的同步吊装结构载荷工况如下:

(1) 被吊物体 200t,每侧 100t,分项系数 1.4;

(2) 吊机自重,分项系数 1.2;

(3) 风荷载,考虑 9 级风,分项系数 1.0;风压 0.35kN/m^2。

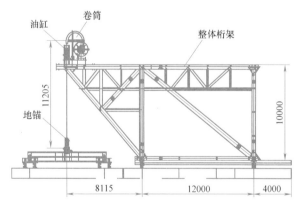

图 9-35 同步吊装结构(单位:mm)

分析工况及荷载组合:

$$1.2\text{dead} + 1.4\text{live} + \text{xw}$$

$$1.2\text{dead} + 1.4\text{live} + \text{yw}$$

式中 dead——吊机自重；

yw——y 向风荷载；

xw——x 向风荷载。

其中，x 向为与桥面平行方向，y 向为与桥面垂直方向。

计算结构状态：

（1）吊机起吊重物状态；

（2）吊机横梁上小车行走状态。

根据两种计算状态结果，第（1）种状态为最不利状态。

本次计算采用 SAP 2000 有限元程序，对结构进行线性分析，结果如表 9-1、表 9-2 和表 9-3 所示。

支座反力：

工况：1.2dead＋1.4live＋xw（kN）　　　　　　　　　表 9-1

	A1	A2	B1	B2	C1	C2	D1	D2
F_x	472	453	459	469	−475	−489	−458	−500
F_y	−9	−25	27	10	−15	80	−48	13.8
F_z	−368	−338	−342	−359	126	1457	1401	1328

工况：1.2dead＋1.4live＋yw（kN）　　　　　　　　　表 9-2

	A1	A2	B1	B2	C1	C2	D1	D2
F_x	474	485	453	512	−500	−483	−494	−466
F_y	−21	−38	12	−3	23	−97	62	6
F_z	−306	−411	−287	−496	1344	1415	1539	1218

杆件应力：

列出结构主要杆件应力情况，图 9-36 中括号内为杆件的应力比，即为结构的实际应力与屈服强度的比值。

材料选用 Q235B 钢，屈服强度 $f＝215\text{N/mm}^2$。

杆件应力比　　　　　　　　　表 9-3

序号	1	2	3	4	5	6	7	8	9	10	11
截面	H	H	H	H	H	H	I 28a	I 28a	I 28a	I 28a	I 28a
应力比	0.983	0.470	0.205	0.475	1.007	0.882	0.185	0.063	0.365	0.940	0.184

结论：

（1）H450×200×9×14 柱应力比 1.007，超出 0.7%，满足使用要求。

（2）与此 H450×200×9×14 柱相连的桁架 φ114/8 弯矩过大，导致应力比 1.101，超出 10.1%。

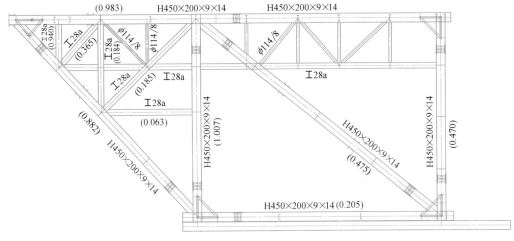

图 9-36　结构主要杆件应力

（3）桁架协调工作能力较好，满足结构承载能力。

9.3.3　同步吊装结构的关键结构分析

（1）桁架主承载部分

有限元分析对象取油缸支撑及直接作用区的主体钢结构部分。油缸支撑采用两根 H450×200×9×14 的平行型钢，上面焊接 60mm 厚平板，两侧分别焊接 60mm 厚固定长板。60mm 厚平板上开直径 200mm 的圆孔，通钢丝绳。油缸作用在外径510mm、内径 200mm 的圆环区域。两根 H450×200×9×14 的平行型钢之间采用井字形加强板连接，对应在型钢的腹板内侧，合计 4 块。在两根型钢的腹板两面上分别焊接 10mm 厚的加强板，合计 8 块，型钢腹板外侧对应内侧井字形加强板的位置焊接 10mm 厚加强筋，合计 8 块。上述结构放置在主体结构的两根 H450×200×9×14 型钢上（主体钢结构中斜撑部分），并在其腹板上焊接 10mm 厚的加强筋，对应在上面两根型钢的腹板位置。上述 H450×200×9×14 采用 Q235，其余构件采用Q345，其许用应力分别为 216MPa 和 315MPa。

考虑到减小计算数据量和结构对称的特点，建模时取整体结构的 1/2，并略去钢丝绳卷筒支撑部分，在 ANSYS 10.0 里，采用体单元 Solid45 做自由网格划分，生成节点38451 个，单元 116239 个。在对称部分施加对称位移约束，下部分 H450×200×9×14型钢的下翼面对应 3 个支撑部分施加固定约束，端部截面处施加固定约束，油缸作用的环形区域施加均布载荷 7MPa（等效载荷 200t）。整体有限元模型如图 9-37 所示。

计算结果如图 9-38～图 9-41 所示，图 9-38 和图 9-39 中最大 von Mises（冯米斯）应力为 195MPa，主要集中在主体结构 H450×200×9×14 型钢腹板的加强筋搭接处外侧，为局部集中应力。图 9-40 给出了节点最大位移为 0.46mm，图 9-41 表明

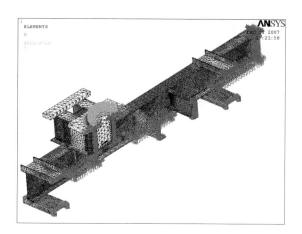

图 9-37～图 9-41 彩图 　　　　　　　　图 9-37　整体有限元模型

最大变形也主要集中在主体结构 $H450\times200\times9\times14$ 型钢腹板的加强筋搭接处，其中筋板上方应变较明显。

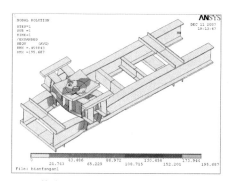

图 9-38　整体 von Mises 应力分布（对称扩展模式）

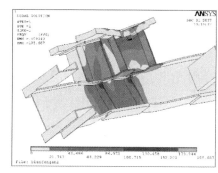

图 9-39　von Mises 应力集中区域情况

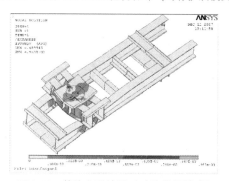

图 9-40　整体变形情况（对称扩展模式）

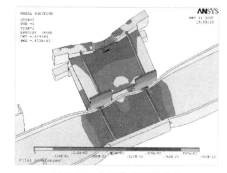

图 9-41　变形集中区域情况

　　结论：采用该设计方案，整体结构设计合理，节点最大位移为 0.46mm，最大 von Mises 应力为 195MPa，为局部集中应力，变形和应变都在允许的范围。

　　（2）地锚结构分析

　　按 200t 地锚结构建模，在 ANSYS 10.0 里完成网格划分，采用体单元 Solid95，自由网格划分，共产生节点 72026 个，单元 41955 个，在钢丝绳作用区均布压力为

210MPa（等效载荷 200t），在销孔的内径下半圆施加劲向约束，在下半圆的对称位置的一排点施加固定约束，如图 9-42 深色（电脑上显示为红色）区域所示。

图 9-42～图 9-46 彩图

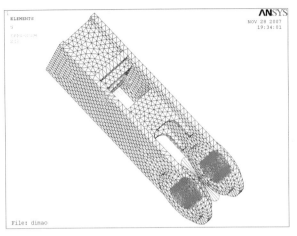

图 9-42　地锚有限元模型

计算结果如图 9-43～图 9-48 所示，图 9-43 给出了最大 von Mises 应力为 283MPa，最大应力主要集中在油缸作用区附近及销孔处，如图 9-44 和图 9-45 所示。图 9-46 给出了变形的分布情况，节点最大变形接近 0.5mm，由图 9-47 和图 9-48 可以看出，其主要分布在钢丝绳作用区和销孔处。

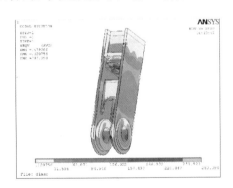

图 9-43　von Mises 应力分布

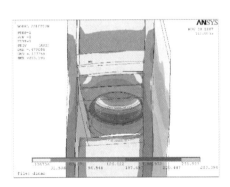

图 9-44　钢丝绳作用区 von Mises 应力分布

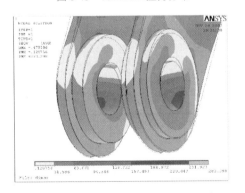

图 9-45　地锚销孔处 von Mises 应力分布

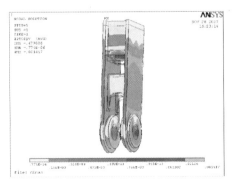

图 9-46　地锚变形分布

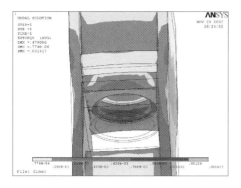

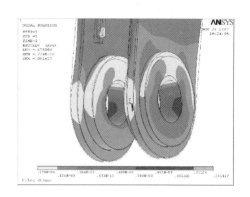

图 9-47　地锚钢丝绳处变形分布　　　　　图 9-48　地锚销孔处变形分布

　　结论：整体结构设计合理，最大 von Mises 应力为 283MPa，为局部压应力，节点最大位移接近 0.5mm，满足使用要求。

图 9-47、图 9-48 彩图

9.3.4　总结

　　大型同步起重设备是典型的承受外部高负荷的工程机械。本节介绍了仿真策略的开发，包括项目设计、集成虚拟模型、承载分析和其他环境因素。建立并计算了同步提升载荷的力学模型。作为工程应用，通过耦合分析法分析了 200t 混凝土桥面安装同步吊装实用结构的合理性，并通过了两个测距传感器的实测验证。该方法重视对某些同步吊装工况下的结构分析采用有效的虚拟样机策略。通过与不同仿真工具的耦合关系，可以将虚拟原型的全局结构和局部结构的耦合效应整合在一起进行研究。耦合分析方法通过开发一个虚拟样机环境来专门设计和分析在工作环境中承受同步起重载荷的大型设备。

习题

　　9-1　步履式顶推的基本原理是什么？

　　9-2　简述杭州九堡大桥施工工艺。

　　9-3　简述杭州九堡大桥钢结构顶推工程应用效果。

　　9-4　简述上海东方明珠广播电视塔钢天线桅杆提升方法。与以往提升方法相比有何不同？

　　9-5　简述负载均衡原理。

　　9-6　简述上海东方明珠广播电视塔钢天线桅杆液压同步整体工程应用效果。

参 考 文 献

［1］ 卞永明，刘广军. 桥梁结构现代施工技术 ［M］. 上海：上海科学技术出版社，2017.

［2］ 卞永明. 大型构件液压同步提升技术 ［M］. 上海：上海科学技术出版社，2015.

［3］ BIAN Y M，LI A H，JIN X L，et al. Coupling analysis method of large-scale structure exposed to synchronous hoisting loads ［J］. Virtual and Physical Prototyping，2009，4（3）：131-141.